JN291826

太陽地球系科学

地球電磁気・地球惑星圏学会
学校教育ワーキング・グループ | 編

The sun-earth system science

京都大学学術出版会

はじめに

　太陽地球系科学は，比較的新しい，と言うより誕生したばかりの科学の一分野です。本書の表題をご覧になって，はじめてそのような分野の存在を知られた方もあるかと思います。分野の中身を知るには，本文を読んでいただかなければなりませんが，ここでは，太陽地球系科学とはどのような分野であるのかを，簡単に紹介します。

　地球上には，我々人類と共に数百万種の異なる生物が生息しています。およそ35億年前に生まれた極めて単純な生命が，様々な進化の道程を経て，今日の多様な生物に至ったのだと言われています。なぜこのようなことが可能だったのでしょうか。それには，まず，地球表面の安定した生息環境がなければならなかったでしょう。安定した環境条件において，生命は自らを進化させながら，与えられた環境にしたたかに適応することができました。そして，生命の進化に欠かせない安定した生息環境をもたらすための第一条件と言えば，それは安定した太陽放射に他なりません。

　古来から，太陽は生命の源として多くの民族の信仰の対象となってきました。光合成の仕組みをまだ知らなかった時代から，人々は，日照の少ない年は作物の出来が悪いことを経験的に知っていました。それに，朝日が昇るのを見ると，なんとなく希望が湧いてくるものですし，なんといっても陽だまりの気持ちよさは格別です。ですから，太陽がもたらす暖かさや明るさは，母のように揺るぎない，いつまでも当てにしてよいものの象徴となってきました。

　私達現代人が太陽に対して持つイメージも，ごく最近まで，古代の人々のこのような太陽観とさほど変わったものではありませんでした。20世紀前半には，黒点の数が約11年の周期で変化することや，日食の際に見える**コロナ**の形が変化することなどが知られていました。稀に強烈な光を発するフレアや，火炎のような**プロミネンス**などが現れて，ちょっと自信が揺らぐことはあっても，太陽は極めて安定した信頼のおける星であると思ってきました。少なくとも，そのような太陽表面での出来事が地球に具体的な影響をもたらす，と考えることは有りませんでした。

　しかし，20世紀の後半になると観測手段の進歩によって，太陽は安定した太陽

放射とは裏腹に，激しく変化する星であることが分かってきました。そして，その変化が地球に直接的影響をもたらしていることも分かってきました。

　人工衛星を使って大気圏の外から太陽を観測していると，時折局所的に他よりはるかに高温になる部分が現れ，そこから強烈な紫外線やX線，あるいは高エネルギー粒子が放射されます。我々は，このような現象を目の当たりにして，古代から受け継いできた太陽観を大きく変える必要に迫られました。すなわち，静的な太陽観から動的な太陽観へとです。ちょうど深い海底に生息する深海魚が海面の嵐に気付かないように，人類も大気と地磁気の二重のバリアの奥深くにいて，地球大気のさらに上空で繰り広げられている様々な現象に気付くことはなかったのです。実は，**オーロラ**がその激しい変動を伝えてくれてはいたのですが，その暗号を読み取る術を，最近まで人類は持っていませんでした。

　太陽地球系科学が活発に研究されるようになった背景には，学問的関心以上に宇宙利用の活発化があったかもしれません。通信や，資源探査，環境モニタリング等の目的で人工衛星が打ち上げられ，それらの衛星から得られる情報が，世界の政治や経済に大きな影響を与えるようになってきました。それと同時に，宇宙環境が人工衛星にとって大変厳しいものであることも分かってきました。有人飛行の場合，人工衛星の不具合は，即座に人命を脅かす問題となります。このような状況を受けて，近年**宇宙天気**という概念が生まれ，今では**宇宙天気予報**が色々な機関から実際に公表されています。

　では，太陽地球系科学は，地球近傍の宇宙のみを研究する分野でしょうか。また，宇宙産業に従事する人たち，あるいは地表の観測所や人工衛星から得られるデータに直接アクセスする必要がある人たちだけのための科学なのでしょうか。

　いえ，決してそれだけではありません。

　今日の世界では，自然環境をめぐる議論が大変盛んですが，ここ数十年でそれが意味する範囲は，大きく変わってきました。昔は，自然環境と言えば，せいぜい森や田畑に囲まれた環境などを指していましたが，ご存知のように最近では地球環境という言い方が定着してきました。辞書を引きますと，この「環境」という言葉には，単に周囲の様子を指すだけではなく，「ある主体の周りにあって，それに影響を与え得るもの」という意味があることが書かれています。「地球環境」という概念が定着したということは，とりもなおさず，それが主体である人類に影響を与えるものとの認識が広まったということです。かつては，基礎的な学術研究の対象でしかなかった海流や大気の流れ，火山活動や地殻の変動が，我々人類の将来と深く関わっていることが，明確に理解されだしたのです。

　今，科学の世界では「太陽地球環境」という言葉が用いられるようになっています。つまり，地球環境をさらに広げて，太陽がつくりだす環境の中にある地球を理解しようとしているのです。地球は，1億5000万キロメートルの空間を隔てて，

太陽表面の絶え間ない変動の影響を受け続けています。今はまだ，その影響に直接的に関心を持つ人たちの数は限られたものであるかも知れませんが，間違いなく将来においては，どのような形でかはまだ分かりませんが，人類全体に関わる問題としてクローズアップされてくるだろうと予想されます。

　本書は，このような太陽地球系という新しい考え方を，多くの方々に理解していただくことを目的として執筆されました。執筆には，地球電磁気・地球惑星圏学会の学校教育ワーキング・グループのメンバーが当りましたが，ワーキング・グループ以外の学会員の方々からも，多くの助言をいただきました。全体は，「新しい太陽像」，「太陽地球環境」，「地球内部電磁気」の3部で構成されています。これらの3領域が有機的に結合されていることを示すために，各部，各章をまたいで互いに参照できるよう多くの注記を本文中に加えました。さらに，この分野が幅広い人々からの関心を集めていることに配慮して，専門用語には，注や巻末の用語解説に説明を付けるようにしました。用語解説に掲載されている語については，本文の重要な場所にゴシック（太字）で表示を入れています。また巻末には，関連する科学年表とこの分野の理解に必要な物理学についての解説を入れています。

　本書が，多くの方々を「太陽地球系科学」に誘う良き導き手となることを，心から願っています。

地球電磁気・地球惑星圏学会
学校教育ワーキング・グループ
代表　　中井　仁

注記）　各章末に記した参照文献（資料）のうち，ウェブサイトのURLは，変更されることがあります。そのような場合でも，他の場所に保管されている可能性がありますので，併記した研究所等のウェブサイトから検索を試みてください。

目　次

はじめに　i

第Ⅰ部　新しい太陽像

第1章　太陽からくる光　3
1.1　虹・スペクトル　3
1.2　電磁波　6
1.3　黒体放射と太陽の表面温度　9
1.4　輝線スペクトルと吸収スペクトル　11
1.5　太陽の構成元素　13

第2章　太陽のエネルギー源と内部構造　15
2.1　太陽のエネルギー源は何か　15
2.2　太陽ニュートリノ問題　18
2.3　太陽の内部構造　19
2.4　太陽の鼓動（日震学）　21

第3章　太陽の大気（光球，彩層，コロナ）　25
3.1　太陽大気の構造　25
3.2　光球　27
3.3　太陽黒点　32
3.4　彩層とコロナ　48

第4章　太陽大気の嵐　63
4.1　磁気再結合（磁気リコネクション）　63
4.2　太陽フレア　66
4.3　大規模なコロナの爆発現象：CME　75

第 II 部　太陽地球環境

第 5 章　惑星間空間を吹く太陽風　85
 5.1　太陽風の発見 ……………………………………………… 85
 5.2　惑星間空間磁場 …………………………………………… 90
 5.3　CME の伝播 ……………………………………………… 95
 5.4　太陽風の長周期変動 …………………………………… 103

第 6 章　磁気圏―惑星間空間に出来た固有宇宙　107
 6.1　磁気圏の形成 …………………………………………… 107
 6.2　磁気圏尾部 ……………………………………………… 111
 6.3　磁気圏のプラズマ ……………………………………… 118
 6.4　オーロラ ………………………………………………… 121

第 7 章　磁気圏サブストームと磁気嵐　135
 7.1　オーロラ・サブストーム ……………………………… 135
 7.2　オーロラ・ジェット電流 ……………………………… 140
 7.3　磁気圏サブストーム …………………………………… 144
 7.4　磁気嵐 …………………………………………………… 149

第 8 章　太陽と地球大気・地球環境　157
 8.1　地球大気の温度構造 …………………………………… 158
 8.2　地球の熱収支と気温 …………………………………… 164
 8.3　太陽と気候変動 ………………………………………… 172
 8.4　オゾン層の形成と破壊 ………………………………… 181

第 9 章　宇宙空間と人間　193
 9.1　宇宙空間の利用・宇宙天気 …………………………… 193
 9.2　宇宙航行に伴う放射線被曝 …………………………… 201

第 III 部　地球内部電磁気

第 10 章　地球の磁場　213

- 10.1　地磁気の性質 …………………………………………… 213
- 10.2　磁気異常と古地磁気 …………………………………… 215
- 10.3　過去の地磁気変動 ……………………………………… 219
- 10.4　古地磁気の利用法 ……………………………………… 222

第 11 章　地球内部の電気伝導度構造　227

- 11.1　地球の層構造 …………………………………………… 227
- 11.2　地球の電気伝導度 ……………………………………… 230
- 11.3　新しい発見〜地球深部の水 …………………………… 231
- 11.4　マントルの部分溶融 …………………………………… 233

第 12 章　地球ダイナモ　237

- 12.1　地球磁場の起源 ………………………………………… 237
- 12.2　円板ダイナモモデル …………………………………… 238
- 12.3　地球ダイナモのエネルギー源と地球の歴史 ………… 243
- 12.4　回転球殻中の対流 ……………………………………… 244
- 12.5　磁場生成過程 …………………………………………… 247

付録 A：太陽地球系科学年表 ………………………………… 253
付録 B：太陽地球系科学で使う物理 ………………………… 258
用語集 …………………………………………………………… 275
結びと謝辞 ……………………………………………………… 293
索　引 …………………………………………………………… 297
執筆者紹介 ……………………………………………………… 304

第 I 部

新しい太陽像

　「序」にも述べたように，我々は，過去に抱いていた静的な太陽像から，より動的な太陽像へと，太陽についての認識を改めつつある。第 I 部では，そのような転換の必要性を裏付ける様々な観測データを示しながら，最新の太陽像を描く試みに挑戦する。

1章

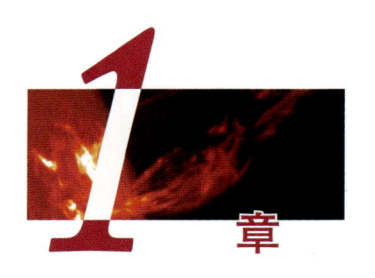

太陽からくる光

　古代から太陽は崇める対象であると同時に，暦を知るための研究の対象でもあった。しかし，古代の研究は専ら太陽の天球上の運行に限られていた。太陽そのものが研究の対象となるには，望遠鏡が発明される近世を待たなければならず，おそらく，ガリレイによる黒点の観察がその始まりと言ってよいだろう。爾来，太陽に関して数え切れない研究がなされてきたが，19世紀までは可視光線による観測が唯一の情報源だった。20世紀に入ると，電波や紫外線，X線などがもたらす豊かな情報が，それまでの太陽観に大きな変更を迫った。太陽についての最新の知見を紹介するに当たって，本章では，それらの知見を得るために必要な電磁波の基本的性質について述べよう。電磁波の基本的な性質についてよくご存知の読者は，本章は飛ばして第2章から読み進めていただいて構わない。

1.1　虹・スペクトル

　雨上がりには，太陽を背にして美しい虹を見ることがある。虹は，大気中に細かい水滴が浮遊しているときに現れるが（図1-1），水滴の密度が高すぎると霧となって視界が妨げられるし，あまり薄すぎては鮮やかな虹は望めない。適度な密度で浮遊している水滴に入射した太陽光線が水滴から出てくるとき，色によって光線の角度にわずかなずれが生じる。これが虹の色づきの原因である。
　虹が鮮やかに見えるときは，たいがい副虹を伴っている。水滴の中で一回反射して出てきた光が主虹を作り，二回反射してきた光が副虹を作るのである。反射の度に，空気中に出ていく光もあるので，副虹は主虹ほどは明るくない。図1-2に描いたように，水滴から光が出るとき，主虹の場合は赤色の光の方が，紫色の光線より下方に向かって出てくる。この図を見た人は，虹の下方に赤，上方に紫が見える

図 1-1 虹。主虹の上に副虹が見えている。[1]

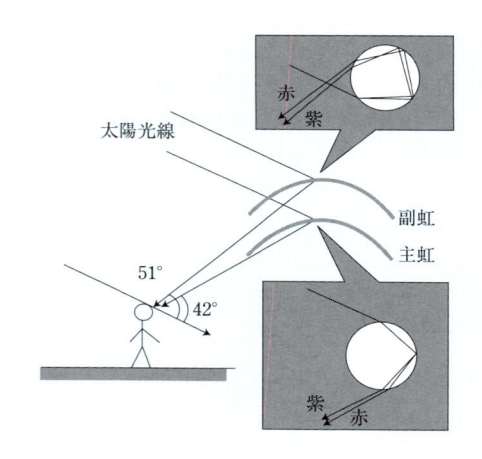

図 1-2 虹と副虹の見え方の違い

ように思ってしまうかもしれない。しかし，虹の見かけの位置は，目に入る光線の水平面からの角度によって決まるので，主虹では赤が上方に，紫が下方に見える。副虹ではその逆になる。虹の上端の見かけの高さは，太陽の高度によって決まる。図1-2からも分かるように，主虹の上端の高度は42°−(太陽高度)となる。したがって，日暮れ近くに見る虹は高度が高く，大きなアーチを描く。

太陽光が分離されて虹ができるように，白色光(白紙に映すと白く見える光)を，様々な色の光に分ける作用を分光と言う。プリズムと呼ばれる三角柱の光学ガラス

図 1-3　ボールペンで見る「虹」

図 1-4　太陽スペクトル [2]

を用いることによって，空気中の水滴と同じ分光の効果を得ることができる．プリズムが手元に無い場合は，角のある透明なプラスチック製の軸を持つボールペンを陽光にかざして，その後ろに白紙を置くだけでも，きれいな虹を見ることができる（図1-3）．窓辺に置いた水槽の角がプリズムの働きをして，色鮮やかな虹が床に映ることもある．ただし，これらの虹は，天然の虹のように弧を描いてはいない．

　光を虹のように色ごとに分けて撮影した写真をスペクトル写真と呼ぶ．スペクトル写真を撮るなどの目的のために望遠鏡で太陽を見るときは，太陽光線の熱によって装置が破壊されるのを防ぐための特殊な工夫が必要である．図1-4は，京都大学飛騨天文台のドームレス・太陽望遠鏡（図1-5）を用いて得られた太陽の可視光線のスペクトルである．この写真には，後述するように太陽についての多くの情報が含まれている．ただし，このような太陽望遠鏡を用いて行なうスペクトル写真の撮影には，プリズムではなく回折格子と呼ばれる装置が用いられる．コンパクト・ディスクの表面が光を反射して虹のように色づくのと同じで，一定の間隔を持つ格子を通った光の干渉を利用する（図1-6）．

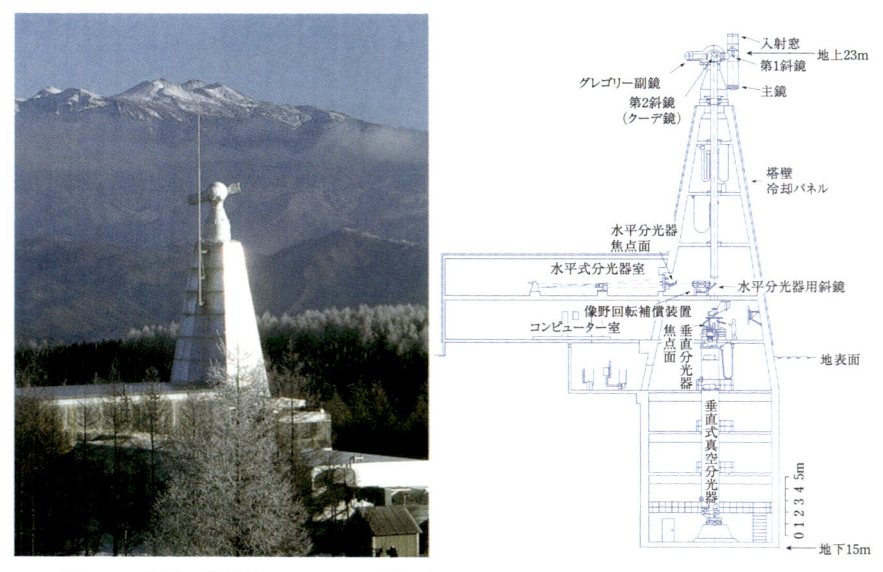

図1-5　前図の太陽光スペクトルを撮影したドームレス太陽望遠鏡とその断面図 [3]

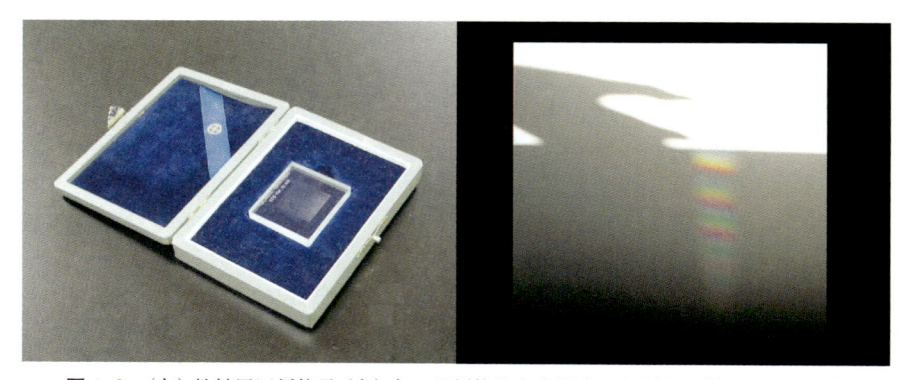

図1-6　(左) 教材用回折格子（右）左の回折格子を太陽光にかざして得られる回折像

1.2　電磁波

　太陽からは，可視光線だけではなく，紫外線や電波といった目に見えない電磁波も放射されている．そこで，以下の章に取り上げられる太陽についての解説をより良く理解するためには，電磁波について基本的なことを知っておく必要がある．
　正および負の電気をそれぞれ持つ電荷（電気を持つ物体）A，Bが，ある距離をおいて存在するとしよう．正負の電荷は互いに引力をおよぼし合う．ここで，どちら

か一方，たとえば正の電気を持つAを少し横に動かしたらどうなるだろうか．電荷Bは，さっきまで引っ張られていた方向とは少し違う方向から引っ張られることになる．つまり，Aが動いたという情報がBまで伝わるわけである．では，次にAを大変速く振動させたらどうだろう．その振動は，やはりBまでつたわるだろう．しかし，その振動は瞬時に伝わるわけではない．一定の速さ，すなわち光速で伝わる．

一般に振動が伝わるには，それを伝える物，媒質が必要である．我々が耳で聞く音は，空気中を伝わる振動である．また地震波は地中を伝わる．波が伝わるには，このように空気であったり，土や岩石といった振動を伝える物質が必要である．しかし電気的な振動は真空中を伝わることができる．真空は，それ自身何も性質を持たないように思えるかもしれないが，実際には電気的な振動を伝える性質があり，我々はそれを電場と呼んでいる．

電荷が集団的に運動すると電流が発生する．そして，電流は磁気的な力を発生する（電磁石のことを思い出そう）．したがって，電荷が振動すると磁気的な力の振動が生じる．これを伝える場を磁場と言う．まとめて言うと，電荷Aが振動すると電場と磁場の振動が発生し，これが電磁場を伝わって電荷Bに力をおよぼす，ということになる．図1-7は電磁波の伝播の様子を模式的に示した図である．マクスウェルは，二つの離れた電荷が連動して動くという不思議な現象を，このような波動の概念を用いて数学的に記述できることを示した（1873年）．そして，1888年にヘルツによって電磁波の存在が実証され，以後，電磁波は多大な影響を人間社会にもたらしてきた．放送局の大きなアンテナや，携帯電話の小さなアンテナの中で，電子が休むことなく振動して電磁波を送り出している．発見者のヘルツの名前は，電磁波の振動数を表す単位（Hz）として用いられている．

電磁波に限らず波には，共通した性質がいくつかある．波の伝播速度と周期の関係もその一つである．最初の波の山が来て，次の山がくるあいだに，媒質（電磁波の場合は電場）は一回振動する．この間に波は一山分移動するわけだから，波は1周期に1波長進むという性質がある．したがって，振動の周期を$T(s)$，波長を$\lambda(m)$とすると，真空中を電磁波が伝わる速さ$c(m/s)$は，

$$c(m/s) = \frac{\lambda(m)}{T(s)}$$

で求められる．振動数$f(/s)$[1]を用いると，

$$T(s) = \frac{1}{f(/s)}$$

から

---

[1] 振動数の単位はHz（ヘルツ），または回/秒が用いられる．振動の回数は無次元量だから，省略することができる．ここでは等式の両辺の単位の一致を強調するために，回は省略する．

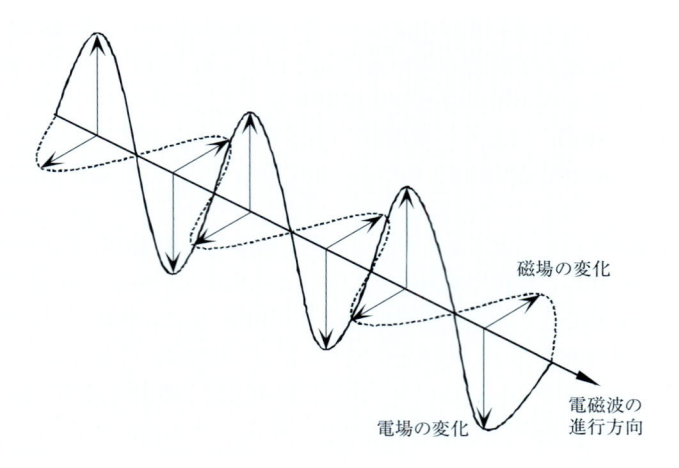

図1-7 電磁場の概念図。電場(実線)と磁場(破線)の振動が一定方向に伝わる。

表 電磁波の種類 (1nm=1×10⁻⁹m)

	名前	波長	用途
電波	超長波 (VLF)	$1\times10^5 - 1\times10^4$ (m)	船舶通信
	長波 (LF)	$1\times10^4 - 1\times10^3$ (m)	通信
	中波 (MF)	$1\times10^3 - 1\times10^2$ (m)	ラジオ放送
	短波 (HF)	$1\times10^2 - 1\times10^1$ (m)	短波放送
	超短波 (VHF)	$1\times10^1 - 1$ (m)	FM放送,テレビ放送
	マイクロ波	$1 - 1\times10^{-4}$ (m)	UHF放送,レーダー,電話中継
光	赤外線	$1\times10^5 - 770$ (nm)	暖房器具,リモコン装置
	可視光線	$770 - 380$ (nm)	視覚
	紫外線	$380 - 1\times10^1$ (nm)	殺菌装置
	X線	$1\times10^1 - 1\times10^{-3}$ (nm)	レントゲン撮影,非破壊検査
	γ線	$\sim 1\times10^{-3}$ (nm) 以下	ガン治療,非破壊検査

(注:可視光線の範囲については個人差がある。)

$$c(m/s) = \lambda(m) f(/s)$$

が得られる。

　この式から逆に,光速 $c=3.0\times10^8$ m/s を使って,たとえば 100 MHz のテレビ放送の電波の波長は,3.0 m と求められる (1 MHz=1×10^6 Hz)。ラジオ放送で用いる電波の波長はそれより長くて,たとえば 1000 kHz のラジオ電波の波長は 300 m である。表に示すように,日本では電波は波長によって異なった名前で呼ばれる。たとえば,テレビ放送などに利用される電波は超短波という具合である。しかし,英語では VHF (Very High Frequency) というように,振動数を基にして名前が付いている。

1.3 黒体放射と太陽の表面温度

　人工的に電磁波を出そうとすると，発信器，増幅器，それにアンテナ，といった装置が必要になるが，電磁波をつくりだすのは特別な電気的仕掛けを持ったものだけではない。高温の物体中では，物質の構成要素である電子やイオンが激しく運動あるいは振動しているから，そのような物体の表面からは強い電磁波が放射される。しかも，物体の表面温度に応じて，異なったスペクトルを持った電磁波が放射されるため，人類は遥か彼方の星についても，多くのことを知ることができるのである。

　表面温度何度の物体がどのような電磁波を放射をするかは，1900年にプランクによって発見された黒体の放射スペクトルを表す式を用いて予想することができる。黒体とは，あらゆる波長の光を吸収し，また放射できる仮想的な物体のことである。現実の物体は，選択的に光を反射，あるいは吸収するから黒体では有り得ない。しかし恒星は黒体に近い性質を持っていることから，黒体について物理学者が行った理論的な研究は，天文学者にとっても重要な意味を持つようになった。

　図1-8は，波長を横軸にとって，6000 K[2]と3500 Kの黒体の放射スペクトルを示している。6000 Kの場合は紫外線，可視光線，赤外線[3]の広い範囲にわたって放射がある。特に可視領域のエネルギーが高く，およそ480 nm（緑色）のところにピークがある（1 nm（ナノメートル）＝ 1×10^{-9} m）。この黒体から放射される光を見ると，人間の目には色の無い白い輝き（白色光）として知覚される。一方，3500 Kの場合，可視光線の部分で曲線は右上がりになっている。つまり波長の長い赤色光の方が青色光よりはるかに強いことを示している。このような光は，赤色の輝きとして見える。常温の物体，たとえば人間の身体などは，可視光線を目で知覚できるような強度で放射することはない。しかし，だれでも赤外線は放射しているので，適当な赤外線センサーを用いれば，暗闇でも人間の存在を突き止めることが可能である。

　さて，我々の太陽の放射のスペクトルは，図1-8の6000 Kの黒体の放射スペクトルに近似的に等しい。このことから太陽表面の温度は約6000 Kであると推定されている。また，南の空に赤く輝いて見えるさそり座のα星アンタレスのスペクトルを調べると，その表面温度が約3500 Kであることが分かる。

　アンタレスに惑星があって，人類がそこに行ったとすれば，彼らは，常に朝焼けか夕焼けのように赤っぽい色の世界を見るだろう。反対に，その惑星に色を知覚す

2）　Kは絶対温度の単位。0℃＝273 K
3）　赤外線は1800年にハーシェルによって，また紫外線はその翌年リッターによって発見された。付録A参照。

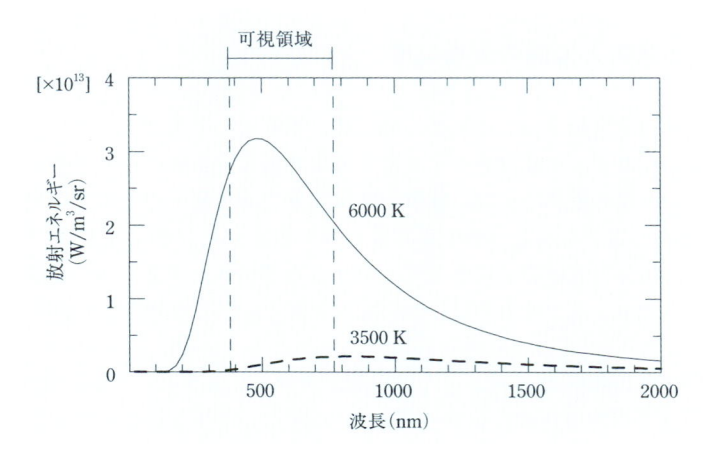

図 1-8　黒体放射のスペクトル

るほどに発達した生物がいて，彼らが地球にやってきたとしたら，アンタレスの光に慣れている彼らは，地球はなんて青っぽい世界なんだろうと思うことだろう。

プランクの**黒体放射**の公式を波長について積分すると，単位面積あたりに放射される全エネルギー[4]が計算される。その結果は黒体表面の温度の4乗に比例する（ステファン＝ボルツマンの法則）。たとえば，3500 K のアンタレスの単位表面積当たりに放射する光の強さは 6000 K の太陽の約 10 分の 1 であることが分かる。しかし半径が太陽の 600〜800 倍もある赤色超巨星であるため，星自体の明るさは太陽の数万倍に達する。

図 1-8 から分かるように，図 1-4 に示した太陽スペクトルの可視領域は，太陽放射全体の一部分に過ぎない。したがって，可視光線の領域だけではなく，紫外線や電波といった領域からも太陽についての多くの情報が得られる。たとえば，可視光線より波長の短い紫外線は，可視光線が発せられる領域に比べて，より高温の領域から強く放射される。そのため，紫外線撮影をすることによって，太陽表面の高温領域の姿を捉えることができる。X線になると，さらに高温の領域の様子が分かる。

太陽から放射される電磁波のうち，可視光線と電波および赤外線の一部は，大気による吸収をほとんど受けることなく地表に達することができる。ところが，紫外線やX線，**ガンマ線**は，地球大気を通過するあいだに空気中の原子を電離するなどしてエネルギーを失い，地表に達することができるのは，大気上空に達した放射のうちのごく一部である。そのため，たとえばX線を用いて太陽周辺に広がる高

---

[4]　放射エネルギーについては，付録B「17. 黒体放射」参照。

温ガス（コロナ）の激しい活動を観測しようとすれば，X線望遠鏡を搭載した人工衛星を打ち上げて，地球大気の外から観測しなければならない．日本の太陽観測衛星**ようこう**や**ひの**では，そのような目的で打ち上げられ，この後の章で紹介されるように様々な成果をもたらしている．

1.4 輝線スペクトルと吸収スペクトル

　図1-4のスペクトルを見ると，つい鮮やかな色彩に目を奪われがちだが，色の帯のあいだにある無数の黒い線（暗線）も，実は我々に非常に重要なことを教えてくれる．これらの暗線は発見者に因んでフラウンホーファー線と呼ばれている（1814年）．たとえば，オレンジ色のところに2本の太い暗線があるが，詳しく調べると波長589.0 nmと589.6 nmの光が周囲より弱いことによって生じる暗線であることが分かる．これらの暗線を調べることによって，太陽の大気を構成する原子の種類を特定することができる．

　原子の核外電子は，原子によってそれぞれ決まっている離散的な（飛び飛びの）エネルギー値（エネルギーレベル）を持っている[5]．電子がより高いエネルギーレベルに移行するときは，そのエネルギー差の分のエネルギーを外部から得なければならない．逆に，より低いエネルギーレベルに移行するときには，そのエネルギー差の分のエネルギーを放出しなければならない．

　原子がエネルギーを放出したり，吸収したりするときに，そのエネルギーを担うのは光，つまり光子である．光の色，すなわち振動数は，光子のエネルギーによって決まるので[6]，原子はそれぞれ固有の色の光を放射する．たとえば，ナトリウム原子は，ナトリウムD線と呼ばれる589.0 nmと，589.6 nmのオレンジ色の光，その他を放射する．

　ところが，太陽のスペクトル（図1-4）では，ナトリウムから出てくるはずのオレンジ色の部分が，暗線となって見えている（図1-9）．それだけではなく，太陽スペクトル中の無数の暗線の波長は，すべて本来原子が放射する輝線スペクトルの波長と一致している．それは，次のような物理過程によって生じる．

　上述したように，原子はそれぞれ固有の色の光を放射するが，自分が放射する光と同じ色の光がやって来たとき，それを吸収する機能をも合わせ持っている．それは，すでに書いたように，原子のエネルギーレベル間のエネルギー差によって，吸収あるいは放射される光の波長が決まるからである．つまり，原子は自分が放射する光は，吸収することもできるのである．いったん原子に吸収された光は，改めて

---

[5] 第6章4節の「酸素のエネルギー準位」（図6-14）を参照．
[6] 付録B「18. 光子」参照．

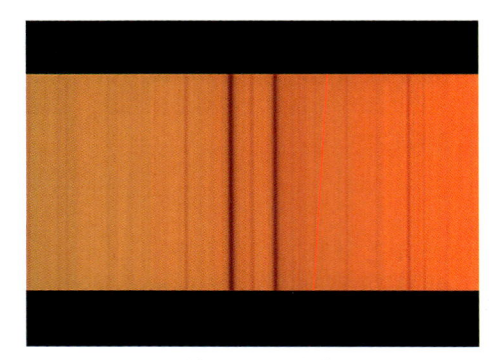

図 1-9 ナトリウム D 線による暗線（図 1-4 の一部を拡大）

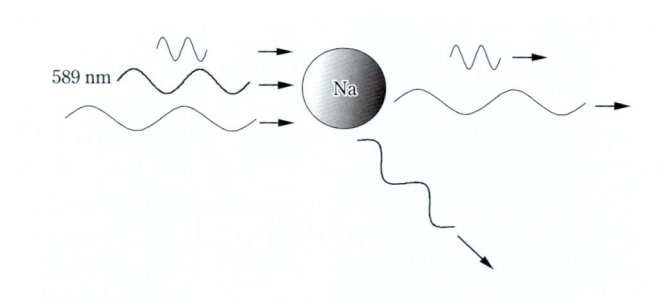

図 1-10 太陽の表面からやってきた色々な波長の光のうち，特定の光（589 nm など）だけが，Na 原子に吸収され，その後不特定の方向に放射される。そのため，ある波長の光だけが，その前後の波長を持つ光に比べて弱くなり，フラウンホーファー線として観測される。

全方位に向けて放射されるため，結果的に原子は平行にやってきた特定の波長の光を散乱する性質を持つ。

　太陽の場合，約 6000 K の温度を持つ**光球**の上部に，それより少し温度の低い大気層が存在する[7]。その層が光球本体より低温であるため，より下層からやってくる光を吸収・散乱する効果が大きい。それが，フラウンホーファー線となって観測されるのである[8]。たとえば，光球からやってくる 589.0 nm と 589.6 nm のオレンジ色の光は上層大気のナトリウム原子が吸収して，四方八方に散乱する。そのため，それらの光は，我々の目には届きにくくなり，分光器で見るとその部分が隣接部分

---

7) 第 3 章 1 節，図 3-1 参照。
8) フラウンホーファー線の一部には，地球大気分子による吸収スペクトル線も混じっている。

図 1-11 太陽の元素組成比 [4]

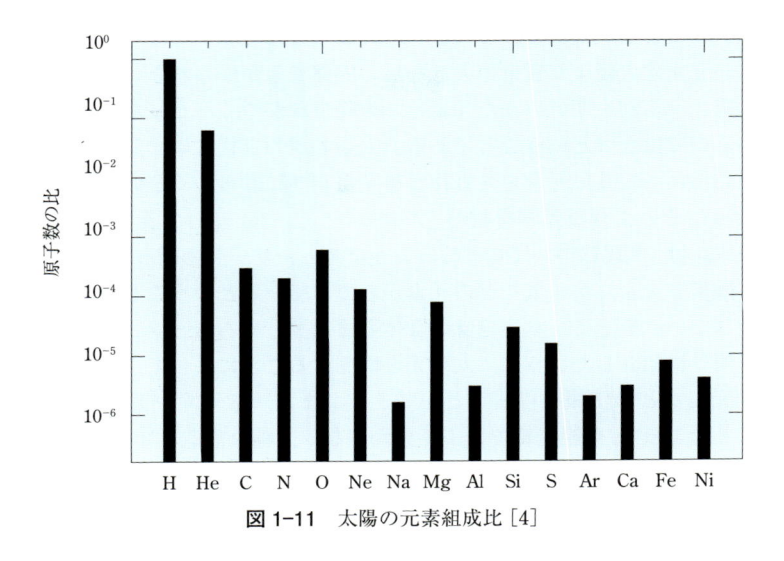

に比べて弱く，暗線となって見えるのである（図 1-10）。

1.5 太陽の構成元素

太陽スペクトル中の暗線が，太陽大気に含まれる原子の種類と割合を知る手がかりになることに，最初に気づいたのは，ロシアのキルヒホッフである（1859 年）。その後，イギリスのロッキャーは，太陽の表面に，地表ではまだ未発見であった新元素を発見し，ヘリウムと名付けた。このように，フラウンホーファーが発見した太陽スペクトル中の暗線は，おそらく彼自身思いもよらなかったであろう情報を，人類にもたらすこととなった。

太陽を構成している元素のうち最も多いのは水素で，粒子数にして全体の 92.1% を占める。次に多いのはヘリウムで，7.8% を占める。それより重い元素は全体の 0.1% しか存在しない。他の恒星についても同様のことが言えて，圧倒的に水素とヘリウムが多い。これは，窒素と酸素からなる地球大気や，酸素，珪素，炭素からなる固体地球とは，全く異なる元素組成である。1920 年代にはまだ，地球と太陽は同じような元素で出来ていると広く信じられていたから，1925 年にペインが，大量の水素を太陽大気中に見出したときは，当時の科学者に大きな衝撃を与えた。

しかし，現在では，太陽をはじめとする恒星が水素を主成分として持つからこそ，人類にとってほとんど永遠とも思える時間を光り輝いていられるのだと分かっている。また，太陽がごくわずかであっても炭素や酸素といった比較的重い元素を持つ

ているということは，太陽と我々にとって大変重要な意味がある。なぜなら，そういった重い元素は太陽より質量の大きな星の内部でしか作られないからである。つまり，太陽は宇宙創生期に出来た元素と，太陽自身がつくりだした元素のみから作られているのではないということである。太陽の親の世代に属する星があって，その星が爆発によって重い元素を含む物質を宇宙空間にばらまくという事件が過去にあり，太陽はそのような元素を材料（の少なくとも一部）にして誕生した。図1-11の元素組成比は，太陽についての，このようなストーリーを物語っているのである。地球が，酸素や炭素，ケイ素などの元素からできているということも，このことと無関係ではない。そして，私達自身の身体もまた然りである。

　ここで簡単に紹介したように，太陽光を観測することによって，太陽表層の温度や，構成元素などの情報を得ることができる。また，紫外線やX線の観測装置を用いることによって，可視光線ではよく分からない微細な構造を知ることができる。さらには，太陽表面の活動において重要な働きをする磁場の分布は，磁場中で放射される輝線スペクトルに生じるわずかな波長のずれを観測することによって得ることができる[9]。このように多種多様な電磁波によって得られるデータを解析することによって，我々の太陽に関する知識はこの数十年のあいだに格段に進歩した。第Ⅰ部の以下の各章では，太陽光から得られるこれらの情報を総合して，太陽についてどのようなことが分かるのかを具体的に紹介する。

参照文献（資料）

[1] 武田康男氏　撮影
[2] 京都大学大学院理学研究科付属飛騨天文台提供
[3] 京都大学飛騨天文台のホームページ
    <http://www.kwasan.kyoto-u.ac.jp/Hida/Hida-j.html>
[4] データは，エドワード・G・ギブソン著，桜井邦朋訳「現代の太陽像―太陽物理学序説」，講談社，1978より。

---

9) 付録B「21. ゼーマン効果」参照。

2章

太陽のエネルギー源と内部構造

　太陽や恒星は，惑星や月とは異なり，自らエネルギーを放射していることは誰でも知っている。しかしそのエネルギー発生機構を理解するためには，「質量とエネルギーとは等価である」という画期的な発想の転換が必要であった。この章では，太陽エネルギーの発生機構と太陽内部の構造について議論する。

2.1 太陽のエネルギー源は何か

　太陽を輝かせているエネルギー源については，昔から色々な議論があった。たとえば古代ギリシャの哲学者アナクサゴラスは，太陽を灼熱した石だと考えたが，近世に至っても太陽は燃えている巨大な石炭の塊だと信じている人が多かった。しかし太陽が石炭の塊であれば数千年で燃え尽きてしまうことになり，物が燃えるような化学反応によって太陽エネルギーを説明することは，不可能であることが分かってきた。そこで19世紀の中頃，英国のトムソンやドイツのヘルムホルツは，太陽が自分の重力によってゆっくり収縮し続けることにより，重力エネルギーを熱エネルギーとして放出するプロセスを考え，太陽の寿命は数千万年から1億年であるとした。しかし地層の中に見られる生命活動の痕跡から，太陽は少なくとも30億年前から，生命活動を維持するに足るエネルギーを放出し続けていたことが分かり，この考えは否定されてしまった。しかし1905年に，ドイツの若い物理学者であったアインシュタインが，エネルギーと質量とは，$E = mc^2$（E：エネルギー，m：質量，c：光の速さ）で表される法則によって結びつけられることを示し，太陽や恒星が持つ膨大な質量をエネルギー源とする考えが生まれた。そして1926年に，英国のエディントンは恒星内部構造の研究から，水素原子核4個が合体してヘリウム原子核を作るときに放出するエネルギーが，恒星や太陽を光らせていることを示唆した。この

ように複数の原子核が合体して別の種類の原子核を作る過程を**核融合**という。核融合の詳細なプロセスは1938年に米国のベーテによって明らかにされ,「太陽のエネルギー問題」は解決することとなった。

　質量がエネルギーに変わると言っても,目の前にある石ころか何かの物体が,ある日突然消滅してエネルギーに変わるようなことが起きるわけではない。化学変化や相変化などにおいて,物質が他の状態に移行するとき,反応熱や潜熱などの形でエネルギーの放出や吸収が起きるように,複数の原子核が融合して新しい原子核を作る核融合や,重い原子核の分裂によって別の原子核が生成される核分裂が発生するときに,一部の質量がエネルギーに変わる。実際に太陽の中心核では,4個の水素原子核が融合して1個のヘリウム原子核を作るとき,陽子4個分の質量の約0.7%がエネルギーに変換される。そしてこのような核融合が継続して発生するためには,「一つの反応が次の反応を生む」といった,連鎖反応が起こっていることが必要である。そのような反応のプロセスはいくつか存在することが知られているが,4個の水素原子核(陽子,p)から1個のヘリウム原子核(He)を作る最も簡単な過程であるp–pサイクルは,以下のようにして発生する。

(1)　　$p + p \rightarrow {}^2H + e^+ + \nu_e$
　　二つの陽子が融合して,1個の陽子と1個の中性子を持つ重水素原子核(^2H)となり,そのとき陽電子(e^+)とニュートリノ(ν_e)がそれぞれ1個ずつ放出される。陽電子は直ちに通常の電子と結合し,ガンマ線が放射される。

(2)　　${}^2H + p \rightarrow {}^3He + \gamma$
　　重水素原子核と陽子との融合によってヘリウム3(2個の陽子と1個の中性子を持つ)が生成され,ガンマ線(γ)が放射される。この過程で放出されるガンマ線のエネルギーが,最も高い。

(3)　　${}^3He + {}^3He \rightarrow {}^4He + p + p$
　　2個のヘリウム3が融合して,1個のヘリウム4原子核(2個の陽子と2個の中性子を持つ)が生成され,2個の陽子が放出される。これらの陽子は,連鎖的に次の核融合反応を起こす。

以上の過程をまとめて書くと,

　　　　4個の水素原子核 → ヘリウム原子核 + ガンマ線 + ニュートリノ

となり,結果的には,四つの水素原子核から一つのヘリウム原子核を作る過程で失われる質量が,ガンマ線の放射エネルギーに変わる。このガンマ線は太陽内部の濃密なガスの中で,最終的に熱エネルギーとなって,太陽を高温の状態に保つ。なお

太陽では，炭素 (C)，窒素 (N)，酸素 (O) を介する反応によって，やはり 4 個の水素原子核から 1 個のヘリウム原子核を作る CNO サイクルも重要であるが，詳細は省略する．

　このようにして太陽は，核融合により自分自身の質量をエネルギーに変えながら光り続けており，現在のところ太陽は毎秒 400〜500 万トンずつ軽くなっている．太陽が約 46 億年前に誕生したとき，太陽の質量の約 70％が水素で占められており，その水素の約 10％が核融合を起こすことが可能な状態にあると考えると，太陽は現時点までその約半分の量の水素を消費しているが，今のままの状態でエネルギーを放出し続けたとしても，今後数十億年間は輝いていられる．

　さて，太陽系の中でも，核融合を起こしている恒星は太陽だけであり，地球や木星などは惑星のレベルに留まっているのはどうしてであろうか．すぐ気がつくことは，太陽の質量は太陽系で最大の惑星である木星の質量の約 1000 倍もあるので，どうやら天体の質量の大小が関係しているらしい，ということであろう．星は自分の重力によって収縮し，中心部の圧力や温度が高くなる．木星は太陽から受け取るエネルギーの約 2 倍に及ぶ熱エネルギーを放射しており，木星が形成されたときに発生した大量の熱エネルギーが，現在も余熱として残っていると考えられているが[1]，木星が恒星になることはなかった．木星の内部で核融合が起きるためには，現在の 80 倍以上の質量が必要とされている．

　それでは，核融合を起こすために，どうしてそのような高温高圧の状態にあることが要求されるのであろうか．一般に正 (+) または負 (−) に帯電した粒子のあいだには，クーロン力が働くことが知られており，正の電荷を持った粒子と負の電荷を持った粒子とのあいだには引力が，正と正または負と負の電荷を持った二つの粒子の場合には，お互いのあいだに反発力 (斥力) が働く．陽子 (水素原子核) は正 (+) の電荷を持っており，同じ電荷を持った陽子と陽子とを近づけようとすると強く反発し合うため，このままでは核融合は起こらない．しかし二つの陽子がある距離よりも近づくと，今度は陽子と陽子とのあいだに働く引力である核力の方が強く効くようになり，核融合を起こすことが可能となる．このように陽子間の距離を，核力が優勢になる距離まで近づけるためには，陽子は非常に高い運動エネルギーを持っている必要がある．一般にガスを構成する粒子 (原子や分子など) の運動エネルギーが高いということは，ガスが高温であることと同じであるから，核融合が起きるためには，太陽の中心部の温度は，1000 万 K 以上でなければならない．また，継続的に核融合が起きるためには，多くの陽子が次々と衝突を起こす必要があり，太陽中心部の密度は非常に高いことになる．圧力は密度と温度の積に比例するため，結果として太陽中心部が並外れた高温高圧の状態にあることが予想されるが，

---

[1] 重力収縮による発熱が寄与しているとの説もある．

実際に太陽の中心付近の温度は約 1500 万 K，圧力は約 2500 億気圧と推定されている。

> **コラム：核融合発電**
>
> 　将来のエネルギー源として，核融合を利用するための研究が各国で進められているが，恒星の内部で起きている核融合の中で最も簡単な p–p サイクルの効率はそれ程高くないため，この反応をそのまま地上で再現してエネルギーを取り出すことは現実的でない。そこで実際に考えられている核融合計画では，より反応率が高いトリチウム（3 重水素。1 個の陽子と 2 個の中性子を持つ）が使用されることになっている。トリチウムは半減期が約 12 年の放射性同位元素であるため，天然にはほとんど存在せず，原子炉内でリチウムに中性子を照射することによって作られる。

2.2 太陽ニュートリノ問題

　核融合の過程で発生するニュートリノの量を測定すれば，太陽の中心部で現在どのくらい核融合が起きているかを知ることができる。ニュートリノは他の物質との相互作用が極めて弱いため，ほとんど吸収を受けずに濃密な太陽内部を通り抜けてくるが，その反面，検出は非常に困難となる。そこでこの研究分野のパイオニアである米国のデイビスとバーコールは，1970 年代に塩素化合物を含む 600 トンものドライクリーニング液を，深い地中にある坑道跡に貯蔵し，太陽ニュートリノの入射量を測定することを試みた。この溶液中の塩素原子核（^{37}Cl）はニュートリノと反応して，自然界には存在しないアルゴンの放射性同位元素（^{37}Ar）に変化する。そこで大量の溶液を化学的な手法で分析することにより，入射した太陽ニュートリノの量を知ることができる。ところが検出された太陽ニュートリノの量は，その時点で広く認められていた太陽内部構造のモデル（詳細は次節）から予想される量の約 30％に過ぎなかったため，太陽内部構造のモデルが間違っているのか，それとも太陽中心部では核融合が弱まっているのかという論争が生まれた。これは「太陽のニュートリノ問題」と呼ばれ，多くの研究者を悩ませてきた。一方素粒子論では，ニュートリノには 3 種類あって，ニュートリノが長い距離を飛ぶ間に次々と姿を変える，ニュートリノ振動と呼ばれる現象が起こることが知られている。そこで，太陽で発生したニュートリノが地球へ飛んでくるあいだに，従来の方法では検出されない種類に変わっているものがあり，ニュートリノの検出率が落ちる可能性が考えられた。ニュートリノ振動については，東京大学宇宙線研究所が岐阜県の神岡町に設置したスーパーカミオカンデを用いた実験などによって，その存在がほぼ確認さ

れている．そして本章第 4 節で詳しく議論する新しい研究手法の進歩によって，太陽内部構造モデルの検証が行われた結果，太陽中心部における核融合の発生率は，太陽内部構造モデルから予想されるものと，ほぼ一致していることが明らかとなった．

2.3 太陽の内部構造

　太陽内部における温度や密度の分布などの構造を知ることは，太陽で起こっている現象の理解の上で大変重要である．太陽のような恒星が，それぞれの質量や元素存在比などの相違に応じてどのような進化の道筋をたどり，どのような内部構造を持つかについては，理論的な研究の進展によってかなりよく分かっている．そこで，現在太陽が放出しているエネルギーの量，太陽の半径と質量，元素の存在比などの観測データを理論モデルに適用することにより，太陽の内部構造を推定することが可能となる．このようにして求められた，最も確からしいと思われる太陽内部構造のモデルを，標準太陽モデルと呼ぶ．そのモデルが与える太陽内部の温度と水素含有量の分布と，太陽の構造の概念図を図 2-1 に示す．水素含有量とは，単位体積における水素の割合を質量比で示したものであり，残りはほぼヘリウムの質量である．太陽の中心からの距離は，太陽半径に対する割合で表してある．ここで言う太陽半径とは，我々が目にしている太陽に相当する光球（太陽の放射エネルギーの大部分がそこから放射される）の半径を指し，約 70 万 km の大きさを持つ．太陽の内部には，最も内側にあって核融合反応が起こっている，中心核と呼ばれる領域が存在し，その外側には主要なエネルギー輸送過程の相違により，内から外に向かって放射層と対流層とが分布している．

　まず太陽の中心部に位置する中心核は，水素原子核がヘリウムに変化する核融合の舞台となっており，図 2-1 に示したように，温度は約 1500 万 K に達する．中心核は太陽自身が持つ巨大な質量によって圧縮され，その中心では水の 156 倍という高い密度となる．ここで再び図 2-1 に示した水素含有量の分布を見ると，太陽の中心近くでは約 0.3 であった水素含有量が，中心から約 0.2 太陽半径離れたあたりでは，誕生時に太陽が持っていた水素含有量である約 0.7 に近づいていることから，中心核の大きさは太陽半径の約 0.2 倍であることが分かる．

　中心核では，前節で述べた核融合によって，最もエネルギーの高い電磁波であるガンマ線が放出されている．このガンマ線は周辺の高密度のガスによって直ちに吸収され，ガスを加熱する．こうして加熱されたガスは再び電磁波を放射し，その電磁波がまた周辺のガスに吸収されて……，といったプロセスを何度も繰り返しながら，エネルギーは次第に太陽表面に向かって進んで行く．このように中心核のすぐ

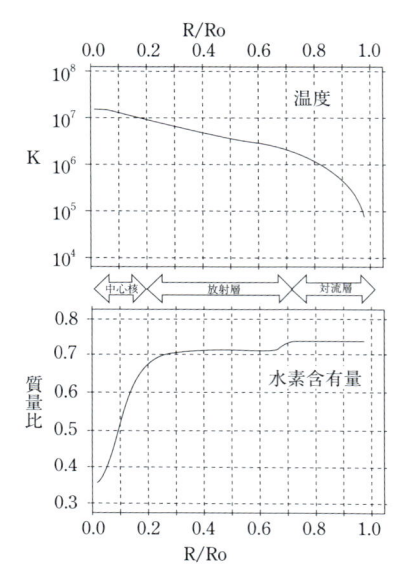

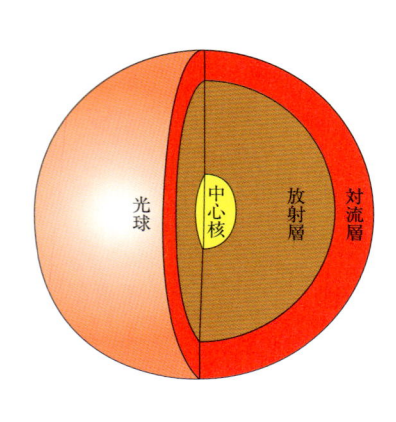

図 2-1 太陽内部構造のモデル。左図：太陽標準モデル（BS2005-OR）による，太陽内部の温度（上図）と，水素含有量（下図）の分布。横軸は太陽半径（Ro）に対する太陽中心からの距離（R）の比。温度は絶対温度（K），水素含有量は，単位体積における水素の質量比で表す。右図：太陽の内部構造の模式図。内側から外側に向かって，中心核，放射層，対流層が分布し，表面が光球となる。

外側にあって，エネルギーが主として電磁波が持つ放射エネルギーによって運ばれる層を放射層と呼び，図2-1では水素含有量が太陽の表面に向かって緩やかに増加している領域に相当する。放射層は中心核の外側の0.2太陽半径から，0.7太陽半径までの領域を占めており，放射エネルギーがこの領域を通過するためには，数百万年かかると言われている。従って，もし現時点で太陽中心核における核融合が突然ストップしたとしても，その影響が太陽表面に現れるのは，数百万年先のこととなる。

　放射層の内部では，放射エネルギーが少しずつガスの熱エネルギーとして残されて行くため，太陽の中心から離れるにつれて，エネルギーを運ぶ電磁波も，極めて波長の短いガンマ線から，より長波長のX線，そして紫外線へと順次移行し，ガスの温度も低下する。そして中心から太陽半径の0.7倍あたりの距離では，温度も200万K以下となり，陽子の周りを1個の電子が回っている水素原子の外側に，もう1個の電子が付着した水素の陰イオンが形成されるようになる。しかしこの余分に付着した電子は，電磁波のエネルギーを吸収して簡単に分離し，結果としてガスの透明度を低下させる。そのため放射の形だけでは，エネルギーを効率良く運ぶことができなくなり，やはり図2-1に見られるように，温度が外側に向かって急速

に低下し始める．すると，エネルギーが主としてガスの対流によって運ばれるようになり，対流層と呼ばれる層が形成される．対流層の厚さは，太陽半径の約30%を占めている．この対流は秒速100 m程度の速さで流れており，太陽磁場を作り出すダイナモ作用の原動力と考えられている．対流層の内部では対流によってガスが効率よく攪拌されるため，水素含有量は図2-1で見られるように，対流層全域にわたってほぼ同じ値となる．

さて対流層も，太陽の中心から遠ざかるにつれて密度が低下し，まるで濃いスープのように不透明だった太陽内部も，次第に「晴れ上がって」くる．そして深い霧が立ちこめた場所から，ヘッドライトを点灯した自動車が現れるとき，最初は薄暗く見えていた光が，次第に強い光となって眼に入るように，ついには太陽の外に向かって電磁波が放射されるようになる．太陽の場合，光が外に向かって効率良く放射され始める層の温度は約6000 Kであるため，放射される電磁波は，可視光線領域をピークとする黒体放射に近いスペクトルを持つ[2]．このように，太陽の外に向かって効率良く光を放射している領域を，光球と呼ぶ．

これで我々は太陽の中心核から，太陽の表層である光球までたどり着いたわけであるが，実は光球の上空には，彩層やコロナと呼ばれる，さらに希薄で高温な大気が広がっている．光球から上の領域については，次章で詳しく議論する．

2.4 太陽の鼓動（日震学）

前節で述べた太陽内部構造のモデルは1970年代に一応の完成を見たが，それを観測的に検証することが可能になったのは，太陽観測衛星などによる観測データの蓄積により，太陽の細かな振動の様子を詳しく研究できるようになった1990年代以降のことである．地球内部構造の研究においては，地球内部の色々な場所を伝わってきた地震波を，地球上の多くの地点で観測することにより，地球内部構造の推定が行われている．太陽の場合でも，光球の表面に現れる微細な振動を観測することにより，太陽の内部構造を知ることができる．そこで地球の振動を研究する地震学に対応して，太陽の振動の研究を**日震学**と呼ぶ．

さて太陽の振動の観測は，光球面の上下運動に伴う明るさの変化や，スペクトル線のドップラー効果を利用して行われる．このようにして観測される光球面の振動には，光球の内部から浮上してくる大規模な対流による不規則な運動も含まれているので，長時間の平均によってそのような運動の影響を除去しなければならない．こうして得られた，太陽本体の振動を表すスペクトルの例を図2-2に示す．それ

---

[2] 第1章3節参照．

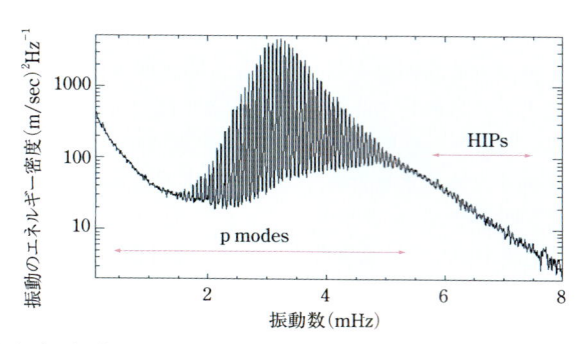

図 2-2 太陽光球面の振動のスペクトル。横軸は振動数（mHz，ミリヘルツ）で，縦軸は振動のエネルギーの大きさ示す。周期が5分前後となる2 mHzから7 mHzの領域に強く表れる振動を，太陽の「5分振動」と呼ぶことがある。低い振動数の領域には音波のような疎密波（pモード）が，比較的高い振動数領域には，光球大気の内部における波動の干渉によって細かなピークが現れる（HIP）。SOHOに搭載された太陽振動観測装置 GOLF による。[1]

によると 2 mHz から 7 mHz の振動数を持つ振動が集中して発生しており（mHz は 10^{-3} Hz），3 mHz のあたりで最も強い振動が見られる。この振動数を周期に換算すると約5分となるため，太陽の代表的な振動の周期として，**5分振動**と呼ばれることが多い。このような振動が発生する原因としては，太陽内部で起こっている対流運動のエネルギーが考えられる。太陽の振動の精密なスペクトルを得るためには，非常に長時間の観測が必要なため，地上では世界各地の望遠鏡によるリレー式の観測や，半年間は昼間となる南極点における連続観測が行われているが，天候や昼夜に関係無く太陽の連続観測を可能とした太陽観測宇宙機 **SOHO** によって，この分野の研究は大幅に進歩した。

　太陽の振動によって太陽内部の状態を調べることは，スイカをたたいて熟れ具合を推定することに良くたとえられる。図 2-3 に示すように，太陽の光球の表面で音波が発生して，太陽の内部に向かって伝わって行く状況を考えてみよう。太陽の内部では，中心に近づくほど温度は上昇して音速も大きくなることから，太陽の内部に向かう音波は次第に屈折を起こし，ある深さで折り返して，再び光球面に向かって戻ってくる。そして光球の表面で反射されて再び太陽の内部に向かい，同じような屈折と反射とを繰り返しながら太陽を一周する。このとき波の位相が上手く合うと，波が強め合って共振（共鳴）を起こし，強い振動としてスペクトルに現れる。これは，共振を起こしている領域の大きさや音速によって振動数が決まる固有振動と呼ばれる現象であり，試験管のような管を吹いたとき，一定の振動数を持った音が発生する場合と似ている。このとき共振を起こす振動数は，試験管の長さと，試験管の中の音速によって決まる。太陽の振動の場合も，領域の大きさと，その領域の内部における平均的な音速によって決まる振動数で共振が起きる。そこで

図 2-3 太陽内部を伝わる音波の経路の模式図。振動の節の間隔が狭い小さなパターンの振動は，比較的浅い領域で反射されるが，大きなパターンの振動は太陽の深部まで到達できる。[2]

色々な振動数を持つ振動の解析によって，太陽内部における音速の分布を知ることが可能となる。音速は領域の温度や密度などによって決まるため，太陽内部構造モデルによって予想される音速の分布と比較することによって，色々なモデルの妥当性を検証することができる。その結果，従来考えられてきた太陽内部構造モデルは，大体において正しいことが分かった。そして日震学の研究から得られた新しい情報を加えることにより，さらに精密な太陽内部構造モデルの構築が可能となりつつある。

　最近の日震学の研究によって得られたもう一つの重要な成果として，太陽内部における回転や流れの解明がある。第3章でも議論するように，太陽の表面にあたる光球の自転の様子は，光球面に現れる**太陽黒点**などの，比較的安定した構造を目印として知ることができる。それによると，光球は一様な自転をしているのではなく，自転速度は高緯度帯に比べて低緯度帯の方が速い（**差動回転**[3]という）。しかし，太陽内部の回転の様子については，これまで観測の手段が無かったため，ほとんど知られていなかった。最近の日震学の進歩は，太陽内部のガスを伝わる音波の振動数がガスの運動のため変化することを利用して，太陽内部の回転速度の分布を知ることを可能にした。それによると，太陽表面近くの対流層においては，光球面と同じように低緯度帯は高緯度帯よりも速い差動回転をしているが，さらに内部の放射層や中心核では，一様な回転（**剛体回転**という）をしていることが分かった（図2-4）。また，同じ解析法により，太陽の南北方向の断面（子午面）における大規模な循環流も検出されている。このような太陽内部の回転や流れの様子は，太陽が持っている磁場の形成や太陽の進化と深く関係しており，次章で議論する太陽黒点11年周

---

3)　第3章2節参照。

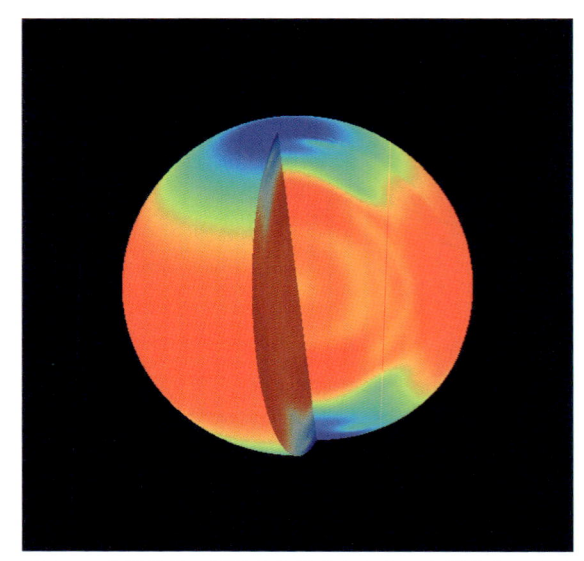

図 2-4 太陽振動の観測から推定された，太陽内部における回転速度の分布。青から緑，橙，赤に向かってより速い回転速度を示す。[1]

期のような，周期的太陽活動が発生するメカニズムの解明においても，このような研究は重要である。

参照文献（資料）

[1] SOHO は ESA および NASA による国際共同プロジェクト。
    http://sohowww.nascom.nasa.gov/home.html
[2] 柴橋，高田（http://seismology.astron.s.u-tokyo.ac.jp/helios/helios.html）による。

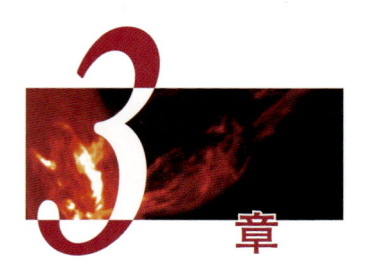

3章 太陽の大気（光球，彩層，コロナ）

　我々が日常目にする太陽とは，**光球**と呼ばれる太陽本体の最上層にあたるガス層である。そして光球の外側には，光球に比べて圧倒的に希薄なガスの層である**彩層**や**コロナ**が存在する。この章では，光球からコロナまでの領域を「太陽の大気」として扱い，その中で見られる様々な現象について議論する。

3.1 太陽大気の構造

　光球からコロナまでの，「太陽の大気」に相当する領域における温度と密度の高度分布を図3-1に示す。この図で分かるように光球も厚みを持ったガス層であるから，どこを高さの基準とするかが問題となる。そこで多くの場合，緑色の光（500 nm）が効率よく放射されるようになる層を，便宜上光球の表面（光球面）と定め，そこを高さの基準とすることが多い。このようにして定めた光球面（図3-1で，高度0 kmに相当する場所）は，約6000 Kの温度を持つ。光球面から上の領域ではさらに温度は低下し続け，約500 kmの高さでは，約4300 Kまで低下する。このように光球の温度は高さと共に低下するため，上層部の比較的低温度にある光球ガスを構成する原子が，より高温の下層部からの光の一部を吸収し，太陽スペクトルに現れる，暗いフラウンホーファー線を作る。

　なお光球の温度については，光球面の考え方の相違により，文献によって5500 Kから6000 Kまでの幅が見られる。そこで本書では光球の代表的な温度として，記憶しやすい値である「約6000 K」を用いている。太陽を他の恒星と比較した研究を行う場合には，太陽が完全な黒体放射をしていると仮定したときの温度（有効温度）として，多くの文献では5780 Kが採用されているが，この値も算出の方法によって微妙に異なる。

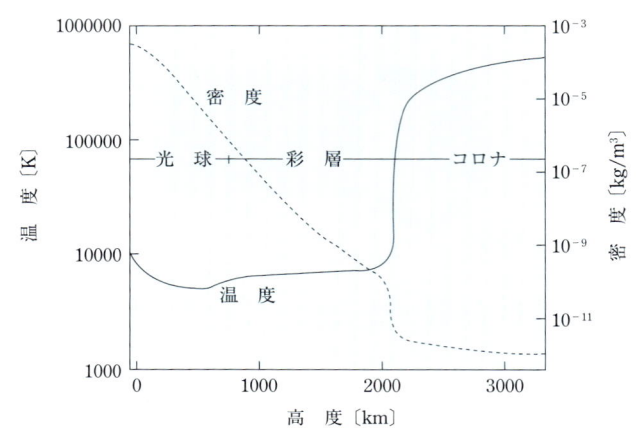

図 3-1 太陽大気層(光球,彩層,コロナ)の温度と密度の分布(対数目盛)。横軸は光球からの高さ(km)。[1]

さて上で議論した光球内部の温度分布は,地球大気の対流圏における温度が地上からの高さが増すと共に低下する様子と同じような傾向を示す。大気が天体の重力によって安定に引きつけられている状態(静水圧平衡)では,一般にこのような大気構造が見られる。しかし図3-1に見られるように,このような温度低下の傾向が続くのは,光球面からの高さが約500 km以下の領域であり,温度は最低温度(約4300 K)まで低下したあと,この高度より上では逆に上昇を始め,光球から約2000 kmの高さでは約1万Kとなる。このあたりの温度にあるガス層は,水素のスペクトル線である赤色のHα線(波長:656.28 nm)をよく放射する。皆既日食のときコロナと並んで注目を集めるダイヤモンド・リングが,美しいピンク色に輝いて見えるのはそのためであり,「色彩豊かな領域」という意味からこの層を**彩層**と呼ぶ。そして高度が2000 kmを越えたあたりから,ガスの密度が突然減少すると共に,温度が100万K近くまで急上昇する領域(遷移層)が現れ,100万K以上の高温にある低密度のコロナへと移行する。このような高温度を持つコロナのガスは,太陽の重力を振り切って膨張を始め,**太陽風**となって宇宙空間に向かって流出する[1)]。

光球は地球環境を支配する太陽の放射エネルギーが発生する場所であり,彩層やコロナで起こっている現象は地球近傍の宇宙環境に様々な影響を与えているため,それぞれの領域について次節以降で詳しく議論する。

---

1) 第5章参照。

3.2 光球

　光球は我々の眼で見える太陽の表面に相当する領域であり，望遠鏡を使えば図 3-2 に見られるような，光球の写真を撮影することができる（**注意：望遠鏡で直接太陽を見てはいけない！**）。光球は密度が地球大気の海面上での値の約 1% 程度の，かなり希薄な領域である。しかし光をよく吸収するため，光球の上端から 500 km あたりの深さまでしか見通すことができない。この深さは太陽の半径の約 1000 分の 1 に過ぎず，約 1 億 5000 万 km 離れた地球からだと，角度にして 1 秒以下の大きさにしか見えないため，この写真にも見られるように，太陽はくっきりとした縁を持っているように見える。

　さて光球は，我々にも馴染みの深い太陽黒点が見られる場所である。図 3-2 に示した光球の写真でも，白線で示された太陽の赤道を挟む南北両半球において，多くの黒点が見られる。黒点は太陽の回転と共に光球面を移動して行くが，最初に黒点が現れる方向を太陽の東（図では E），沈んで行く方向を西（W）と定める。つまり太陽の北極を上に見た場合，太陽は左から右へと回転することとなる。図 3-2 において，光球の明るさが縁に近づくにつれて比較的暗く見えるのは，**周辺減光**と呼ばれる現象であり，光球がガスの層であるために発生する（後述）。またこの図では，光球の縁に近い黒点の周辺に，**白斑**と呼ばれる薄明るい領域が広がっているのが見られる。これらの光球に現われる現象は，太陽研究における重要な研究テーマであるだけでなく，地球環境にも関係の深い太陽放射エネルギーの変動にも深く関わっているため，以下で詳しく議論する。

光球の回転

　光球面上には固定された大陸のような地形は存在しないため，太陽の回転の研究は，図 3-2 にも見られるような，比較的寿命の長い黒点群を用いて行われてきた。それによると，緯度 ϕ における太陽の自転周期は，近似的に次の式で与えられている。

$$\text{太陽の自転周期（日）} = 26.90 + 5.2\sin^2\phi \qquad \text{（理科年表より）}$$

このように太陽の自転周期が緯度によって異なる現象は，光球がガスの層であることの証拠の一つとなっており，差動回転と呼ばれている[2]。この式によると，地球

---

2) 第 2 章 4 節参照。

図3-2 2001年11月7日，国立天文台10 cm 太陽白色光望遠鏡で撮影された光球の画像。白線は太陽の赤道を表し，太陽は図の左（東）から右（西）に向かって回転する。赤道の上方が北半球，下方が南半球にあたる。太陽の縁に向かって明るさの減少が見られるのが，周辺減光と呼ばれる現象。多くの暗い斑点が太陽黒点。光球の縁に近い領域に見られる比較的明るい領域は白斑と呼ばれ，特に図中の白丸で囲まれた黒点群の周辺でよく見える。[2]

軌道面に近い太陽の低緯度帯の自転周期は約27日となる。この周期は，太陽と地球とのあいだで起こっている現象を議論する上で重要である。たとえば地球磁場の乱れの中には，約27日周期で繰り返し発生するものがあるが（回帰性地磁気擾乱），これは太陽と一緒に回転している**コロナ・ホール**[3]と関係が深い。なお，ここで述べた太陽の自転周期は，太陽の自転と同じ向きに公転している地球から見たものであるため，恒星に対する太陽の自転周期である約25日よりも長くなっている。また黒点以外の構造や，光球面で発生するスペクトル線のドップラー効果を用いて観測した場合，黒点の場合とは少し異なった自転周期や緯度依存性が得られている。

光球の周辺減光

次に，光球に周辺減光が見られる理由について議論しよう。図3-1に示したように，光球の最上端における温度は約4300 Kであるが，光球の底部における温度は6000 K以上となり，光球の内部ほど温度が高くなる。一方，光球のような光を吸収するガスの中を通過する光は，伝わる距離が長いほど強く吸収を受ける。光線が光球面に対して垂直に近い角度で出てくる光球の中央の方向では，温度の高い光球の深部から放射される光が外に出てこられるのに対して，光球面に対して光が斜め

---

3) 第5章1節参照。

の方向に出てくる光球の周辺部では，光球のガス層の中を光が通過する距離が長くなるため，高温の深い層から出てくる光は途中で吸収されてしまい，比較的温度の低い光球の上層部から放射される光しか外に出て来ない．光球が黒体に近い放射をしていると考えると，放射の強さは温度の4乗に比例するので[4]，光球の中央部に比べて，比較的低温の層までしか見通せない光球の周辺部は，少し暗く見えることになる．もし太陽が灼熱した鉄球のように完全に不透明な天体であれば周辺減光は起きないことから，周辺減光の存在は，光球がガスの層であることの重要な観測的証拠の一つである．

粒状斑

第2章でも述べたように，光球は対流層のすぐ外側に位置するため，太陽内部から沸き上がってくる対流が直接観測されることが期待される．しかし対流層の内部に形成されている大規模な対流は光球面まで到達せず，光球内部の比較的小規模の対流によって形成された，**粒状斑**と呼ばれる微小な構造が観測される．粒状斑の平均的な大きさは約 1000 km であるが，約 1 億 5000 万 km 離れた地球上から見ると，角度で1秒程度にしか見えない．そのため大気のゆらぎが大きい地上からの観測は難しい．粒状斑を観測する最適の場所は，大気の影響を受けない宇宙空間である．2006年に打ち上げられた我が国の太陽観測衛星「ひので」も，粒状斑の高解像度観測を目的の一つとしており，図 3-3 に示すように，地上観測と比較してはるかに高品質の画像が得られている．この図で粒状斑は，まるで細胞のような構造として現れており，比較的明るい部分が高温の上昇流，暗い部分が低温の下降流を示す．粒状斑を作る対流の流速は 2〜3 km/sec であり，6分から10分の寿命で常に入れ替わっている．また粒状斑では，対流によって磁力線が粒状斑の周辺に向かって掃き寄せられており，粒状斑の境界にある低温の薄暗い領域に沿って，光球面に垂直な磁力線がまるで垣根のように粒状斑を取り囲んでいる．また「ひので」によって得られた粒状斑の画像（図 3-3 の左図）では，白く輝く高温の小さな斑点が見られるが，この領域は，局所的に磁場が強められた，微小磁気要素と呼ばれる構造である．微小磁気要素では，直径が 150 km ほどの狭い領域に強い磁場が集中しているため，微細磁束管と呼ばれることもある．このような非常に細くて磁場が強い領域の内部では，ガスの密度が極度に低下して透明度が上がることが知られている．その結果深い井戸の中をのぞき込んだときのように，光球内部の高温ガスが発する明るい光が見えるようになり，小さな明るい点として観測されると考えられる．

---

[4] ステファン＝ボルツマンの法則．付録 B「17. 黒体放射」参照．

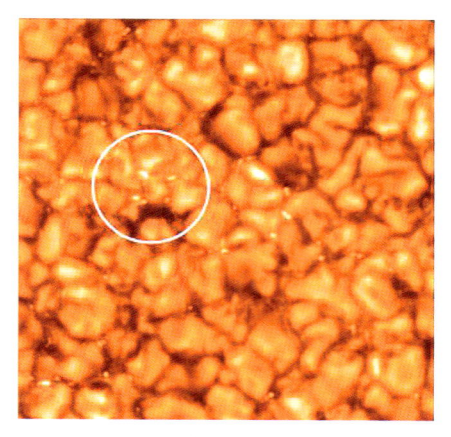

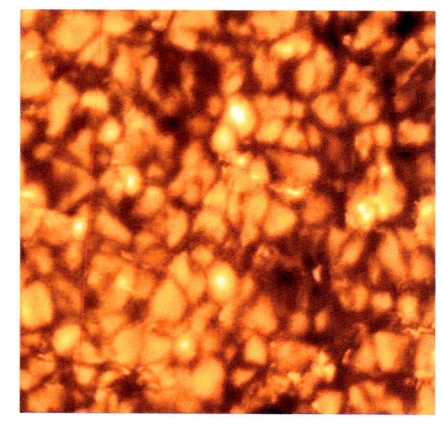

| 「ひので」 | 地上望遠鏡による観測例 |

図 3-3 太陽観測衛星「ひので」に搭載された可視光線望遠鏡によって得られた，粒状斑の画像（左図）。青紫色の光である G バンド (430 nm) で撮影。右図は地上望遠鏡による粒状斑の観測例を示す。比較的明るい部分は高温のガスが湧き上っている場所を，暗い部分は低温のガスが沈み込んでいる場所を示す。左図において，円で囲まれた部分や，それ以外の領域にも多く見られる小さな白点は微小磁気要素と呼ばれ，局所的に強い磁場が集中した場所に形成される。[3]

白斑

　図 3-2 からも分かるように，白斑は比較的観測しにくい領域であるため，はるかに明瞭に観測される黒点に比べてあまり研究が進んでいなかったが，最近の観測技術の進歩によって，かなり正体が分かってきた。図 3-4 に，カナリー群島の高山の山頂に設置されたスウェーデン 1 m 太陽望遠鏡により，G バンド（波長が約 430 nm の青紫の光）で撮影された，光球面中央の南北線から西に向かって 65 度の位置にある，粒状斑と白斑の高解像度画像を示す。この画像は，図 3-3 に示したような粒状斑を斜め方向から見た場合に相当し，粒状斑の立体的な姿を見ることができる。図 3-4 によると，粒状斑は床に貼られたタイルのような平面的なパターンでは無く，それぞれが小さな丘のように盛り上がった構造であることが分かる。そしてこちら側を向いた斜面が明るく光っている粒状斑が多く見られるが，このような粒状斑が多く集まると，全体が白斑として観測されることになる。これまでに行われた光球面の磁場観測によると，白斑は比較的強い磁場領域に形成されることが分かっているので，磁場の存在によって粒状斑の見え方がどう変化するかについて，少し詳しく議論しよう。

　光球は光を吸収するガスの層であるため，我々が見ている光は，我々が外から見通せることができる深さのガス層から放射されたものである。したがって，光球の

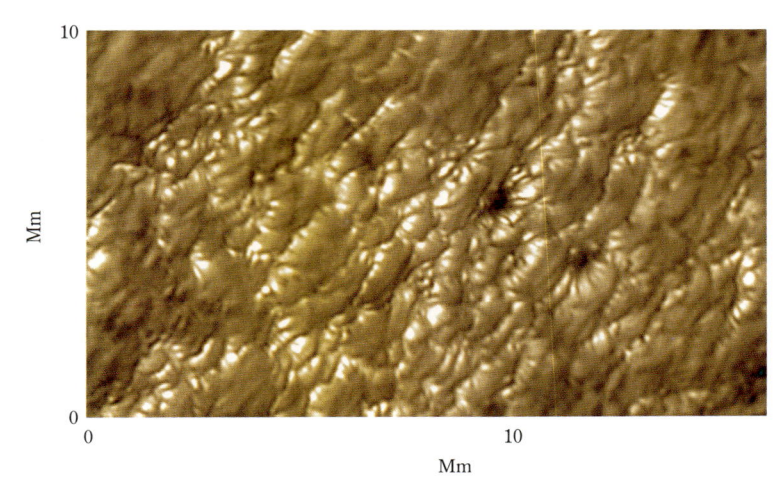

図 3-4 口径 1 m のスウェーデン太陽望遠鏡で観測された，光球面の中央から西に約 65 度の経度の縦 10 Mm，横 14 Mm の範囲にある粒状斑と白斑（G バンド光で撮影）。小さく盛り上がっているように見える構造が，斜め方向から見た粒状斑。粒状斑の表面で白く光る輝点が多数集まった領域が，白斑として観測される。（1 Mm = 1000 km）[4]

周辺減光の項で議論したように，我々の目に入る光が出てくる層の温度によって，観測される明るさが異なる。これに加えてガスの中に磁場がある場合，次節の太陽黒点に関する議論で詳しく述べるように，ガスの密度が低下するため，その領域の透明度が上昇することを考慮しなければならない。粒状斑では，前項で述べたように対流によって磁力線が縁に向かって掃き寄せられ，粒状斑を縁取るように磁力線の壁が形成される。その壁の断面の様子を図 3-5 に示す。粒状斑の対流によって掃き寄せられた磁場は，この図のように光球面に対して垂直になっていると考えられる。この領域を光球面に対して垂直方向から見た場合，磁場が強い領域では透明度が高いため，深い場所まで見通せることになるが，この場所は低温度の下降流が起きている領域であり，図 3-3 に見られるような，粒状斑を縁取る薄暗い領域として観測される。一方同じ粒状斑を斜めの方向から見た場合，前述の周辺減光の場合と同じように，ガス層を通過する光の経路が長くなるため，垂直方向から見た場合に比べて，光球の浅い場所にある比較的低温の層からくる光を見ることになり，粒状斑の明るさは低下する。しかし透明度の高い磁場の壁の向こう側が見える方向では，比較的温度が高い粒状斑の斜面が，明るい輝点として観測される。そしてこのような輝点が多く集まった領域が，図 3-2 に見られるような白斑を形成することになる。

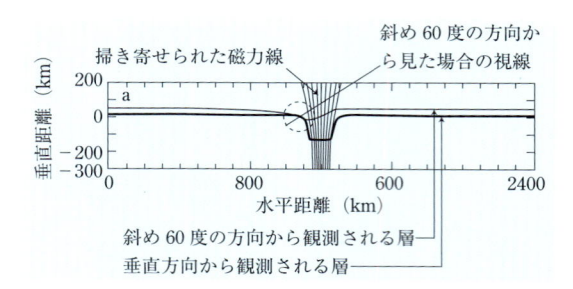

図 3-5 粒状斑の周辺に磁力線が集積した領域と，光球に対して垂直方向と斜め方向（60度）から見た場合に観測される層の位置をそれぞれ太線と細線で示す．斜めの直線は 60度の方向から見た場合の視線を表し，点線の円で囲まれた場所が明るい輝点となって観測される．縦軸，横軸とも空間スケール（km）を示し，横軸を光球面と平行に取る．（Steinerによる原図に加筆）．[5]

3.3 太陽黒点

　望遠鏡によって**太陽黒点**をはじめて詳しく観察したのは，17世紀に活躍したガリレオ・ガリレイであるが，彼は黒点が太陽面を横切るように移動して，約27日の周期で何度か繰り返して出現することを発見した．また，黒点の増減が約11年の周期で起こることは，19世紀にドイツのシュワーベによって発見されている．太陽黒点は一般にも広く知られた現象であり，太陽活動と地球環境との関連においても話題となることが多いため，以下の各項で詳しく議論する．黒点の議論を始める前に一つ注意しておくべきこととして，黒点は決して「暗黒の点」ではない，ということがある．黒点は 4000 K から 4500 K の温度を持っているが，これは比較的赤みがかった色を持つ恒星の表面温度に匹敵する温度である．したがって黒点も赤みがかった光を出しているのであるが，約 6000 K の温度の光球が発する光の方が強いため，あたかも暗黒の点であるように見えてしまう．

黒点と太陽磁場

　さて，黒点がそのような低い温度を持つことは，黒点が強い磁場を持っていることと深く関係している．黒点の磁場は，磁場の影響によってスペクトル線が分離して現れる，**ゼーマン効果**（コラム参照）を用いて，1908年に米国のヘールによりはじめて観測された．図 3-6 に，SOHO によって得られた光球の画像と，同時刻に得られた光球磁場の分布の観測例を示す．図 3-6 に示したような光球磁場の画像は，ゼーマン効果によって発生する右回りと左回りの円偏光を分離するフィルターを使った観測によるもので，我々が見ている方向（視線方向）における磁場成分の

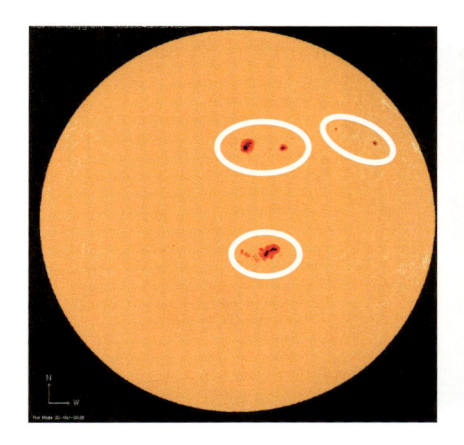

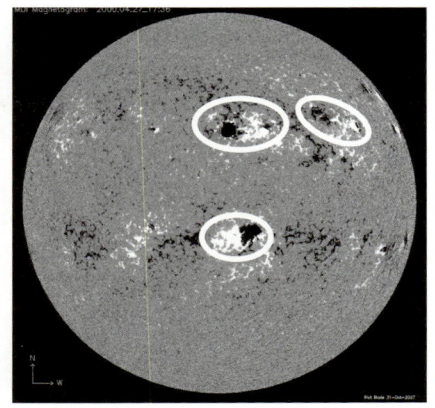

図 3-6 2000 年 4 月 27 日，SOHO によって得られた，太陽光球の可視光画像（左）と光球磁場の分布図（右）。いずれも上部が太陽の北極で，左が東。右図において白みがかった領域は，太陽から出てくる方向の磁場を持つ領域（N 極）に，黒みがかった領域は，太陽に向かう方向の磁場を持つ領域（S 極）に相当し，灰色の部分は磁場が非常に弱い領域を示す。図中の白丸は，代表的な三つの黒点群を示す。なおこれらの画像では，周辺減光の影響が補正されている。[6]

大きさの分布を示す。まず左の可視光画像では，南北両半球に黒点がいくつか出現しているのが見られる。この図の場合のように，黒点は一対の黒点が東西方向に並んで出現することが多く，それぞれの対を黒点群として扱う。個々の黒点群においては，太陽の回転によって先に光球面を横切って行く，つまり西側にある黒点を先行黒点と呼び，それよりも東側にあって先行黒点を追いかける形になる黒点を，後行黒点と呼ぶ。続いて図 3-6 の右図を見ると，それぞれの黒点群の位置に対応して，強い磁場を持った領域が存在することが分かる。この図の場合，北半球にある黒点群の磁場は，黒点群の中で西側にある先行黒点は N 極，東側にある後行黒点は S 極を持つ。一方，南半球にある黒点群の磁場は，北半球とは逆の並び方をしている。この並び方は，後で述べるように，約 22 年の周期で反転する。このような黒点群の磁場構造の特徴は，黒点の起源を考える上で重要な情報となる。なお黒点の磁場の強さは 2000〜4000 ガウス（0.2〜0.4 テスラ）であるが，これは掲示板に書類を留めるのに使われているような家庭用の永久磁石が持つ磁場の，約 10 倍の強さに相当する。光球には，黒点群に見られるような強い局所的な磁場構造に加えて，地球と同じように南北に磁極を持つ磁場（一般磁場と呼ぶ）が存在するが，黒点群の磁場に比べてはるかに弱く，約 6 ガウス（0.6 ミリテスラ）の大きさであるが，それでも地球の両極における磁場に比べると，約 10 倍の強さを持っている。

　黒点の構造を詳しく見るため，太陽観測衛星「ひので」により，波長 430 nm（G バンド）の可視光線で撮影された黒点の画像を図 3-7 に示す。この図に見られるよ

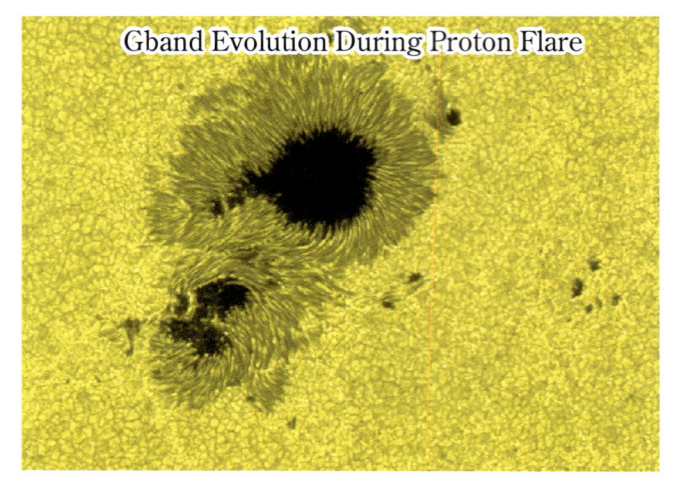

図 3-7　太陽黒点の詳細画像。太陽観測衛星ひのでにより，2006 年 12 月 13 日に G バンド（430 nm）で撮影された。黒点の最も暗く見える部分は暗部，薄暗い部分は半暗部と呼ばれる。網目のようなパターンは粒状斑。黒点の周辺に散在している小さな暗い構造は，ポアと呼ばれる。[3]

コラム：黒点磁場の測定

　太陽磁場の観測は，光球の磁場が強い領域から発するスペクトル線に見られるゼーマン効果を利用して行われる。ゼーマン効果は，磁場が無い時には 1 本であったスペクトル線が，磁場の影響によって 2 本または 3 本に分離する現象である。図Aに，黒点を横切る領域における鉄イオンのスペクトル線（吸収線）に見られるゼーマン効果を示す。この効果によって分離したスペクトル線は，光の振動面が特定の面内に限定される直線偏光や，振動面が右または左に回転する円偏光を示す。これらの観測情報をすべて考慮すると，磁場の正確な方向や強さを決めることができるが，観測に時間がかかるため，通常は黒点群などの選択された領域に対して適用される。図 3-6 に示すような，光球全面にわたる磁場の分布の様子を短時間で知るためには，特殊なフィルターを用いて，左回りと右回りの円偏光の強さの分布を観測する。しかしこの場合は，地球から見ている方向（視線方向）の磁場成分しか観測できない。

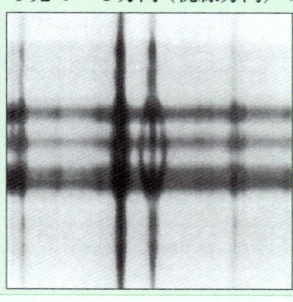

図A　黒点磁場によるゼーマン効果。横方向が波長，縦方向は黒点を横切る方向の位置に相当。縦に並んだ暗い線がスペクトル線。横方向に伸びる薄暗い帯が，黒点の領域を示す。中央近くに表れているスペクトル線が 3 本に分かれて見えるのがゼーマン効果。[7]

うな大きな黒点は，数千 km から数万 km の大きさを持っており，最も暗い領域である**暗部**と，その周囲の薄暗く見える**半暗部**との二重構造を示すことが多い。反暗部が渦巻きのような模様で覆われていることはこの図から分かるが，一見暗黒に見える暗部にも，細かな模様のようなものが観測される。黒点の半暗部に現れる渦巻きのような構造は，磁力線に沿って光球のガスが移動している様子を示している。実際に半暗部では，磁力線に沿って黒点の外側に向かう，秒速数 km の流れ（エバーシェッド流）が存在することが知られているが，詳しいことはよく分かっておらず，太陽観測衛星「ひので」でも詳しい観測が行われている。またこの図には，上で議論した大きな黒点の他に，粒状斑程度の大きさ（約 1000 km）の，ポアと呼ばれる極めて微小な暗い斑点も見られるが，通常は黒点としてカウントされていない。また黒点の表面は，光球から少し凹んだ場所にある。巨大な黒点群の場合，寿命は太陽の数回転（数ヶ月）に及ぶものもあるが，小さな黒点の寿命は，数時間から 1 日程度である。

黒点の成因

　多くの場合，黒点は互いに反対方向の磁場を持った一対の黒点によって構成される，黒点群として現れることは前節で述べた。そこで，このような黒点群を作る磁場構造が，どのようにして形成されるかについて議論する。図 3-8 に，典型的な黒点群の写真と光球磁場の分布，そして黒点群形成のモデルを示す。まず光球の内部には，多くの磁力線が束になった磁束管が存在していると考える。図 3-8 では，磁束管は太いホースのような構造として示されている。光球のような高温のガス層で

コラム：プラズマ

　宇宙科学など物理学系の研究分野では，プラズマは，正の電荷を持つ電離した原子（又は分子）と，負の電荷を持つ電子とが混合した状態にある気体（電離ガス）を表す。例として最も簡単な水素を考えよう。通常の水素原子においては，負の電荷を持った電子が，正の電荷を持った陽子に束縛された状態にあるが，温度が数千度以上になると，電子が陽子からの束縛を離れて，自由に飛び回る状態になる。これを電離（イオン化）とよび，自由な電子と裸になった陽子とが，お互いに同数だけ入り交じったガスとなる。このような状態になったガスをプラズマと呼ぶ。プラズマは金属と同じように自由電子を多く持つため，電気伝導度が非常に高い。点灯中の蛍光灯やネオンサインの内部は，温度が約 1 万度のプラズマ状態にある。太陽だけでなく，広大な宇宙に存在する物質のほとんどはプラズマの状態になっているため，宇宙の研究において，プラズマに関する知識は極めて重要である。

36 | 第Ⅰ部　新しい太陽像

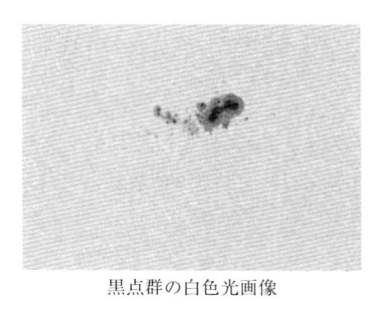

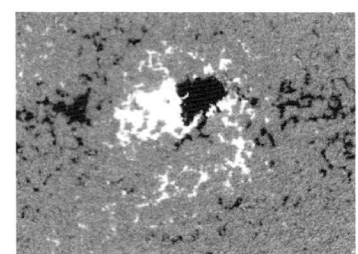

黒点群の白色光画像　　　黒点群の磁場（白：N極，黒：S極）

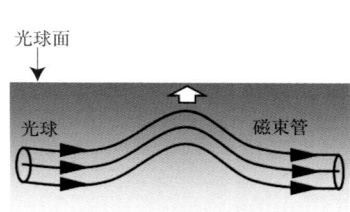

浮上中の磁束管　　　浮上後の磁束管と黒点

図3-8 黒点形成のモデル。上図の左は白色光による黒点群の写真で，右はSOHO衛星による黒点群の磁場分布（白がN極，黒がS極）を示す。下図の左側は，光球内部にある磁束管が，光球面に向かって浮き上がって行く様子を示し，右側の図は光球面に達した磁束管内部の磁場が，コロナに向かって広がる様子を示す。光球面を横切る磁束管の断面に黒点が形成される。

は，多くの原子は電子を何個か失い，正の電荷を持った正イオンと，負の電荷を持った電子とが混ざり合った，**プラズマ**と呼ばれる状態になっている（コラム参照）。プラズマと磁場とが共存している磁束管内部の圧力は，プラズマが持つガスの圧力と磁場が持つ圧力との合計となる。一方，磁束管が周辺のガスによって押しつぶされないで安定に存在するためには，磁束管内部の圧力と，周囲の光球ガスの圧力とが釣り合っていなければならない。このとき磁束管の内部と周囲との温度が同じだとすると，磁束管の内部は，磁場の圧力が高い分だけガスの圧力が低いはずである。ところがガスの圧力は密度に比例するため，磁束管内部のガスの密度が，周りの光球ガスの密度よりも低くなる。これは磁束管が周辺のガスよりも軽いことを意味するため，浮力によって浮き上がろうとする。そして何かをきっかけとして，磁束管の一部が光球面上まで浮上した場合，光球上空の彩層やコロナでは，ガスの圧力が極めて低いため，磁束管内部の磁場は光球上空に向かって一気に広がって行く。そして光球面には磁束管の断面が露出し，やはり図3-8に示すように，光球から出て行く磁場を持つN極と，光球内部に向かう磁場を持つS極が対になった，黒点群の磁場構造が形成される。

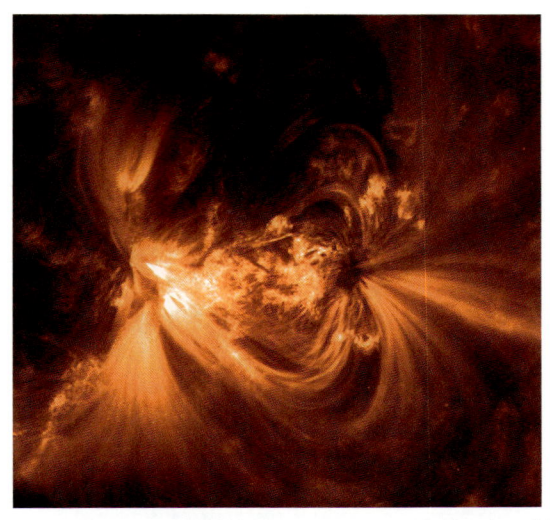

第 3 章　太陽の大気（光球，彩層，コロナ）　37

図 3-9　TRACE 衛星に搭載された極紫外線望遠鏡による，黒点群上空の磁場構造を示すコロナ画像。[8]

　黒点群の上空における磁場構造を直接観測することは困難であるが，人工衛星によって約 100 万 K のコロナのガスが発する極紫外線を観測することにより，全体的な磁場の様子を知ることができる。何らかの理由で磁束管の根元にあたる彩層や下部コロナに高温の領域が形成された場合，高温のプラズマは磁束管を満たすように登って行く。そのような状況を TRACE 衛星に搭載された極紫外線望遠鏡によって観測した例を図 3-9 に示す。この図では，一対の黒点の片方からコロナに向かって伸びた磁束管が，もう一方の黒点に向かって吸い込まれて行く様子がよく分かる。

黒点はなぜ暗く見える？

　一般にプラズマ状態になったガスは，**磁場の凍結**（コラム参照）と呼ばれる現象によって，磁力線に沿った方向には動きやすいが，磁力線を横切る方向には動きにくいという性質がある。図 3-8 にあるように，光球面に浮き上がった磁束管の断面の磁場は，大体において光球面に垂直となっている。ところが光球のプラズマは，磁場に沿った上下方向には自由に動けるものの，磁場を横切る方向には動きにくい。このため対流の発生が妨げられ，対流によって運ばれる熱エネルギーが減少して，周囲の光球よりも低温の黒点が形成されることが考えられている。
　ここで述べたモデルは，黒点と磁場との関係をうまく説明できるが，さらによく考えてみるとこの説明だけでは不十分である。太陽内部からは常に熱エネルギーが

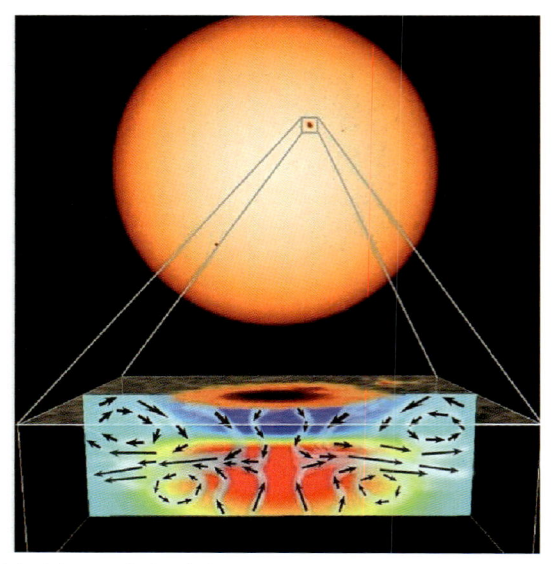

図 3-10　光球の内部を伝わる音波の解析による，黒点下部領域の温度と流れの分布。青は低温の領域，赤は高温の領域を表す。矢印は流れの方向と速度を表す。[6]

湧きあがってくるため，磁場によって遮られたエネルギーは，どこかに高温の領域として現れる筈である。しかし，これまでそのような領域の存在は確認されておらず，長い間研究者を悩ませていた。ところが第 2 章で述べた日震学の進歩によって，この疑問は解決することとなった。地球の場合でも，地震波の伝わり方を解析して，断層などの局所的な地下構造を知ることができるが，太陽の場合でも，黒点領域の下部を伝わる音波を解析して，黒点下部領域の温度構造や流れの様子を知ることが可能である。その結果，図 3-10 に示すように，黒点の下部には約 5000 km の深さまで低温度の領域が存在し，さらにそれよりも深い領域には，周辺よりも温度が高い領域が形成されていることが分かった。この高温領域は，まさに磁場によってせき止められた熱エネルギーが蓄積されている場所と考えられ，現行の黒点形成モデルを支持する結果として，注目される。また図 3-10 に見られる黒点下部領域の流れの様子を見ると，黒点の下の低温領域には中心軸に向かって流れ込む下降流が存在することが分かる。同一の方向の磁力線はお互いに反発し合うため，巨大な磁力線の束である黒点の磁場は，何らかの手段で封じ込めておかない限り，短時間でばらばらになってしまうはずであり，黒点がかなり長期間にわたって，安定に存在し続ける理由も良く分かっていなかった。しかし今回発見された中心軸に向かう流れの存在は，黒点磁場を安定に維持するメカニズムとして注目される。

　ところで図 3-10 に見られる光球の表面近くにおける流れの方向は，黒点と磁場

コラム：磁場の凍結

　太陽でも見られるように，宇宙ではプラズマは磁場と共存する場合が多く，宇宙プラズマの振る舞いの多くは，プラズマと磁場との相互作用によって理解される．その中でも，ここで述べる「プラズマの凍結」の概念は重要である．図 a, b に示すように，もともと磁場の中にあったプラズマの雲が移動しようとしたとき，プラズマは電気伝導度が非常に高いため，雲を貫いている磁場の磁束（磁力線の本数）の変化を打ち消すように電流が流れ（誘導電流），磁束を一定に保とうとする．そこで最初から存在した磁場に，この電流によって発生した磁場が加わって，図 b に示すように，プラズマ雲の移動によって引っ張られたような磁場の形に移行する．逆に，磁場を持たないプラズマ雲が磁場のある領域に遭遇した場合（図 c, d），プラズマ雲の中に入り込もうとする磁場を打ち消すように電流が発生し，プラズマ雲の移動によって変形されたような磁場の形状に移行する．また太陽の黒点のように，プラズマの圧力よりも磁場の圧力の方がはるかに大きい場合，プラズマの構造や運動は磁場によって支配される．このように，プラズマと磁場とが深く関わり合っている状態を，「プラズマと磁場とが凍結している」という言葉で表現する．なお，月のような電気伝導度が極めて低い物体の場合は，内部に電流が流れないため，磁場は自由にすり抜けてしまい，磁場の凍結は起こらない．

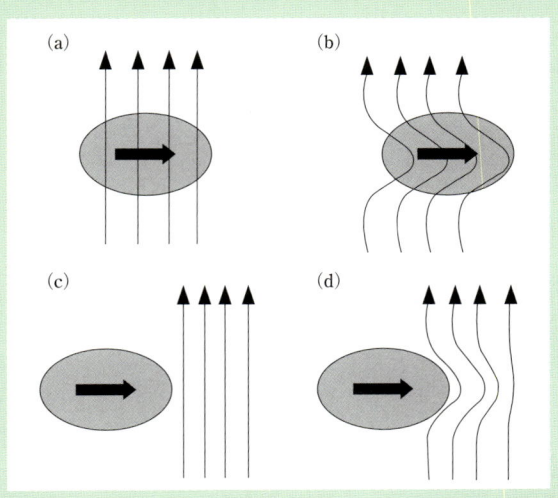

磁場の凍結の概念図．(a) もともと磁場を持ったプラズマが移動すると，(b) 磁場も一緒に移動する．また，(c) もともと磁場を持たないプラズマが磁場のある領域に侵入しようとしても，(d) 磁場はプラズマの内部に入り込むことができない．

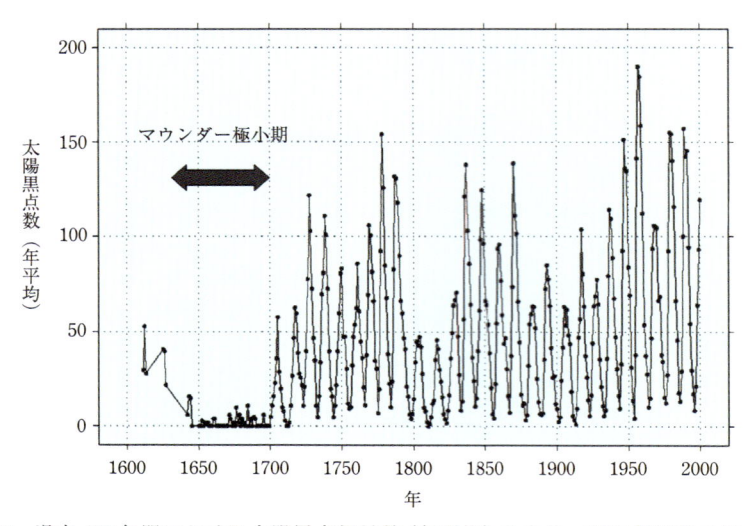

図 3-11　過去 400 年間における太陽黒点相対数（年平均）の変化。1749 年以前のデータは，ガリレイたちによる初期の黒点スケッチに基づいており，処理の方法によって数値は多少異なる。この図には，長期的に太陽活動が低かった 17 世紀後半の Maunder（マウンダー）極小期の期間が示してある。[9]

との関係の項で述べた黒点の中心から外側に向かうエバーシェッド流の流れの方向と逆になっている。エバーシェッド流は黒点のごく表面に見られる現象であり，この図に示されているような大規模な流れとの関係は無いものと思われる。新しい研究手段の開発によって，それまで抱かれていたイメージとは異なる現象が発見されることはよくあることであり，それが新しい研究を促進する原動力になっているのは興味深い。

黒点から分かる太陽活動の周期性

　太陽活動の変化の目安として，**黒点相対数**がよく用いられている。黒点相対数は単純な黒点の数では無く，次のようにして求められる。まず黒点群がそれぞれ反対の極性の磁極を持つ，一対の黒点として現れる傾向を持つことを利用して，太陽面の黒点群の数を定める。次に黒点の総数を数えるのであるが，暗部と半暗部とを個別の黒点として数えることとする。たとえば一つの半暗部の中に暗部が一つあれば，その黒点の数は 2 となる。以上の方法によって数えた黒点群の数（g）と黒点の総数（f）を以下に示す式によって結合し，黒点相対数（R）を求める。

$$R = k(10g + f)$$

ここでkの値は，異なった観測所による観測結果を標準化するため，使用した望遠鏡の大きさ，観測所の立地条件，観測者の癖や技量などによって与えられる固有の係数であり，かつてはスイスのチューリッヒ天文台における観測結果を基準（k=1）としたが，現在は同じくスイスのロカルノ天文台における観測結果を基準としている．黒点観測の歴史は古くガリレイの時代まで遡ることができるが，当時の不完全な望遠鏡による黒点のスケッチについてもこの係数を与えることにより，17世紀以降における太陽黒点数の推移を知ることが可能となる．

図3-11に，17世紀から最近までの約400年間における，黒点相対数の推移を示す．この図から分かるように，太陽黒点は約11年の周期で極大極小を繰り返しており，それぞれの周期における極大の高さには，100年近い周期のゆっくりした変化がある．また1600年代中頃から1700年代初頭にかけて，太陽黒点が目立って少ない期間が見られ，発見者の名を取ってマウンダー（Maunder）極小期と呼ばれている．この時期は，小氷期と呼ばれる世界的に低温であった時期と一致しているため，太陽活動と地球環境変動との関連が関心を集めることとなった．またこの図では，1900年以降において極大と極小との差が大きくなる傾向が見られ，20世紀における太陽活動は増大傾向にあったことが分かる．そのため，20世紀以後における地球の温暖化を太陽活動と結びつける考えもあるが，同じ時期に**温室効果**ガスの量も急速な増加傾向を示しているため，両者の効果を考慮した総合的な評価を行うことが必要である[5]．

黒点出現緯度の変化（バタフライ・ダイアグラム）

図3-12の上段に，国立天文台（三鷹）における太陽観測によって得られた太陽黒点相対数の年変化を，下段に黒点の出現緯度の変化を示す．これらの図を比較して見ると，新しい太陽活動サイクルの初期では，黒点は両半球とも比較的緯度の高い領域に出現することが多く，サイクルの進行に伴って，黒点の出現場所は次第に低緯度帯に向かうことがよく分かる．そしてサイクルの末期には，赤道のすぐ近くでも黒点が発生するようになる．このようなパターンが約11年の周期で繰り返されると，黒点の出現緯度の分布は，まるで標本箱にピンで留められた蝶のような形に見えるため，バタフライ・ダイアグラム（蝶型図）と呼ばれる．この現象は，太陽活動の周期性を議論するとき，考慮するべき重要な要素の一つである．

---

[5] 第8章3節参照．

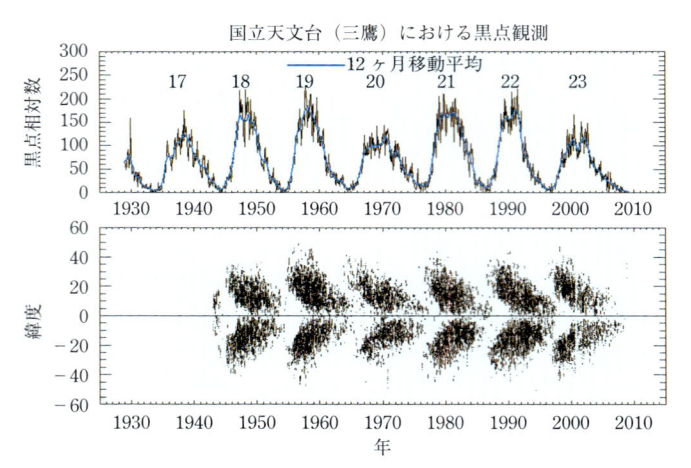

図 3-12　上段：1929 年から 2009 年までの期間における黒点相対数の変化（図中の通し番号は太陽活動のサイクルナンバー）。下段：太陽黒点の出現緯度の変化を示すバタフライ・ダイアグラム。国立天文台（三鷹）における太陽観測による。[2]

太陽磁場の 22 年周期変化

　太陽活動の周期的な変化は，太陽磁場にも現れる．図 3-13 に，それぞれ 1997 年に始まった太陽活動のサイクル 23[6]と，2008 年に始まったサイクル 24 の上昇期における光球磁場の分布を示す．まずサイクル 23 の上昇期（1998 年）に得られた磁場分布（左図）を見ると，北半球の黒点群における磁場の並び方は，北半球に現れた黒点群の先行黒点の場合，極性が N 極（図では青色）であるのに対して，南半球の場合は S 極（図では赤色）になっている．これに対して，サイクル 24 の上昇期（2009 年）の場合（右図），この関係が全く逆になっており，北半球の先行黒点の極性は S 極（赤色），南半球の場合は N 極（青色）となっている．このように黒点群の磁場の極性は，太陽黒点 11 年周期に対応して入れ替わっており，同じ極性の並びに戻る周期は，黒点 11 年周期の 2 倍の約 22 年となる．

　もう一つ図 3-13 から分かる重要なこととして，太陽一般磁場の反転がある．1998 年に撮影された左図を見ると，北極近くの領域は全体として青っぽく見え，南極近くは赤っぽく見える．このことから，サイクル 23 における太陽一般磁場の極性は，北極が N 極，南極が S 極であることが分かる．しかしサイクル 24 で撮影された右図を見ると，逆に北極は S 極，南極は N 極となっている．このように太陽一般磁場の極性は，黒点磁場の並び方と同じように，22 年の周期で逆転を起こす．

---

[6]　1755 年から 1766 年にかけて現われた太陽活動サイクルを，「サイクル 1」と定める．

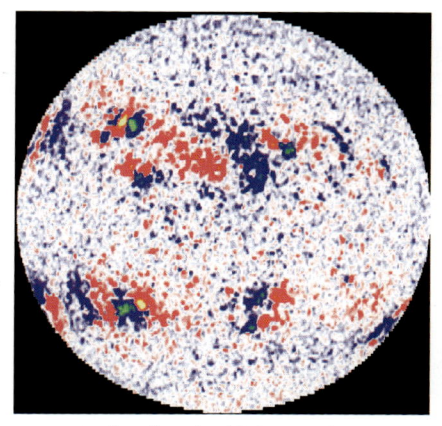

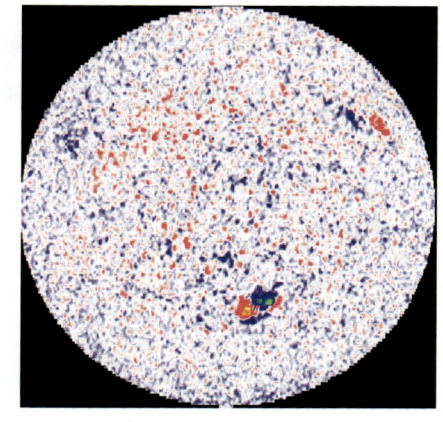

1998年7月25日（サイクル23） 2009年7月5日（サイクル24）

図 3-13 米国ウィルソン山太陽天文台で撮影された，光球の磁場画像。左図は太陽活動サイクル23の上昇期に当たる1998年7月25日に，右図は太陽活動サイクル24上昇期の2009年7月5日に撮影された。青色は光球面から出て行く磁場を持つ領域（N極）を，赤は光球面に向かう磁場を持つ領域（S極）を表す。いずれの画像とも，上が北で左が東。[10]

ちなみに，図3-13をもう一度よく見ると，先行黒点の極性はそれぞれの黒点が現れた半球における，一般磁場の極性と一致することが分かる。これらの観測結果は，太陽活動サイクルのモデルを考える上で，非常に重要なポイントとなる。

さて，黒点群磁場の極性が約11年ごとに反転することに対応して，太陽面全体としてどのような磁場の変化が起きているのであろうか。例として，米国のウィルソン山天文台で長期間にわたって観測された太陽磁場の変化の様子を，図3-14に示す。この図はサイクル22の極大（1991年）とサイクル23の極大（2000年）を含む，1986年から2007年までの期間における光球磁場の分布を表している。強い磁場を持った領域の大部分は黒点群に相当するため，太陽活動サイクルの進行に従って，強い磁場領域の出現緯度の変化が，図3-12に示したバタフライ・ダイアグラムと同じパターンで現れる。この図では，太陽から地球へ向かう磁場（N極）を青から緑の色で表し，それと反対方向であるS極の磁場を，赤から黄色の色で表している。この図で北極域の磁場に注目すると，1986年から1990年までの期間はS極磁場であったが，太陽活動極大期にあたる1990年頃からN極磁場に転じ，その状態は太陽活動極小期の1996年を過ぎて，サイクル23の極大期である2000年ごろまで続いている。そしてこの極大期以降は，再びS極磁場に入れ替わっている。南半球でも，北半球とは磁場の向きが反対であるが，同じような変化が現れている。つまり，一般磁場の反転は太陽活動極大期に始まっていることになる。

図3-14でもう一つ注目すべきこととして，NまたはSの磁場を持った領域が，

PHOTOSPHERIC MAGNETIC FIELDS - plus or minus 10 gauss
CARRINGTON ROTATION

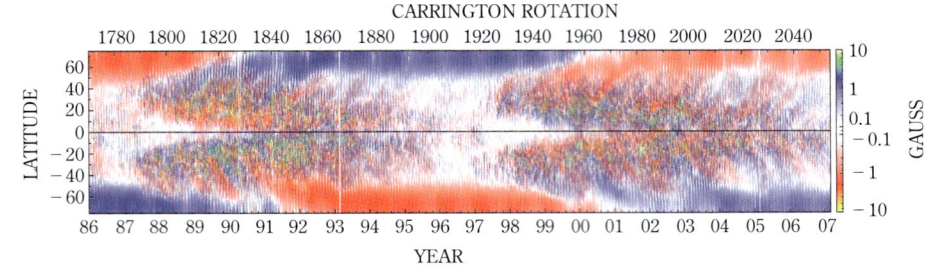

図 3-14　1986 年から 2007 年までの期間における光球磁場の分布。一日ごとの光球磁場の分布を，縦に細長い短冊状にして並べたもの。中央の横線が太陽の赤道を表し，縦軸は太陽面緯度。上側の横軸はキャリントン太陽回転番号[7]，下側の横軸は年を示す。太陽から地球へ向かう磁場（N 極）を青から緑の色で表し，それと反対方向の磁場（S極）を赤から黄色の色で表している。[10]

北半球では右上がり，南半球では右下がりに分布していることがある。これは低緯度帯から高緯度帯に向かう磁極の流れが存在し，次の太陽活動サイクルにおける，反転した一般磁場を再構築する過程を示す現象として注目される。このような極域に向かう磁極の輸送は，第 2 章で述べた日震学の研究によって発見された，赤道から両極に向かう子午面循環によって起こると思われる。

太陽活動周期のモデル

太陽黒点に関する観測結果を説明するモデルについて述べる前に，黒点に関してこれまで知られている主な観測結果をまとめておこう。

(1) 太陽活動サイクルの初期において，黒点は比較的緯度の高い場所に出現するが，サイクルの進行に伴って，低緯度帯に多く出現するようになる。
(2) 太陽黒点は，互いに反対の極性の磁極を持つ一対の黒点を主体とした，黒点群を形成することが多い。
(3) 黒点群は大体において太陽赤道と平行に形成されるが，先行黒点は後行黒点よりも少し低い緯度に現れる。

---

7) 太陽の見かけの中心の太陽面経度が一周した回数。太陽は差動回転するので，太陽面の経度は地球のようには決められない。そこで，太陽面経度の原点を，1854 年 1 月 1 日のグリニッジ標準時の正午における，黄道面と太陽の赤道面との昇交点を 0° として決め，黒点が出現する帯の中心である太陽面緯度 16° の対地球自転周期（27.2753 日）を，太陽の自転周期とし，その日から太陽が何回転したかを示すのが，キャリントン太陽回転番号である。イギリスの天文学者リチャード・キャリントンにちなむ。

(4) 黒点群の主要な磁場の極性の並び方は，南北両半球でそれぞれ逆となる。
(5) 太陽活動サイクルの前半に限り，先行黒点の極性はそれぞれの半球における太陽の一般磁場の極性と一致するが，サイクルの後半では逆になる。

これらの観測結果を説明する最も直感的に分かりやすいモデルとしては，1960年代にバブコックが提唱し，レイトンが理論的なバックグラウンドを与えた，バブコック＝レイトンモデルがある。このモデルは提唱されてからすでに半世紀が経過しているが，黒点に関わる現象の多くを説明するには有用であるため，概要を図3-15に従って説明する。

[第1段]：太陽の北極にN極を，南極にS極を持つ**双極子磁場**的な一般磁場を考える（左図）。太陽の断面を見ると（右図），磁束管（磁力線の束）の内部は磁場の圧力の分だけガスの圧力が低く，その分だけ周辺のガスよりも軽いため，浮力によって光球面のすぐ下まで浮かび上がる。

[第2段]：太陽は低緯度帯ほど速く回転しているため，何度も回転しているうちに磁束管は巻き上げられてしまい，磁束管の方向は太陽の赤道とほぼ平行となる。このとき磁束管は引き延ばされながら巻き込まれるため，磁場の増幅が起きる[8]。

[第3段]：磁束管が引き延ばされると，磁束管内部における磁場の圧力が増すため，磁束管はますます浮かび上がりやすくなる。磁場の強さがある限界（約250ガウス）を越えると，局所的に磁束管が光球面の外に漏れ出して，磁束管の切り口に黒点が形成される。南北両半球では，磁束管の向きが逆方向となるので，両半球に現れる黒点群の極性は両半球で逆となる。また第2段の初期段階において，最も磁束管が引き延ばされるのは，比較的緯度の高い領域であるため，サイクル初期において黒点は，南北両半球とも30度から40度の緯度帯に現れる。磁束管が巻かれるにつれて，磁束管が引き延ばされる場所は次第に赤道に向かって移動するため，黒点の出現緯度も低下する（図3-12に示したバタフライ・ダイアグラムを参照）。南北両半球において，先行黒点の方が後行黒点よりも低緯度に現れる理由として，バブコックは磁束管が赤道寄りに傾くことを想定していたが，最近では磁束管が浮上するときに受ける**コリオリの力**が考えられ

---

[8] 磁束管内部の磁場は保存されるため，磁束管が引き延ばされて断面積が減少すると，磁束管内部の磁場は強くなる。

46 | 第I部 新しい太陽像

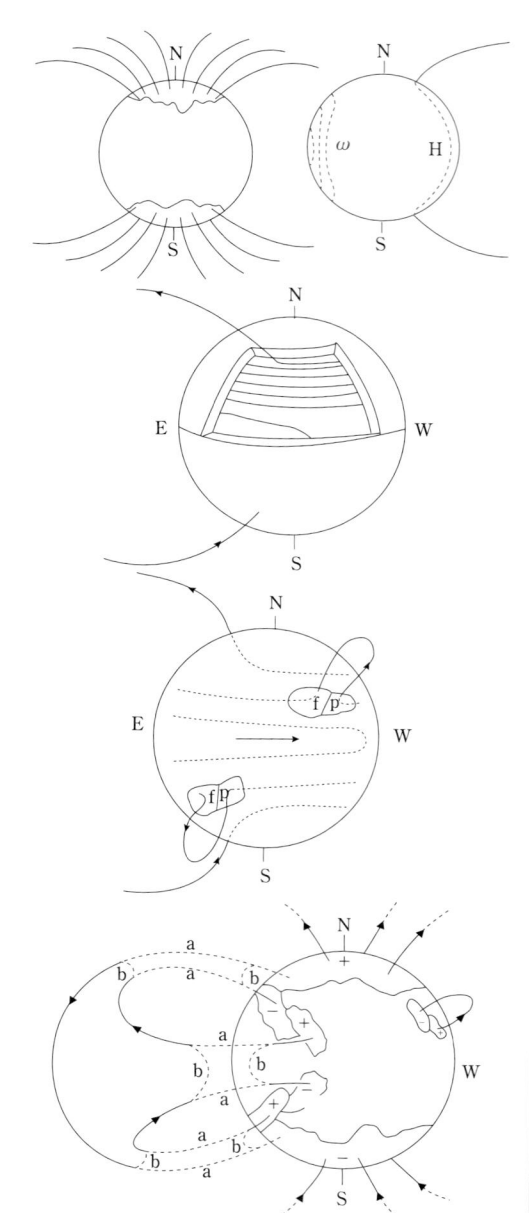

第1段
双極子磁場の形をした一般磁場から出発。最初は北極にN極があるとする。磁束管Hは浮力によって、光球表面近くまで押し出される。ωは差動回転の等速度面を示す。

第2段：太陽の差動回転によって磁束管が巻かれ、赤道と平行方向に並ぶ。このとき磁場の増幅が起きる。

第3段：磁束管が局所的に浮上して、切り口に黒点群が形成される。南北両半球で、逆の極性の並びが現れる。この図でpは先行黒点、fは後行黒点を示す。磁束管の巻きつきのため、先行黒点は後行黒点よりも、少し低い緯度をもつ。黒点群の極性の並びは、南北半球で逆となる。

第4段：磁束管が更に巻き付いて行くと、互いに逆向きの磁極の並びを持った南北両半球の黒点群が、赤道を挟んで接近する。先行黒点の磁場は南北両半球で反対のため、互いに打ち消し合って磁場のつなぎ換えが起こる。残った後行黒点の磁場は、それぞれ南北の極域に運ばれ、一般磁場の反転を起こす。図中のa, bは、つなぎ換え前後の磁力線の対応関係を示す。

図 3-15 バブコックによって提唱された、太陽黒点活動11年周期のモデル。上から順次、もとの太陽双極子磁場と磁束管の浮き上がり（第1段）、差動回転による磁束管の巻き付き（第2段）、磁束管の浮上による黒点群の形成（第3段）、磁場のつなぎ替え（磁力線aから磁力線bへ）による磁場反転プロセスの進行（第4段）を示す。[11]

ている。

第4段：黒点の出現緯度の低下に伴い，南北両半球で互いに逆の極性の並びを持った黒点群が赤道を挟んで接近し，より低緯度にある先行黒点の磁場が，南北両半球で打ち消し合う。このとき図3-15にあるように，南北両半球にある黒点群磁場のあいだで様々な「つなぎ替え」が発生し，磁場の一部は宇宙空間に向かって放出される。残った後行黒点の磁場は，赤道から極域に向かう大規模な流れによって両極に向かって輸送されるが，後行黒点の磁場はもともとの双極子磁場の極性とは反対のため，双極子磁場の反転が起きる。これによって太陽一般磁場の反転が説明できる。両極へ向かう磁極の流れの存在は，図3-14で示されている。

以上で述べたモデル以外にも色々なモデルが提案されているが，最近では図3-14に示したような太陽磁場の周期的変化のデータ解析に加えて，日震学による太陽内部の回転や大規模な循環流の研究に，計算機によるシミュレーションを組み合わせた研究が活発に行われており，地球環境にも関係の深い太陽活動の長期変化の予測が可能になることが期待される。

太陽放射エネルギーの変化

地球環境を決める最も重要な要因は太陽の放射エネルギーである。以前は太陽が放射する電磁波のエネルギーの全量（太陽放射量）はほぼ一定と考えられており，**太陽定数**とも呼ばれてきたが，観測技術が進むにつれて，太陽放射量は太陽活動によって，わずかに変化していることが分かった。太陽放射量の精密な観測は，地球大気の影響を受けない宇宙空間で行われている。太陽黒点周期の極大期と極小期を含む1978年から2009年にかけて，7機の人工衛星によって継続的に観測された太陽放射量の変化の様子と，同時期における太陽黒点数の変化の様子を図3-16に示す。これを見ると太陽放射量は黒点の11年周期に対応した極大と極小を繰り返しており，太陽活動の極大期と極小期における平均的な太陽放射量のレベル差は，0.1％程度に過ぎないことが分る。

なお図3-16においては，太陽放射量の観測値が数日単位で大きく増減を繰り返している様子が見られるが，これは太陽放射量自体が，そのような短期間のうちに変化しているのではない。大きな黒点群が光球面の中央付近を通過しているときは，光球面の一部が黒点群によって隠されるため，太陽放射量は低く観測される。しかし地球から見ていると，太陽の縁に近い領域では黒点群を斜めから見ることになるため，黒点群によって覆われる見かけの面積が小さくなることにより，黒点群によ

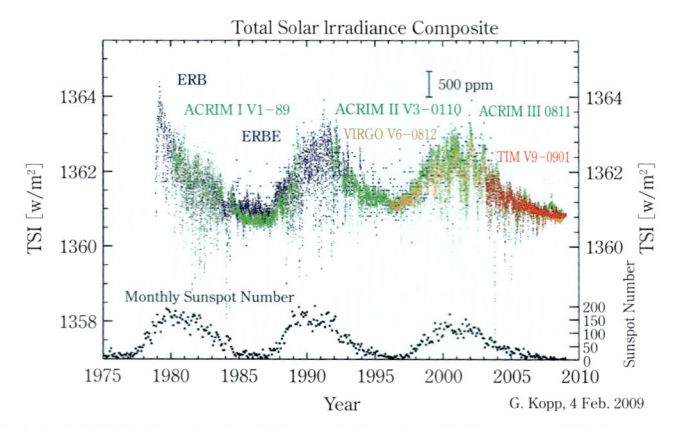

図 3-16 過去3太陽活動サイクルにかけて，各種の人工衛星によって観測された太陽放射量（上段）と，黒点相対数の月平均値（下段）の変化。太陽放射量の観測を行った人工衛星ごとに，名称とデータを色分けで示し，衛星ごとのデータのレベル差は補正してある。[12]

る遮蔽の効果は減少する。一方，黒点群の周辺には白斑が見られることが多いが，白斑は太陽の縁に近い領域で特に明るく観測されるため，明るい白斑を伴った黒点群が太陽の縁に近い領域に入ると，一時的な太陽放射量の増大が見られることになる。

　太陽放射量の11年周期変化や，図3-11に示した**マウンダー極小期**のような100年単位の長期変化が発生する理由については，まだよく分かっていない。しかし太陽中心核で発生したエネルギーが光球面まで到達するためには，100万年単位の長い時間が必要であることを考えると，中心核で発生している核融合がこのような短期間で変化しているとは考えられない。おそらく太陽内部における対流や磁場の構造が周期的に変化し，それに伴って光球に到達するエネルギーの量が変化するため，太陽放射量の増減が起こるのではないかと思われるが，さらに詳しい研究が必要である。また太陽自体の大きさも，極大期の方がわずかに小さいことを示す観測結果も報告されており，太陽は脈動によって明るさが変化する「変光星」である可能性がある。

3.4　彩層とコロナ

　皆既日食では，普段は明るい光球の光によって見ることのできない，光球の上空に広がった希薄な大気層が観測できる。1999年にフランスで撮影された皆既日食の写真を図3-17に示す。この写真によると，黒い月の縁を取り囲むようにピンク

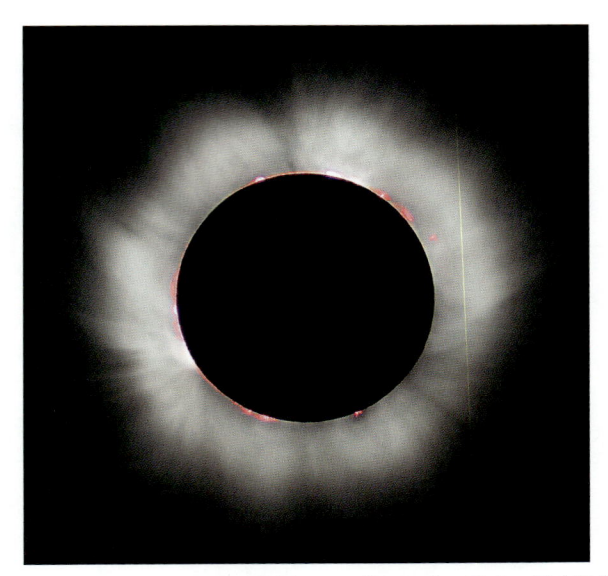

図 3-17　1999 年 8 月 11 日にフランスで撮影された皆既日食の写真。黒く見える月の周囲を取り囲むピンク色の薄い層が彩層で，彩層から炎のように立ち上って見える構造がプロミネンス（紅炎）。その外側に白色のコロナが広がる。一部のプロミネンスの外側周辺には，比較的コロナの明るさが暗い，プロミネンス・キャビティが明瞭に見られる。[13]　©Luc Viatour

色をした，彩層と呼ばれる極めて薄い層と，同じくピンク色をした炎のように立ち上る**プロミネンス**（紅炎），そして太陽全体を取り囲んで白く光るコロナが見られる。この写真をよく見ると，コロナが鳥の羽のような細かい筋のような構造を持っていることが分かるが，これは太陽の磁場が光球から彩層，そしてコロナに向かって広がっていることを示しており，高温のプラズマ状態にあるガスと磁場との相互作用が顕著に現れる領域となっている。そこでまず，彩層とコロナがどのような状態にあるかを説明しよう。

彩層の概観

図 3-17 で示した皆既日食の写真で，彩層やプロミネンスがピンク色に写っているのは，水素原子が発する赤色の $H\alpha$ 線（656.3 nm）が比較的強く放射されているためであり，$H\alpha$ 線だけを取り出す特殊なフィルターを用いて観測すると，皆既日食が起きていなくても彩層を観測できる。そのようにして得られた彩層の写真を図 3-18 に示す。水素原子は約 1 万 K より高温になると完全に電離してしまうので，このスペクトル線を使用すると，光球からの高さが 1700 km 以下の，7000〜1 万 K

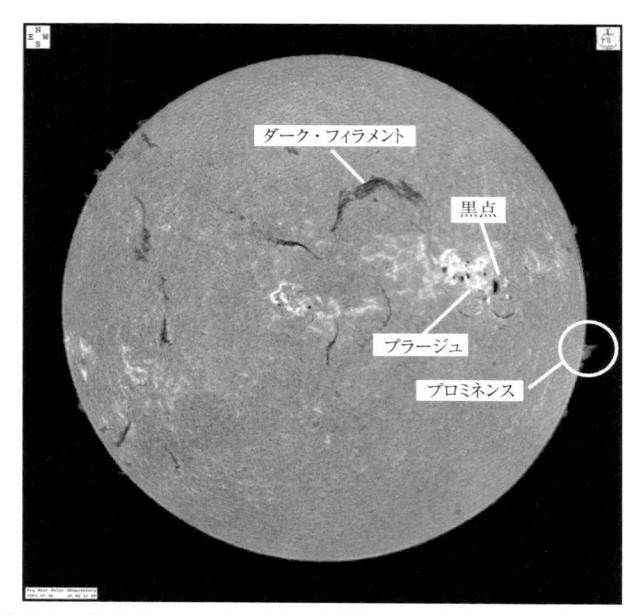

図 3-18 水素の Hα 線 (656.3 nm) で得られた彩層の全面画像。(2003 年 7 月 6 日,米国ビッグベアー天文台撮影)。上が太陽の北,左が東。図中に,黒点,ダーク・フィラメント,プラージュ,プロミネンスの代表例を示す。[14]

の温度を持つ彩層下部領域を観測できる。この写真で明るく光っている領域は**プラージュ**と呼ばれ,比較的高温の領域である。プラージュは,光球で見られる白斑と同じように,黒点群を取り囲む比較的磁場が強い領域に形成されることが多く,黒点群が消えた後もかなり長期間存続する。この領域は第 4 章で詳しく議論する**太陽フレア**などの激しい現象が発生する舞台となるため,黒点群やプラージュを含む領域を一括して,**活動領域**と呼ばれることが多い。また図 3-18 で,所々に見られる暗く伸びた領域は**ダーク・フィラメント**(暗条)と呼ばれ,約 7000 K の温度を持つ比較的低温のプロミネンスが,背景の彩層の光を吸収して暗く見えている現象である。実際に図 3-18 でも,プロミネンスが何ヶ所か撮影されている。

彩層の観測においては,上述の Hα 線の他に,フラウンホーファが発見したスペクトル線の一つである,1 価のカルシウムイオンが放射する K 線 (393.4 nm) がよく用いられている。このスペクトル線は紫外線領域に現れ,上で述べた Hα 線が強く放射される領域よりも高い温度を持った,光球から約 2000 km 上空の彩層中層領域が観測される。図 3-18 の Hα 線画像が撮影されたのと同じ日に得られた K 線画像を,図 3-19 に示す。彩層の K 線画像においては,主に黒点群を中心とした領域に,Hα 線で観測されるプラージュに対応して,**カルシウム・プラージュ**と呼ばれる明るい構造を見ることができる。K 線の明るさは彩層の磁場構造を良く反映しており,

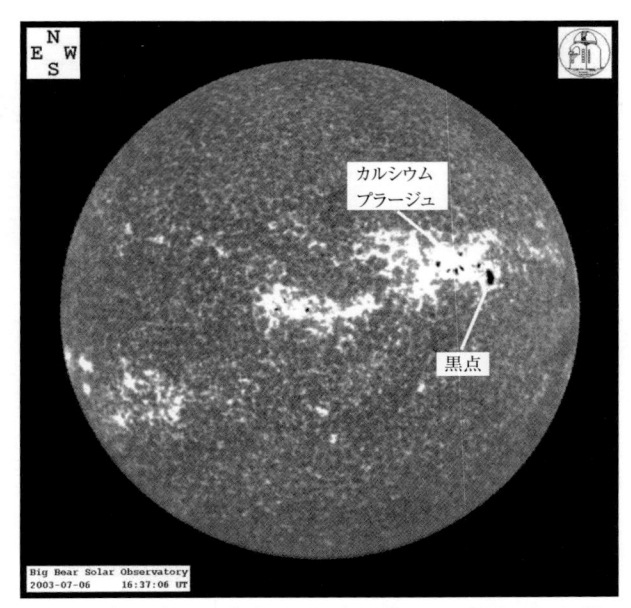

図 3-19　電離カルシウム（Ca II）の K 線（393.4 nm）で得られた彩層の全面画像。2003 年 7 月 6 日，米国ビッグベアー天文台撮影。上が太陽の北，左が東。図中に，代表的な黒点とカルシウム・プラージュの位置を示す。[14]

　大規模な対流によって磁場が掃き寄せられた領域が連なって，ネットワークと呼ばれる網目状のパターンをつくりだしている。光球よりも高温である彩層は，強い紫外線を放射するため，地球大気の電離圏や**オゾン層**の形成にも深く関わっている[9]。図 3-19 の K 線画像に見られるような，明るいカルシウム・プラージュは特に強く紫外線を放射するため，太陽紫外線放射量の目安として，K 線などの電離カルシウムが放射するスペクトル線の強度が用いられている。彩層に見られる明るくて高温な領域は，紫外線だけでなくマイクロ波などの短波長電波も強く放射しているため，太陽紫外線強度の指標として，波長 10.7 cm における太陽電波の強度が使われることがある。

彩層の微細構造（スピキュール）

　彩層は，「層」という言葉から連想されるような一様な領域ではない。図 3-20 に，光球の縁の上空にある彩層の Hα 写真を示す。この観測では Hα 線だけを透過させる特殊なフィルターが使用されているが，ドップラー効果を利用してガスの運

---

9)　第 8 章参照。

Hα Line Center

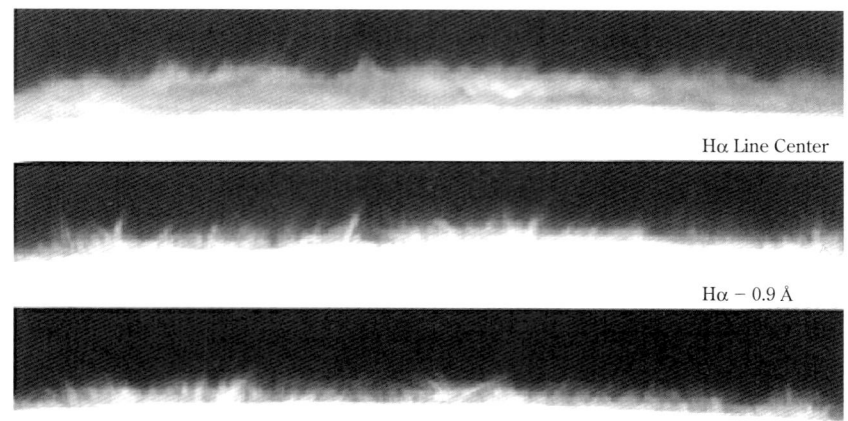

Hα − 0.9 Å

Hα + 0.9 Å

図 3-20 彩層を構成するスピキュール群。京都大学飛騨天文台ドームレス望遠鏡による。上からそれぞれ、Hα 線の中心（0 km/sec），0.9 Å 短波長側（40 km/sec で観測者に近づく運動），0.9 Å 長波長側（40 km/sec で観測者から遠ざかる運動）での画像を示す。[15]

動を見るため，本来の Hα 線の波長（速度ゼロに相当）に加えて，少し短波長側と長波長側に透過波長をずらした観測が行われている。図 3-20 に掲げた 3 枚の写真には，それぞれ多くの微細な針状の構造が写っており，波長をずらして観測すると見え方が大きく異なることから，これらの細かな構造は高速で運動していることが分かる。これらの構造は**スピキュール**と呼ばれ，針のようなものという意味で，針状体と訳される。スピキュールは 10 分程度の寿命で絶え間なく発生消滅を繰り返している。噴出する速度は 80〜100 km/sec もあり，約 1 万 km の高さまで上昇する。スピキュールは一様に分布しているのではなく，直径約 3 万 km の大規模な対流によって形成される超粒状斑の外周に多く見られる。スピキュールが形成されるメカニズムはよく分かっていないが，対流によって掃き寄せられた磁力線に沿って伝わる波動によって，プラズマを加速する可能性などが議論されている。スピキュールの噴出に伴って発生した強い音波は，彩層やコロナにエネルギーを輸送するため，太陽大気のエネルギー収支の観点からも重要な存在である。しかし観測が困難なこともあって，これまであまり研究が進んでおらず，太陽観測衛星「ひので」における重要な研究対象の一つとなっている。

プロミネンス（ダークフィラメント）

彩層からコロナにかけて最も目立つ現象の一つが，皆既日食のとき暗い月の縁から立ち昇る炎のように見えるプロミネンス（紅炎）であろう（図 3-17）。プロミネン

図 3-21 静穏型プロミネンスの Hα 写真。提供は米国ビッグベア太陽天文台。[14]

スの温度は約 7000 K であり，水素原子の Hα スペクトル線（赤色）が良く放射されるため，プロミネンスは赤っぽい色に見える。プロミネンスが発する光はそれ程強くないため，暗い宇宙空間を背景にしている場合は，光を放射している構造として観測されるものの，明るい彩層を背景にした場合は，比較的低温のプロミネンスによって彩層の光が吸収される結果，暗いダーク・フィラメント（暗条）として現れる（図 3-18）。したがってプロミネンスとダーク・フィラメントとは同じものであり，見え方の相違によって区別されているだけである。

図 3-18 に示した彩層の Hα 写真には，多くのプロミネンスがダーク・フィラメントとして撮影されているが，明るいプラージュから離れた場所に見られるものは，数ヶ月にわたって安定に存在する静穏型プロミネンスであり，プラージュの内部や周辺には，比較的短寿命で小規模の活動領域型プロミネンスが見られる。米国ビッグベア天文台で撮影された大規模な静穏型プロミネンスの例を図 3-21 に示す。この図に見られるようなプロミネンスの複雑な構造は，その領域における磁場の構造を反映している。なお，約 7000 K の温度を持つプロミネンスが，100 万 K 以上の高温にあるコロナのガスの中に長期間存在するためには，コロナからの熱を有効に遮断するメカニズムが必要となる。磁場を持ったプラズマの場合，磁場に垂直な方向には熱が伝わりにくいという性質があるので，プロミネンスの場合は磁場が断熱壁の役割をしていることになる。

プロミネンスの形成に関しては色々なモデルが提案されているが，代表的な 2 例を図 3-22 に示す。プロミネンスのモデルを考える上での重要なポイントとして，プロミネンスは必ず極性の異なる磁場を持った領域の境界線上に形成され，両者の

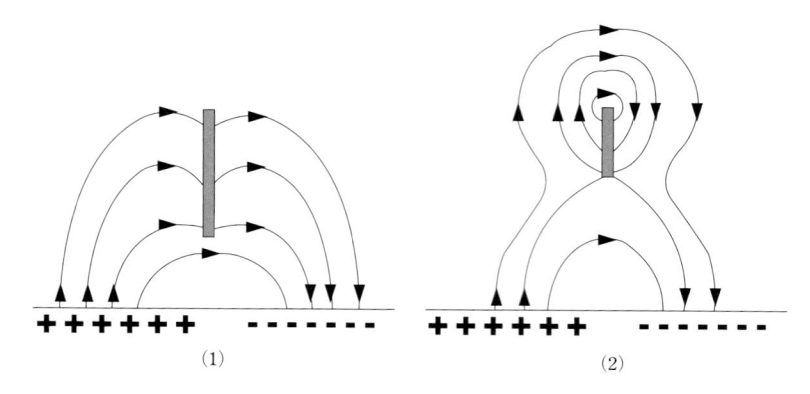

図 3-22 プロミネンスが形成される領域の磁場構造のモデル．(1) キッペンハーン＝シュリューター・モデル，(2) クペルス＝ラーデュ・モデル．いずれも磁場構造の断面を示し，＋は光球面から上向きの磁場領域（N極），－は下向きの磁場領域（S極）を示す．縦方向の太線がプロミネンスを表す．

領域を連結する磁力線がトンネル状になった磁場構造の頂上近くに浮かんでいる，ということがある．プロミネンスが太陽の重力に抗して，コロナの中に浮いていられるためには，何らかの上向きの力が働いていなければならず，その力は磁場の圧力であると考えられている．図 3-22 の左図に示した，キッペンハーンとシュリューターによる最も簡単なモデルによると，磁場の中を流れる電流によってハンモック状の磁場が形成され，ハンモックの下側の磁場の圧力は上側よりも強くなり，余分なガスの重量を支えることが可能となるため，コロナのガスが溜まりやすくなる．ガスの密度が上がると透明度が落ちるため，放射冷却によって急速に温度が下がり，約 7000 K の温度を持ったプロミネンスが形成される．同じく図 3-22 の右図には，クペルスとラーデュによって提案されたモデルを示す．このモデルでは，上記の磁場による熱の遮断を重視し，プロミネンスを包み込むような閉じた磁場が形成されるように考えられている．実際のプロミネンスにおいては，両方のケースが存在すると考えられているが，図 3-21 に見られるような比較的「背の高い」プロミネンスは，後者のような磁場構造を持っていると思われる．

　活動領域型プロミネンスは一般に短寿命であり，形成されてから数日のうちに飛び去って行くものも見られ，後述のフレア現象との関連が注目されている．静穏型プロミネンスについては，特に目立った変化も無く，太陽の数回転にわたって観測されるような長寿命のものも珍しくないが，ある日突然不安定となり，宇宙空間に向かって飛び去ってしまうものがある．このようなプロミネンスが飛び出して行く現象は，プロミネンスの噴出，またはプロミネンスの突然消滅と呼ばれ，噴出速度は秒速 1000 km を越えるものもある．プロミネンスの噴出は通常 Hα 線観測によっ

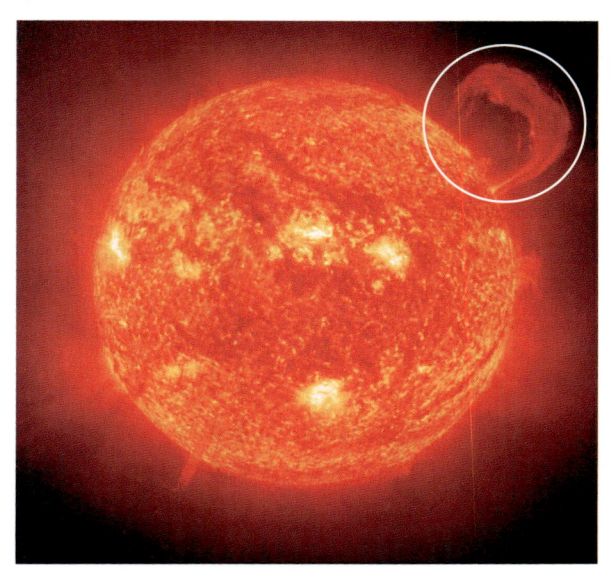

図3-23　1999年9月23日に発生した大規模な静穏型プロミネンスの噴出に伴う，温度が約8万Kの彩層ガスの噴出（右上の円で囲まれた部分）。SOHO衛星に搭載された極紫外線望遠鏡（EIT）により，波長30.4 nmにおいて撮影。この図の明るい部分は，黒点群などの活動領域の上空に形成された高温・高密度の彩層領域。太陽面上に見られる暗く細長いフィラメント状の領域は，低温のプロミネンスが背景の光を吸収している場所。[6]

て観測されるが，プロミネンスを形成する磁場構造の内部には，さらに高温の彩層ガスも蓄えられているため，SOHO衛星において彩層上部から下部コロナ領域を観測している極紫外線望遠鏡（EIT）によっても，図3-23に示したような噴出現象が観測される。

　大規模な静穏型プロミネンスの爆発に伴ってコロナに大量の物質が放出されたとしても，プロミネンスを作る領域の基本的な磁場構造はかなり長期にわたって維持されるため，噴出が起こってしばらくすると，再び似たような規模のプロミネンスが，ほぼ同じ場所に形成されることが多い。数ヶ月間も静穏であったプロミネンスが，ある日突然不安定になって噴出を起こすプロセスについては，まだよく分かっていない。

コロナの概観

　再び図3-1を参照すると，太陽大気は光球から2000 kmあたりの高さを境として急激に温度が上昇を始め，100万K以上の温度を持つコロナへと繋がって行く。

コロナは非常な高温にあるため，ほとんどの原子は電離したプラズマの状態にあり，コロナの中では多くの電子が自由に飛び回っている。皆既日食で見られるコロナの真珠色の光は，光球の光がこれらの電子によって散乱されたもので，ドップラー効果によってフラウンホーファー線などのスペクトル構造がすべて平坦化されており，全体が白っぽい色に見えることから，**白色光コロナ**と呼ばれる。コロナは太陽から離れるに従って次第に膨張を始め，速度が秒速数百 km の希薄なプラズマの流れである太陽風[10]となって，凍結したコロナの磁場を引っ張りながら，太陽系の中を広がって行く。

コロナはなぜ高温か？

図 3-1 に見られるように，光球の温度は約 6000 K であるのに対し，そのすぐ上空の彩層は数万 K の温度を持ち，さらにその上空に広がるコロナの温度は 100 万 K 以上となる。このように温度が高さと共に上昇するということは，彩層やコロナを特別に加熱するメカニズムが存在するということである。従来は，光球から彩層に向かって絶えず突き上げているスピキュールによって発生する音波が，上空に伝わるにつれて衝撃波に変わり，彩層やコロナを加熱すると考えられていたが，研究が進むにつれてこのメカニズムだけではエネルギーが不足することが分かってきた。現在のところ，コロナに向かって広がる太陽磁場に沿って伝わる波動のエネルギーを考える波動加熱説と，彩層やコロナ下層部のあちこちで常時発生している小規模な**磁気再結合**[11]によって加熱するマイクロフレア加熱説，という二通りの考えが有力であるが，まだ結論は出ていない。彩層やコロナの加熱機構は太陽研究における最大の謎の一つであり，ひので衛星の観測による成果が期待されている。

コロナの白色光観測

皆既日食を見に行く場合，コロナが撮影できるシャッタースピードについて悩む人が多いが，太陽に近いところのコロナは満月くらいの明るさを持つので，前もって月を撮影してみれば，おおよそのイメージをつかむことができる。昼間の空に月が見えるのは，青空の明るい散乱光のため太陽からかなり遠い空に月がある場合に限られることを考えれば，皆既日食でないときに地上からコロナを観測するのは，非常に困難なことが分かる。この目的のために考案されたのが，コロナグラフという特殊な望遠鏡である。コロナグラフの多くは，散乱光の少ない高品質のレンズを

---

[10] 第 5 章参照。
[11] 第 4 章 1 節参照。

使った屈折望遠鏡であり，太陽の明るい光を遮断する遮光板を内部に備えて「人工の日食」を起こさせ，観測の邪魔になるレンズの傷やゴミなどによる散乱光を除去するための，特殊な光学系を持っている。そして大気の散乱光の影響を減らすため，可能な限り空気のきれいな高山に設置して観測を行う。しかし地上から白色光コロナを観測することは非常に困難であり，ハワイのマウナロア山の頂上など，極めて条件のよい場所でしか観測が行われていない。そこで地上観測の場合は，電離した鉄が発する**禁制線**を用いて，活動領域のすぐ上空に形成される，比較的明るいコロナを観測することが多い。

いずれにしても地上から観測できるのは，太陽にごく近い下部コロナの領域であり，皆既日食のときに見られるような，大きく外側まで広がったコロナを地上から常時観測することは不可能である。そこで現在では，大気による影響を受けない宇宙空間において，SOHOなどの宇宙機を用いて継続的なコロナ観測が行われている。SOHOに搭載されたコロナグラフによって撮影されたコロナ画像の例を，図3-24に示す。SOHOには3種類の，それぞれ視野が異なった白色光コロナグラフ（C1, C2, C3）が搭載されているが，図には太陽半径の1.5倍から6倍までの領域のコロナの観測ができるC2コロナグラフと，同じく太陽半径の3.7倍から30倍までの領域が観測できるC3コロナグラフによる画像を示す。白色光を観測するコロナグラフの場合，放射であろうが反射であろうが，領域の温度には全く関係無く，「光っているもの」なら何でも撮影されてしまうため，本来の観測対象である白色光コロナの他に，太陽の方向に見える彗星や惑星に加えて，背景の恒星まで写り込んでい

> **コラム；コロナの温度が100万K以上であることは，どうして分かったか？**
>
> 　太陽がコロナによって取り囲まれていることは，皆既日食の観測によって古くから知られていたものの，コロナの温度が100万K以上の温度を持つことが分かったのは，それほど昔のことではない。19世紀末に，皆既日食のときに得られたコロナのスペクトルの中に，正体の分からないスペクトル線が存在することが発見され，その後長い間，コロナには地球には見られない未知の元素（コロニウム）が存在すると思われていた。しかし1940年代になって，スウェーデンのエドレンとドイツのグロトリアンが，コロナの発するスペクトル線は，高度に電離した鉄などの原子が発する禁制線（二つのエネルギー準位間の遷移確率が極めて小さく，通常の状態では発生しないと考えられるスペクトル線）であることを，それぞれ独立に提唱し，最も明るい緑色のスペクトル線（530.3 nm）が，電子を13個失った鉄の禁制線に相当することから，コロナは100万K以上の温度を持つことを証明した。コロナで禁制線の発光が見られるのは，コロナが実験室レベルの「真空」よりもはるかに希薄なため，原子間の衝突が起こりにくく，電子が特定のエネルギー準位に長時間留まっていられることによる。

58 | 第I部　新しい太陽像

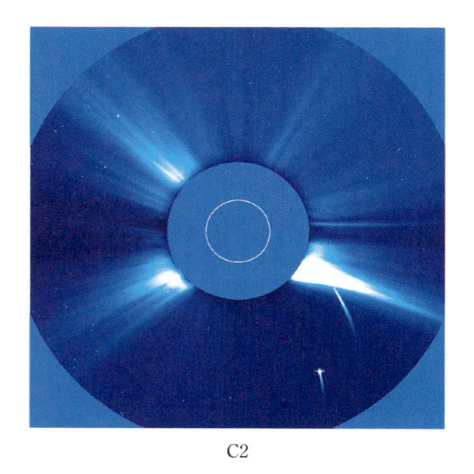

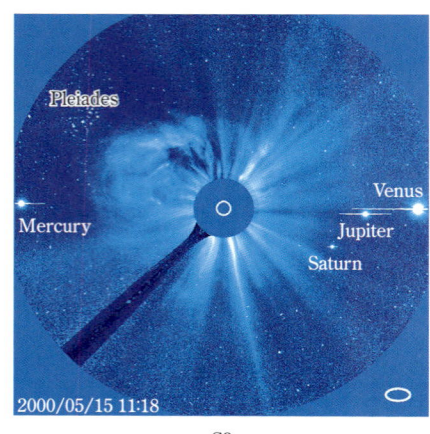

C2　　　　　　　　　　　　　　C3

図 3-24　SOHO によって宇宙から観測された太陽の白色光コロナ。左右両図とも，中央に見られる円形の部分は，コロナグラフの遮光板によって隠されている領域であり，それぞれのコロナグラフにおける太陽光球の大きさを白円で示す。左図は C2 コロナグラフによる画像で，太陽半径の 1.5 倍から 6 倍の領域をカバー。太陽の右下に見える 2 個の細長い天体は，太陽の近傍を通過している 2 個の彗星のテイル。右図は太陽半径の 3.7 倍から 30 倍の領域をカバーする C3 コロナグラフによる映像で，コロナの他に惑星（水星，金星，木星，土星）や背景の恒星（プレアデス星団など）が写り込んでいる。中央の遮蔽板から左下に伸びる暗い領域は，遮蔽板の支えによって隠された部分。[6]

る。これらのコロナ画像に見られる，太陽から放射状に長く伸びる構造は**ストリーマ**と呼ばれ，次に議論するようにコロナの中の磁場構造を反映した現象である。また C3 の画像には，同心円状に広がった構造が見られるが，これは **CME** と呼ばれる爆発的な現象であり，第 4 章で詳しく議論する。

コロナの極紫外線・X 線観測

　さて，コロナグラフの開発によって常にコロナを監視することが可能になったものの，図 3-24 でも分かるように，太陽の明るい光球を隠して観測を行う必要があるため，太陽正面の方向にあるコロナの観測は不可能であった。しかし高温のコロナにおいては，高度に電離した鉄などのイオンから，極紫外線や X 線の領域に多くのスペクトル線が放射されているため，それを利用すれば太陽の正面方向であってもコロナの観測が可能となる。ところが，これらの波長域の電磁波は地球大気によって吸収されてしまうため，必然的に観測は宇宙空間で行われることとなる。観測衛星 SOHO に搭載された極紫外線望遠鏡（EIT）と，「ようこう」に搭載された軟 X 線望遠鏡（SXT）によって撮影されたコロナ画像の例を図 3-25 に示す。極紫外線

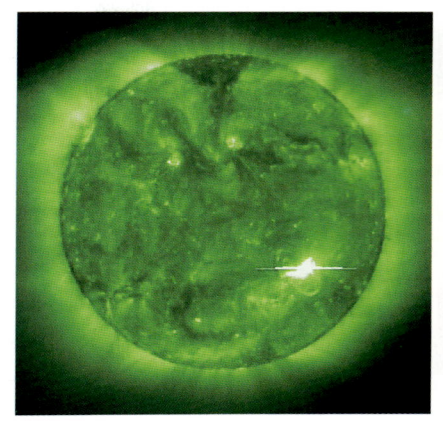

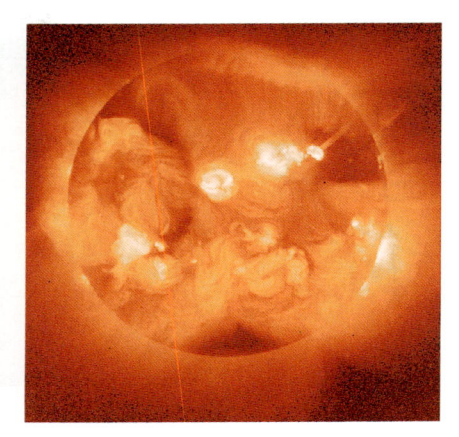

第 3 章　太陽の大気（光球，彩層，コロナ）　|　59

SOHO EIT 1998年5月2日　　　　ようこう　SXT 1991年11月11日

図 3-25　極紫外線と軟 X 線で観測した太陽コロナ．左図は SOHO に搭載された極紫外線望遠鏡（EIT）により，波長 19.5 nm で撮影されたコロナ画像．約 100 万 K の温度領域が観測される．右図は「ようこう」に搭載された軟 X 線望遠鏡（SXT）によるコロナ画像で，0.3〜4 nm の波長域をカバー．200 万 K 以上の高温領域の観測を主目的とする．いずれも図の上部が北で，左方向が東．両方の画像において，暗く広がって見える領域がコロナ・ホール（左図では北極に，右図では南極において顕著に見られる）．[6] [16]

によると，約 100 万 K の温度を持つ比較的低温の下部コロナ領域が観測され，**軟 X 線**の場合はさらに高温のコロナが観測できる．宇宙空間においてこのような観測が行われるようになったのは 1970 年代に入ってからのことであるが，この写真にも見られるように，コロナに暗く広がった低温で低密度の領域が存在することが分かり，大きな衝撃を与えた．このような領域は**コロナ・ホール**[12]と呼ばれ，約 27 日の周期で発生する地磁気の乱れを起こす，高速の太陽風が発生する場所として重要である．

コロナの磁場構造

図 3-24 や図 3-25 に見られるようなコロナの複雑な構造は，主に磁場によって支配されている．しかしコロナの中の磁場を直接測定する手段はまだ開発されていないので，図 3-6 や図 3-13 に示したような光球面における磁場の分布をもとにして，コロナの磁場構造を推定することが行われている．そのようにして求められたコロナ磁場の例を図 3-26 の (1) に示す．コロナの磁場は，磁力線が光球から出発して再び光球に戻る「閉じた磁場」と，磁力線が宇宙空間に向かって放射状に広がる「開

---

12)　第 5 章 1 節参照．

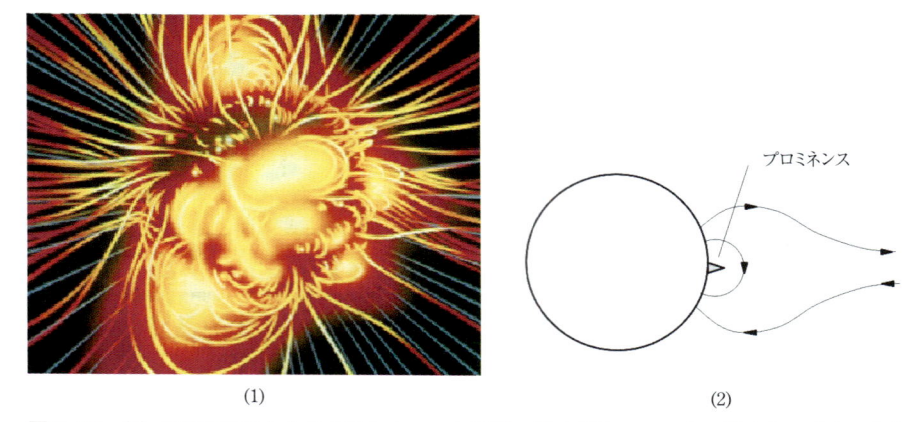

図 3-26 (1) 光球面磁場から推定されたコロナ磁場の磁力線と，コロナの明るさの分布。[7]
(2) ヘルメット・ストリーマの磁場構造とプロミネンスの位置の概念図。矢印は磁場の方向を表す。

いた磁場」とに大別される。この図にはコロナの明るさの分布も重ねて示してあるが，活動領域などの上空にある閉じた磁場領域には，高密度の明るいコロナが見られ，開いた磁場領域には低密度の暗いコロナ・ホールが形成されている。また図 3-26 の (2) に示したように，閉じた磁場領域であっても，太陽から離れるにつれて磁力線は太陽風によって引き延ばされ，次第に放射状の磁場構造へと変化して行き，全体が**ヘルメット・ストリーマ**と呼ばれる構造となる（尖った突起が付いた鉄兜の形にちなむ）。ヘルメット・ストリーマの好例は，図 3-24 の C2 コロナグラフによる画像に見られる（同図で，太陽の右下に向かって伸びる明るいストリーマ）。ヘルメットストリーマは閉じた磁場構造の領域に形成されるため，ヘルメットストリーマの内部には，同じく閉じた磁場構造の領域に形成されるプロミネンスが見られることが多い。ヘルメット・ストリーマの長く伸びた先端部では，互いに反対方向の磁場の接触が起こり，磁場強度がゼロの**磁気中性面**が形成される。磁気中性面の形成は，太陽大気の中で発生しているフレアなどの爆発的な現象と深く関わっているため，章を改めて次章で詳しく議論する。

参照文献（資料）

[1] 恩藤忠典・丸橋克英編著，「宇宙環境科学」，オーム社，2000。
[2] 国立天文台太陽観測所のホームページ
 <http://solarwww.mtk.nao.ac.jp/jp/database.html>
[3] 国立天文台 /JAXA の提供による。 <http://hinode.nao.ac.jp/Movies/>

[4] T. E. Berger et al., Contrast Analysis of solar faculae and magnetic points, *Astrophys. J., vol 661*, 1272-1288, 2007.

[5] O. Steiner, Radiative properties of magnetic elements II. Center to limb variation of appearance of photospheric faculae, *Astron. Astrophys., vol. 439*, 691-700, 2005.

[6] SOHO のホームページ。
<http://sohowww.nascom.nasa.gov/data/soho_images_form.html>

[7] ケネス・R・ラング著，渡邉堯・桜井邦朋訳，「太陽―その素顔と地球環境との関わり」，シュプリンガー・フェアラーク東京，1997。

[8] TRACE のホームページ <http://trace.lmsal.com/POD/TRACEpodarchive.html>

[9] 米国地球物理データセンター
<http://www.ngdc.noaa.gov/stp/SOLAR/ftpsunspotnumber.html>

[10] ウィルソン山天文台太陽望遠鏡のホームページ
<http://www.astro.ucla.edu/~obs/intro.html>

[11] Babcock, H. W., The topology of the Sun's magnetic field and the 22-year cycle, *Astrophys. J. 133(2)*, 572-587, 1961.

[12] Greg Kopp
<http://www.nasa.gov/images/content/320851main_tsi2_full.jpg>

[13] ©Luc Viatour
<http://en.wikipedia.org/wiki/File:Solar_eclips_1999_4_NR.jpg>

[14] The Big Bear Solar Observatory のホームページ <http://www.bbso.njit.edu/>

[15] 京都大学飛騨天文台のホームページ <http://www.kwasan.kyoto-u.ac.jp/Hida/Hida-j.html>

[16] 宇宙航空研究開発機構／宇宙科学研究所（ようこう）のホームページ
<http://www.isas.jaxa.jp/home/solar/yohkoh/>

4章

太陽大気の嵐

　太陽大気で見られる現象の中でも，光球に現れる太陽黒点は最も有名であるが，黒点は比較的安定した構造であり，数日単位で見る限りあまり目立った変化は見られない。しかし太陽の希薄な大気層である彩層やコロナでは，巨大なエネルギーが爆発的に解放される**太陽フレア**や，突然膨大な量の物質が宇宙空間に向かって放出される **CME** と呼ばれる現象が発生する。これらの現象は突発的な無線通信障害や，宇宙飛行士の放射線被曝などと深く関わっているため，これまで多くの研究が行われてきたが，その全貌はまだ解明されていない。高温のプラズマ状態にある太陽大気では太陽磁場の存在が重要であり，磁場に蓄積されたエネルギーが太陽大気における爆発的な現象に深く関わっている。そこでこの章では，まずプラズマと磁場との相互作用の議論で重要となる磁気再結合の概念について説明し，その考えが太陽大気で発生している様々な現象の理解にどう応用されているかを述べる。

4.1　磁気再結合（磁気リコネクション）

　太陽の彩層やコロナでは，第3章で紹介したプロミネンスの噴出やフレアなどの爆発現象が頻繁に発生している。これらの現象を発生させるエネルギー源は，磁場に蓄積されたエネルギーであるが，このエネルギーの解放に深く関わるのが，**磁気再結合**と呼ばれる現象である。第7章でも述べるように，地球磁気圏で発生しているオーロラや地磁気活動でもこの現象が重要であるため，ここで磁気再結合の概念を説明しよう。
　まず図4-1に示すように，何らかの原因で，互いに反対の方向の磁場を持った二つのプラズマ領域が衝突している状況を考える。磁場はプラズマに凍結しているので，図中の太い矢印で示したプラズマの運動と共に，この図の (1) に示すよう

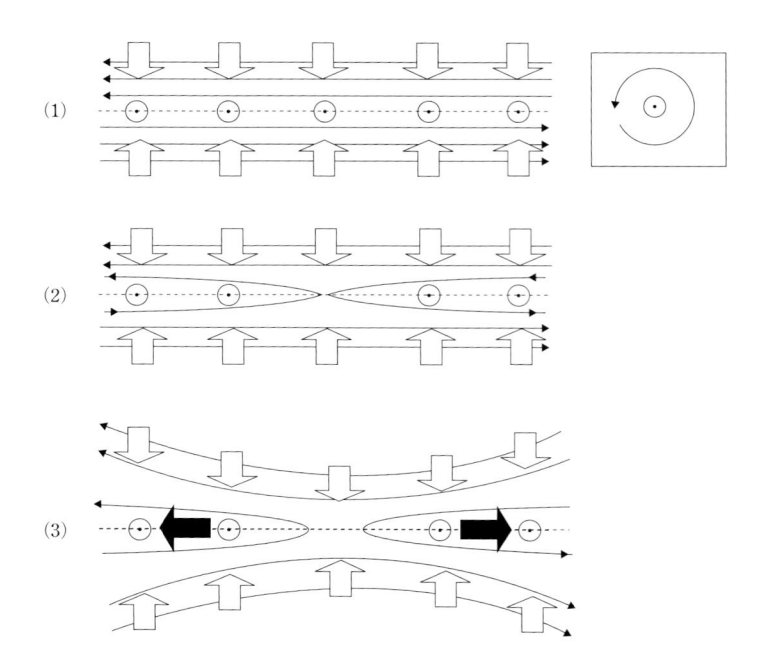

図 4-1 磁気再結合（リコネクション）の概念図。細い矢印は磁力線，白抜きの太い矢印はプラズマの運動，⊙は紙面から垂直上方に向かう電流を表す。(1) は**磁気中性面**（点線）とカレントシートの形成（1本の電流が作る磁場の形を右のボックスに示す），(2) は局所的に電気伝導度が低下した場合の磁場の繋ぎ替えを，(3) は繋ぎ替わった磁場領域が，黒い矢印で示すリコネクション・ジェットとして，プラズマと共に左右に放出される様子を示す。

に，お互いに逆向きの磁場を持ったプラズマが接触する。このようにして逆向きの磁場を持った二つの領域が接触した場合，これらの磁場領域の境界には，やはりこの図の (1) に示すように，反対方向の磁場が打ち消し合って磁場の強さがゼロとなる磁気中性面が形成される。このとき磁気中性面には，図のような磁場の極性の組み合わせの場合，紙面から垂直上方に向かう電流が発生する。この電流は磁気中性面に沿って面状に分布し，**カレント・シート**と呼ばれる構造を作る。電流を流す原動力は，磁気中性面に向かって上下から働く圧力であり，この電流が流れることによって磁場の変化が打ち消され，磁気中性面を含む領域全体が釣合いの状態となる。

　磁気中性面で発生する電流の方向は，電磁気学で学ぶ電磁誘導の概念を応用することによって知ることができる。まずプラズマの運動によって磁場が磁気中性面に侵入し，お互いに打ち消し合おうとすると，「磁場の現状を維持する方向の磁場を作るように，新しい電流が発生する」という電磁誘導の法則に従って，磁気中性面

のプラズマの中に，もともと存在した磁場と同じ方向の磁場を作る向きに流れる電流が発生する．図 4-1 の場合，磁気中性面上部の磁場は左向きであり，下部の磁場は右向きとなっている．一方，紙面から手前の方向に向かって流れる電流が作る磁場は，アンペールの法則を適用すると，電流の上方が左向き，同じく下方が右向きになる（同図の右上のボックスを参照）．このような電流を磁気中性面全体にわたって一様に流すことにより，磁気中性面の上下の領域におけるそれぞれの磁場の方向と一致した磁場が再生されることになる．その結果，図 4-1 (1) に示したような磁場構造が，安定に保たれる．

　さて磁気中性面は，スケールの相違はあっても太陽大気の至るところで形成されており，たとえば図 3-26 (60 頁) の (2) に示したヘルメット・ストリーマの内部には，長く伸びた磁気中性面が存在する．このような磁場構造が安定に存在するためには，プラズマの**電気伝導度**が非常に高く，プラズマと磁場とが凍結した状態であることが必要であるが，何らかの原因で磁気中性面の中に電気伝導度が低い領域が形成された場合，磁場の変化を打ち消すために必要な電流のエネルギーが熱エネルギーに変って失われる結果，互いに反対方向の磁場が接触して打ち消し合おうとする．そのときの状態を図 4-1 の (2) に示す．そして反対方向の磁場が打ち消しあったとたん，互いに相手方の磁力線と「再結合（リコネクション）」を起こして，同図の (3) に見られるような磁場構造に移行し，磁気中性面に強く曲がった磁場領域が二つ形成される．このように強く曲がった磁力線は，カーブの中心方向（曲率中心）に向かう張力を持つため，ちょうどパチンコのゴム紐を伸ばして放したときのように，お互いに反対方向に向かう運動が発生する．すると，再結合の現場以外の場所ではプラズマと磁場とが凍結しているため，再結合が起きている領域から左右の方向に向かって，リコネクション・ジェットと呼ばれる磁場を持ったプラズマの強い流れが起きる．その結果，それまで磁気中性面を境にして成り立っていた安定条件が崩れてしまい，磁場を持ったプラズマが磁気中性面に向かって「なだれ」のように押し寄せて，次々と磁気再結合を起こすことにより，磁場のエネルギーがプラズマの運動のエネルギーや熱エネルギーに変換される．

　このような磁気再結合の基本的な考えはすでに 1940 年代に提唱され，後述の太陽フレアや，地球磁気圏での強いオーロラ活動の解明に応用されてきた．しかし太陽フレアの場合は，高々 100 秒程度の極めて短時間のうちに，大量のエネルギーが解放されている理由など，まだよく分かっていないことも多く，理論や計算機シミュレーションによる研究が活発に続けられている．なお磁気再結合は，上記のような磁場エネルギーを解放する役割だけでなく，磁力線の繋ぎ替えによって新しい磁場構造を作る働きを持っているため，太陽大気における様々な現象を議論する上で，非常に重要な概念となっている．なお，ここで議論したカレントシートの形成や磁気再結合のプロセスは，電流を流す導体（この場合はプラズマ）が存在すること

を前提としており，電流を通さない真空中や空気中の場合には発生しない．

4.2 太陽フレア

フレア観測の歴史

1859年のこと，英国のキャリントンとホッジソンは，黒点を観測中に太陽表面に白く輝く領域が突然に現れるのを発見した．キャリントン達が見たのは，今日では白色光フレアと呼ばれる比較的稀な現象であり，これが人類最初の**太陽フレア観測**の記録となった．1892年に至り，米国のヘールはHα線などの特定のスペクトル線だけを取り出して太陽を撮影することを目的とした，分光太陽写真儀を発明し，フレアの継続的な観測を開始した．そして1920年代に，**電離圏**による短波帯電波の反射を利用した無線通信が実用化されると，フレアに伴って発生する通信障害が大きな問題として浮上した．これは**デリンジャー現象**[1]と呼ばれ，フレアから放射される強い紫外線のため，下部電離圏（**D領域**）の電子密度が異常に増加することによって，通常はD領域よりも高い場所にある**F領域**で反射される短波帯電波を吸収してしまう現象である．そこでHα線や太陽電波の観測によるフレア活動の国際的な監視体制が強化されると共に，フレア発生の予報を目指した研究が活発に行われるようになった．また，短時間のうちに大量のエネルギーを放射するフレアは，太陽の研究だけでなくプラズマ科学の研究からも非常に興味深い現象であるため，フレアの観測を主目的とする太陽観測衛星が次々と打ち上げられている．しかしフレアの発生機構についてはまだよく分かっておらず，太陽研究における最重要の研究テーマの一つとして，多くの研究者によって観測・理論両面における研究が行われている．そこでまず，地上や人工衛星からの観測によって得られたフレアに関わる知識を整理し，次いでフレアのモデルについて議論しよう．

フレアが起きる場所

フレアの多くは黒点群を中心に形成される活動領域で発生し，特に磁場の極性が入り組んだ複雑な磁場構造を持った黒点群は，高いフレア活動を示すことが知られている．彩層のような低密度で低温度の場所では，太陽中心核で起きているような核融合は起きないので，フレアは磁場に蓄えられたエネルギーが短時間で解放されるという，電磁気的な現象としか考えられない．磁場のエネルギー[2]という概念は

---

1) 電離圏の形成については第8章1節，デリンジャー現象については第9章1節を参照．
2) 付録B「14. 電磁場のエネルギー」参照．

第 4 章　太陽大気の嵐 | 67

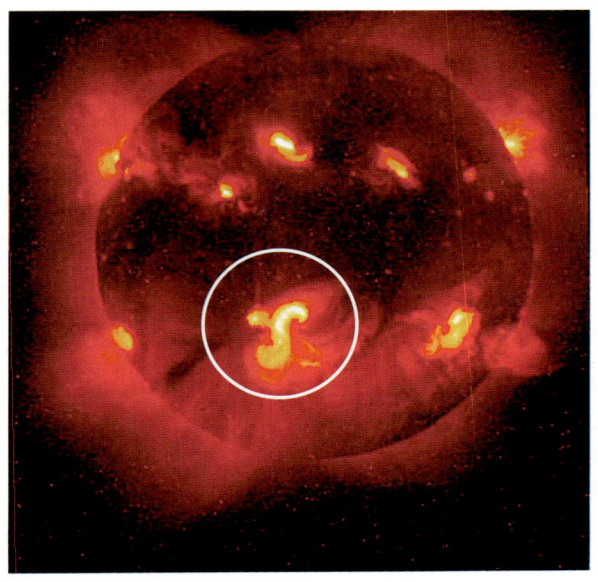

図 4-2　1998 年 6 月 9 日，太陽観測衛星「ようこう」で撮影されたコロナの軟 X 線画像に見られる，シグモイド構造（円で囲まれた領域）。[1]

少し分かりにくいが，たとえば棒磁石の周りに出来る磁場のように，磁極の配置や強さだけで決まるポテンシャル磁場は，磁場の持つエネルギーが最も低い状態であり，そこからエネルギーを引き出すことはできない。しかし磁場に凍結しているプラズマの運動によって磁場が変形を受けた場合や，外部からの電流によって新しい磁場構造が作られると，磁場はポテンシャル磁場から離れて高いエネルギー状態に移行する。そして，高いエネルギー状態にある磁場が，低いエネルギー状態であるポテンシャル磁場に戻ろうとするとき，磁場のエネルギーの解放が起こる。たとえば図 3-9（37 頁）に見られるような黒点上空のコロナの磁場構造は，かなりポテンシャル磁場に近い状態にあるのに対して，図 4-2 に示すような磁場構造は，大きくポテンシャル磁場から外れているように見える。この画像は「ようこう」の軟 X 線望遠鏡[3]によって得られたもので，南半球にある黒点群の上空に S 字状のシグモイドと[4]呼ばれる磁場構造が見られる。このようなポテンシャル磁場から大きく外れた磁場構造を作るメカニズムはよく分かっていないが，閉じた磁力線のそれぞれの根元にある磁極が回転したり，互いに別々の方向に移動することにより，磁場にエネルギーが蓄積されている可能性がある。実際にこのような磁場構造を持った黒

---

3)　**軟 X 線**は比較的波長の長い X 線を指す。また，比較的波長の短い X 線は，**硬 X 線**と呼ばれる。
4)　数学では，S 字形の関数 $y = a + b/(1 + \exp(-(x-c)/d))$ をシグモイド曲線と呼んでいる。

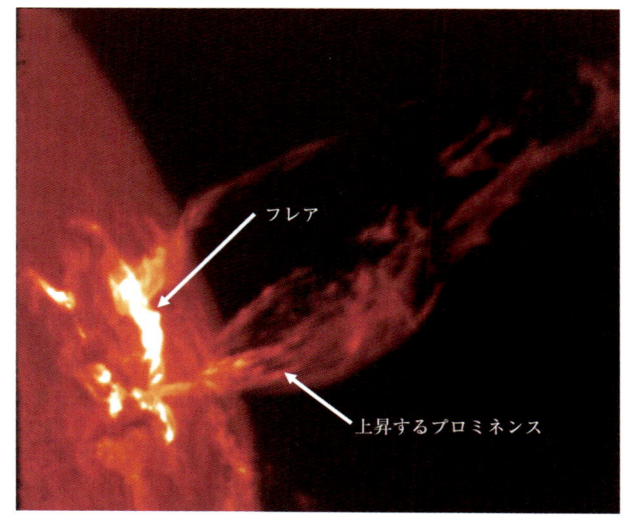

図 4-3　フレア発生の直前に急上昇するプロミネンスの Hα 画像。1989 年 6 月 20 日。[2]

点群は，高いフレア活動を示すと言われているが，さらに詳細な研究が必要である。

フレアの前駆現象

　活動領域でフレアが発生する直前に，活動領域プロミネンスが突然飛び去る現象がしばしば観測される．図 4-3 に示した太陽の西縁近くで発生したフレア領域の Hα 画像では，そのような活動領域プロミネンスが急上昇する様子が捉えられている．プロミネンスが上昇するとき，閉じた磁気ループを上に向かって引き延ばすため，プロミネンスの下方では互いに反対方向の磁場が接触する状況が発生することが考えられる．そのため，活動領域におけるプロミネンスの上昇がフレア発生の引き金になっている可能性があり，重要なフレア前兆現象の一つとして注意が必要である．また，**プラズモイド**と呼ばれる小さなコロナガスの雲が，フレアに伴って秒速 100 km 前後の速度で上昇するのが観測されることがある．プラズモイドの上昇はフレアの開始の少し前から始まり，上昇速度の増大と共にフレアが発達する．この現象も，フレアの発生機構を理解する上で，重要な観測結果である．

Hα で観測されるフレア・リボン

　地上からのフレア観測は，彩層が発する水素の Hα スペクトル線の光だけを取り

第 4 章　太陽大気の嵐　｜　69

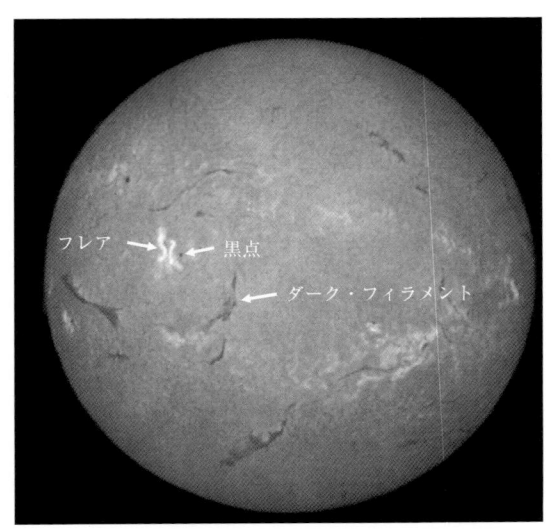

図 4-4　2002 年 2 月 4 日，京都大学飛騨天文台の太陽フレア監視望遠鏡で観測された太陽フレア（Hα 画像）。2 本のリボン状に光っている領域がフレア・リボン。黒い丸のように見える小さな構造は太陽黒点であり，長く伸びた黒いリボン状の構造はダークフィラメント（プロミネンス）。[3]

出す特殊なフィルターを使用して行われることが多い。Hα 線の場合，温度が 1 万 K あたりの彩層下部領域で起こっている現象が観測される。図 4-4 に，京都大学飛騨天文台で撮影されたフレアの Hα 写真の例を示す。この図によると，フレアは明るい 2 本のリボン状になって現れているが，このような構造は「フレア・リボン」と呼ばれ，フレア現象を理解する上で非常に重要な現象である。この写真では太陽全体が写っているので，フレアを起こしている領域やダーク・フィラメント（プロミネンス）の大きさがどの程度のものかが理解できる。フレアの継続時間は数分から数時間に及び，Hα で見たフレアの面積がフレア活動度の目安に用いられている。

さらにもう少し，フレアが発生している領域を詳しく見るため，1972 年 8 月 9 日に発生した，観測史上最大級のフレアの Hα 写真を図 4-5 に示す。この時期に発生した数回の非常に強いフレアに伴い，世界的な無線通信障害だけでなく，北米大陸においては強い磁気嵐に伴って大規模な停電が起こるなど，社会的にも影響の大きい現象が発生している。この写真はフレアが発生している領域を，ほぼ真上から見た場合に相当し，非常に複雑な形をした数個の大規模な黒点と，やはり 2 本のリボン状に明るく光るフレア（フレア・リボン）が写っている。そして 2 本のフレア・リボンの中心線に沿って，ダーク・フィラメント（活動領域型プロミネンス）が

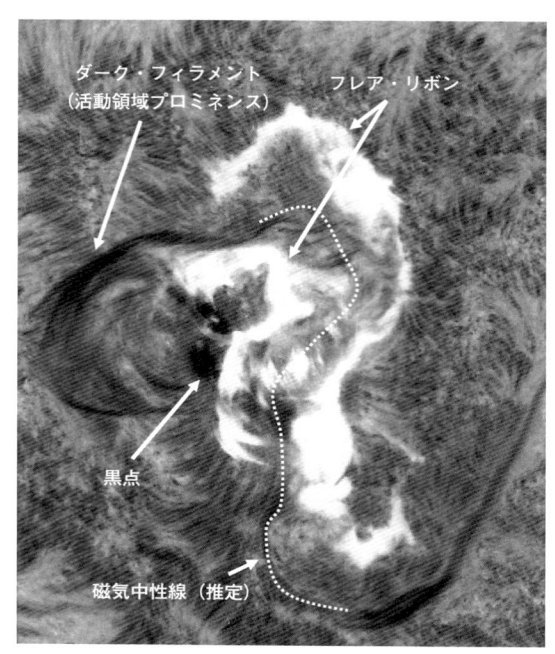

図4-5 1972年8月9日，米国ビッグベア太陽天文台で観測された巨大なフレア・リボン（Hα）。図の上が北で，左が東の方向。南北に延びた2本の明るい帯がフレア・リボン。S字状に黒く長く伸びた部分はダークフィラメント（活動領域型プロミネンス）。丸く見える黒い部分は黒点。ダークフィラメントによって推定される磁気中性線の位置を点線で示す。[4]

断片的に見えているが，ダーク・フィラメントは互いに極性の異なる領域の境界である**磁気中性線**に沿って形成されることから，ダーク・フィラメントの位置をたどって行くと，彩層レベルにおける磁気中性線の位置を知ることができる。こうして推定された磁気中性線は，2本のフレア・リボンの中心軸を通っており，フレア・リボンは磁気中性線をまたぐ閉じたループ状の磁力線がまるでトンネルのように連なった，アーケード状の磁場構造（図4-6）の根元に形成されていることが分かる。このことは，Hα線によるフレア観測で得られた，最も重要な観測結果である。

極紫外線観測で見られるフレア・ループとアーケード構造

人工衛星による太陽の極紫外線観測では，前述のHα線による観測よりもはるかに温度が高い，約100万Kの温度にある下部コロナ域で起きている現象の観測ができる。図4-6に，TRACE衛星によるフレアの極紫外線画像を示す。この図の場合は，図4-4や図4-5に示したフレアのHα写真と異なり，フレアが起こってい

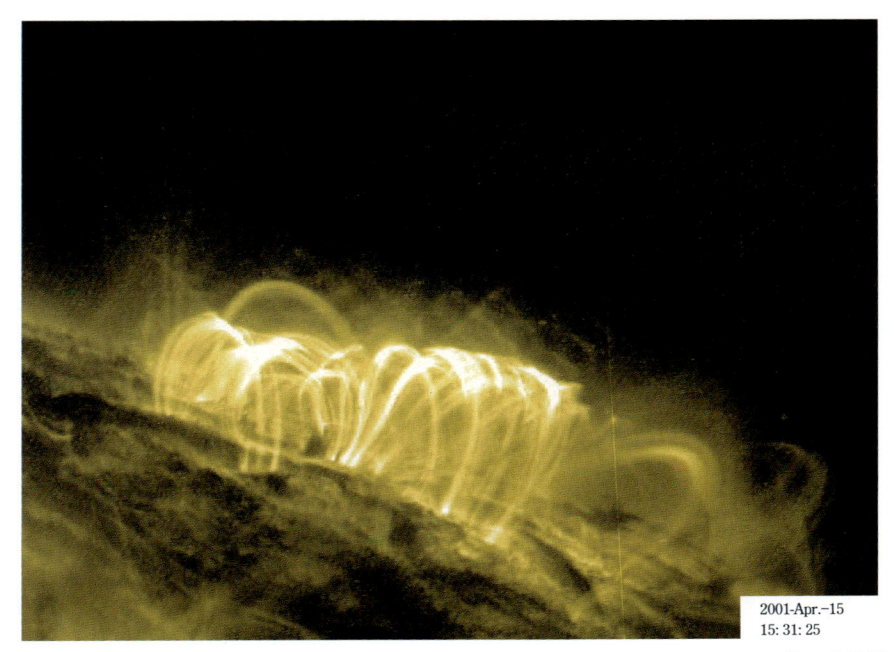

図 4-6 極紫外線で見られるフレア・ループ。閉じた磁力線が連なったアーケード状の磁場構造がよく分かる（TRACE 衛星により，2001 年 4 月 15 日に撮影）。[5]

る領域を，ほぼ横方向から眺めた場合に相当し，明るく輝いた多くのループが連なっている様子がよく分かる。これらのループは，磁気中性線をまたぐ閉じた磁力線に沿って，高温のプラズマが吸い上げられることによって形成される。Hα 線で観測される一対のフレア・リボンは，磁気中性線に沿ってアーケード状に並ぶ，ループ状の磁場の根元に沿って形成される。Hα 線でも，フレア発生後数時間にわたって，図 4-6 に示した極紫外線によるフレア・ループに類似してはいるが，より低温度のループ構造が観測される。この場合は「フレア発生後のループ」という意味で，ポストフレア・ループと呼ばれることがある。

フレアの X 線観測

人工衛星による太陽の X 線観測では，数百万 K から数千万 K の領域が観測できるため，よりフレア現象の核心に迫ることが可能となる。たとえば，「ようこう」に搭載された軟 X 線望遠鏡（SXT）の場合は，フレアによって形成される数百万 K

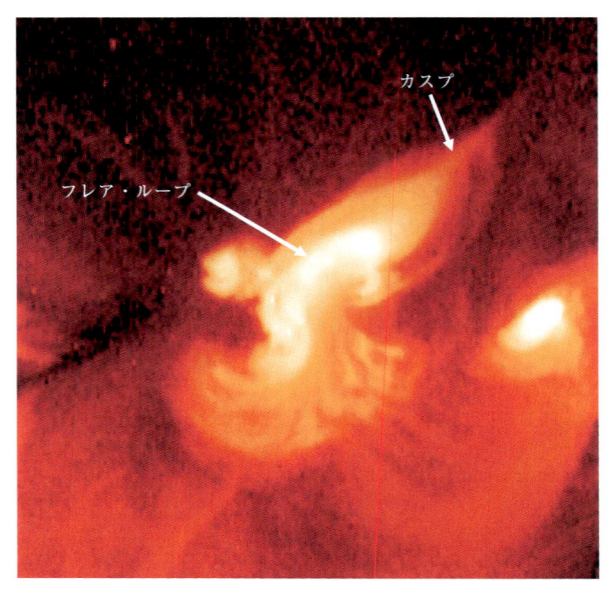

図4-7 フレア・ループの上空に形成されたカスプ。このフレアは，図4-2に示したシグモイド構造を持つ活動領域で発生した。太陽観測衛星「ようこう」に搭載された，軟X線望遠鏡（SXT）で撮影。[1]

のコロナガスが観測される。図4-7は，数時間以上継続してX線強度の高い状態が継続するフレア（LDEフレア）[5]の軟X線像である。**LDEフレア**では，この例のようにで明るく輝くカスプ（尖端形）構造が見られることが多い。この現象は，フレア・ループの上空に向かって引き延ばされたような磁場構造が，フレアの発生に伴って形成されていることを示す。このようなカスプ構造の先端では，互いに反対方向の磁場の接触が起こることが予想されるため，フレア・ループよりもさらに高い場所で磁気再結合が発生していることが示唆される。

上述のように，このようなカスプ構造が顕著に見られるのは，強いX線放射が数時間以上続くLDEフレアの場合が多く，継続時間が数分から数十分程度の比較的小規模のフレア（インパルジブ・フレア，と呼ばれる）の場合は，このようなカスプ構造は見られない。このため，**インパルジブ・フレア**の場合は，カスプ構造が見られるLDEフレアの場合とは異なり，磁場のループ構造の内部でエネルギーが発生しているのではないか，と考えられていた。ところが「ようこう」に搭載された軟X線望遠鏡（SXT）と，硬X線望遠鏡（HXT）による観測から，このような区別は

---

5) long duration event flare.

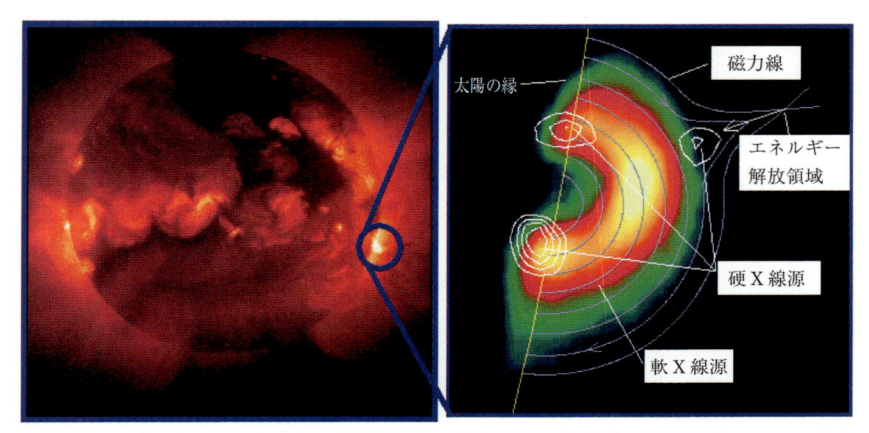

図 4-8　1992年1月13日，太陽観測衛星「ようこう」による，短寿命のフレア（インパルジブ・フレア）の画像。左図は軟 X 線望遠鏡（SXT）で撮像された太陽全面画像で，約 200万 K のコロナの構造を示す。右図は，太陽西縁で発生したフレア（左図の青い円で囲まれた領域）の軟 X 線像を，擬似カラーを用いて示す。図中に描かれた同心円状の等強度線（白線）は，硬 X 線望遠鏡（HXT）が観測した 3000万 K 以上の高温領域である。カスプ構造を含む半円状の細線群は，コロナ磁場モデルを表す。[6]

本質的な意味を持たないことが明らかとなった。その端緒となったインパルジブ・フレアの観測例を，図 4-8 に示す。このフレアは太陽の西縁で発生し，左の軟 X 線（数百万 K のコロナガスによる放射）の観測からは，フレア領域上空のループ状磁場構造が高温プラズマで満たされていることが分かるが，図 4-7 に示したようなカスプ構造は見られず，従来から考えられていたインパルジブ・フレアについてのイメージと一致している。しかし，右図に示したような**硬 X 線**（非常に高いエネルギーを持つ X 線で，数千万 K の領域で発生する）の観測によって，ループ状磁場構造の頂点と，ループの両足の 3 点に硬 X 線源が形成されていることが示されるに至り，様々なフレア現象が持つ見かけの相違に惑わされず，フレア現象をより包括的に考える機運がもたらされた。

　まずループの足元に見られる一対の硬 X 線源は，フレアに伴って発生した高エネルギーの電子が磁力線に沿って下降し，彩層上部の高密度ガスに降り注ぐことによって発生するものであり，それ自体は特に目新しいものではない。しかしループの頂点付近に観測された第 3 の硬 X 線源の存在は，多くの研究者を驚かせた。この硬 X 線源が発見された当初は，ループの内部でフレアのエネルギーが発生しているという従来の考えをサポートするものと思われた。しかしこの図をよく見ると，この第 3 の硬 X 線源の位置は，軟 X 線で観測されたフレア・ループの中心線

から大きく外れ，むしろループの上端近くに形成されていることが分かる。このことから，インパルジブ・フレアのエネルギー発生源はループの内部にあるのではなく，LDE フレアの場合と同じように，ループ構造の上空にエネルギー解放域が存在することが強く示唆される。

太陽フレアのモデル

　フレアのモデルの議論に入る前に，観測によって得られた重要なポイントを，以下にまとめて置こう。

○ フレアは，ループ状に閉じた磁場が連なった，アーケード状の磁場構造を持った領域で発生する。
○ フレアのエネルギーが発生する場所が，閉じた磁場構造の上空にある。
○ フレアの発生に先立って，プロミネンス（フィラメント）やプラズモイドの上昇が起きることが多い。

　これらのフレアの性質を説明するため，色々なモデルが提唱されているが，大多数のモデルではフレアのエネルギー源を，閉じた磁気ループの上空で発生する磁気再結合によって解放された，磁場のエネルギーに求めている。そのようなモデルの例を，図 4-9 に示す。まず，黒点群などの活動領域に形成されている，閉じたループ状の磁場構造の頂上付近から，プラズモイド（プラズマの塊。プロミネンスのこともある）が急激に上昇を始め，磁力線が引き延ばされることによって，プラズモイドの下方に互いに向きが反対の磁力線が，強く押しつけられる領域が形成される。その領域で磁気再結合が発生すると，秒速 3000 km に達するリコネクション・ジェットが，磁気中性点の上下方向に向かって放出される。下方に向かうジェットは磁気ループの頂上付近のプラズマに衝突して衝撃波を作り，その領域のプラズマが加熱されると共に，高エネルギー電子が生成され，図 4-8 の右図に見られるような，ループ頂上の硬 X 線源を作る。高エネルギーの電子流は，さらにループの磁力線に沿って密度の高い下部コロナ域や彩層に流れ込み，ループの足元に見られる二つの硬 X 線領域を作る。彩層のガスはこの電子流と，ループの頂上から磁力線を伝わってくる熱エネルギーによって加熱され，Hα で観測されるフレア・リボンを作る。加熱されたガスは，ちょうどホースに水を通すときのように磁気ループに沿って上昇して，極紫外線，軟 X 線などで観測されるフレア・ループが形成される。

　このモデルによると，これまでの観測結果の多くを説明できるが，継続的に磁気再結合を発生させる上でのプラズモイドやプロミネンスの役割など，まだ多くの未

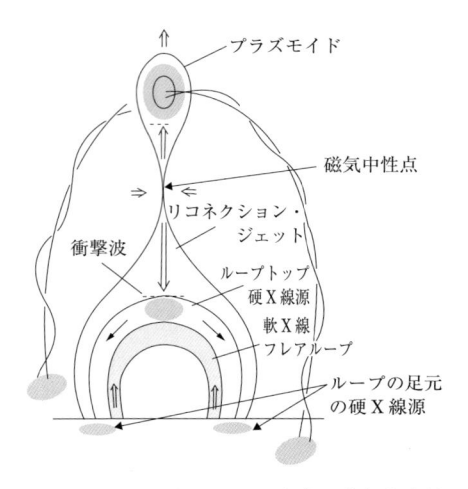

図 4-9　フレアのモデルの例。この図は紙面の上下方向に奥行きを持った磁場構造（アーケード状）の，断面であることに注意。磁気再結合が起こっている磁気中性点から上下に向かう流れがリコネクション・ジェット。らせん状の磁力線は，プラズモイドを閉じ込めている磁場を表す。（[7] の原図に加筆）

解決な問題が残されている。そこで「ひので」などの新しい太陽観測衛星で得られた観測データの詳しい解析や，計算機シミュレーションなどによる研究が精力的に行われている。

4.3　大規模なコロナの爆発現象：CME

CME とは？

　史上最初の太陽フレアの観測は，19 世紀末に英国のキャリントン達によって行われたことを前節で述べたが，さらに彼は，このフレアが観測されてから 1 日以内に強い地磁気の乱れ（磁気嵐）が発生したことに気付き，太陽から地球に向かって非常な高速度で何かが飛んで来ていることを示唆した（太陽から地球まで 24 時間で到達する場合，平均速度は約 1700 km/sec となる）。その後長いあいだ，この現象の正体は不明であったが，第 2 次世界大戦の終結と共に，レーダーの開発などによって目覚ましく発達した電波技術を活用して，太陽が放射する電波の観測が各国で行われるようになり，フレアに伴って，コロナの中を秒速数百 km 以上の高速で移動しながら，電波を放射する領域が存在することが発見された。また，そのスペクトル

の分析から，これが，光速に近い速度を持った電子が強い磁場中を旋回するときに放射する電波[6]であることが分かった。

このようにして，フレアに伴って電子の加速が起こり，強い磁場を持った領域がコロナの中に飛び出して行くことまでは分かったものの，その正体については不明のままであった。そして1971年に至り，コロナグラフを搭載した米国のOSO-7衛星が，太陽コロナの中に突然放出される大きなループ状の構造を発見し，多くの研究者に衝撃を与えた。この現象は，「コロナから物質が放出される現象」という意味で，CME（Coronal Mass Ejection）と呼ばれている。CMEの速度は，秒速100 km前後の比較的低速のものから，秒速2000 kmを大きく超える高速のものまで，広い範囲に分布しており，平均速度は約500 km/secである。CMEが観測される頻度は，観測装置の感度にもよるが，太陽活動極大期では1日当たり5～6回，極小期では2日に1回程度である。

CMEは太陽研究において重要な研究対象であるだけでなく，強い地磁気活動や明るいオーロラを発生させる原因として，多くの研究者の関心を引いている。また，宇宙活動に重大な影響を与える高エネルギー粒子の発生源と考えられるため，宇宙開発を安全に進めるためにも，CMEの性質を詳しく知る必要がある。

CMEの三重構造

CMEに関わる現象を理解するため，典型的なCMEの観測例を図4-10に示す。この画像は2000年2月27日に，SOHO衛星に搭載されたC2，C3の2台のコロナグラフによって撮影されたCMEの画像である。すでに図3-24（58頁）で説明したように，これらのコロナグラフによると，太陽の近くから太陽半径の33倍の距離までの領域において，CMEを追跡することができる。図4-10に見られる比較的明るい湾曲した構造はCMEループと呼ばれ，100万K以上の温度を持つコロナのガスで出来ている。CMEループの内側の少し暗く見える領域はキャビティ（空洞）と呼ばれ，低密度の領域がCMEの内部に存在することを示している。CMEは横方向にも膨張する傾向を持つことから，キャビティの内部には比較的強い磁場が存在すると考えられる。またキャビティの内部にはCMEと共に上昇するプロミネンスが見られることがよくあり，この図に示したCMEでも上昇するプロミネンスが見られる。プロミネンスの上昇速度は，CMEループの半分程度である。

このように多くのCMEが，内側から外側に向かって，プロミネンス，キャビティ，CMEループという3要素を持っていることは，CMEの起源を議論する上で非常に重要な要素となる（実際には，これらの3要素のうち，どれかが欠けているCME

---

[6] シンクロトロン放射と呼ばれる。

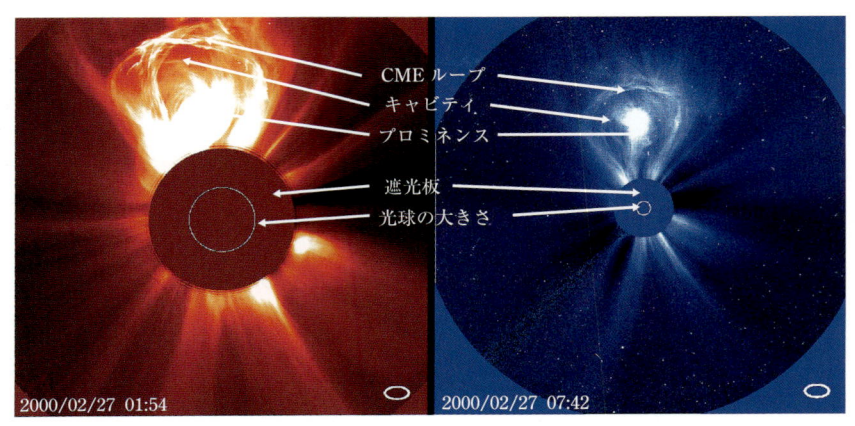

図 4-10 SOHO 衛星に搭載された 2 台コロナグラフが捉えた CME（2000 年 2 月 27 日）。左が C2 コロナグラフによる映像で，右はさらに視野の広い C3 コロナグラフによる同じ CME の映像（左図の約 6 時間後に撮影）。それぞれのコロナ画像の中心は，コロナグラフの遮光板によって影になった領域。中心に示した小円は，それぞれ光球の大きさを表す。CME ループのすぐ内側に見える暗い領域がキャビティで，その内部には爆発的に上昇するプロミネンスが存在する。[8]

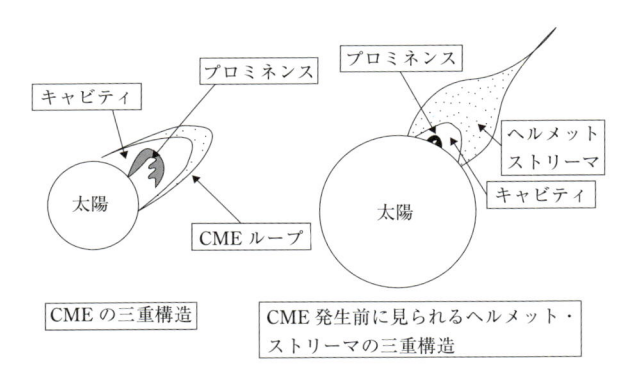

図 4-11 左図は CME の典型的な構造。最も外側に CME ループがあり，その内側に低密度のキャビティがある。キャビティの内部に，上昇するプロミネンスが観測されることが多い。右図は CME 発生前におけるコロナのヘルメット・ストリーマと，その内部のキャビティとプロミネンスを示す。

も多く見られる）。このように CME とプロミネンスとは密接な関係にあることが示唆されるため，代表的な CME の現れ方と，第 3 章で議論したプロミネンスとヘルメット・ストリーマを含む領域の構造を，図 4-11 によって比較してみよう。この図によると，CME に見られる「プロミネンス，キャビティ，CME」の組み合わせと，ヘルメット・ストリーマの「プロミネンス，キャビティ，ヘルメット・ストリーマ」

の組み合わせとのあいだには，かなりの共通点が見られることが分かる．このことから，CME とヘルメット・ストリーマとは深い関係にあることが示唆され，実際に，ヘルメット・ストリーマが次第に膨張を始め，CME へと移行する様子も観測されている．このことは，CME を理解する上で重要なポイントの一つとなる．

CME の発生過程

さて次のステップとして，CME が発生するメカニズムについて議論しよう．1973 年に人工衛星に搭載されたコロナグラフによって最初の CME が観測されてから 10 年くらいのあいだは，CME の主要な発生源の一つは，太陽フレアであると考えられていた（もう一つの主要な発生源は，静穏型プロミネンスの噴出）．確かに膨張速度が 1000 km/sec を越えるような強烈な CME の大部分が強い太陽フレアに伴って発生する一方で，静穏型プロミネンスの噴出に伴う CME の速度は，600 km/sec 前後のものが多く，太陽フレアが CME の重要な発生源であると考えること自体は，自然な成り行きであった．しかし 1980 年代に，宇宙におけるコロナ観測が進むにつれて，フレアを主役とするこの考え方に疑問が投げかけられた．その根拠になったのは，以下に示す CME 観測データの解析結果である．

○ フレアが発生する数十分前に，CME がすでに上昇を始めていることが多い．
○ フレアは CME の中心に位置しているとは限らない．
○ CME 全体のエネルギーは，フレアによって解放されるエネルギーよりも大きいことがある．
○ 非常に強いフレアであっても，常に CME を伴うとは限らない．
○ フレアに伴う CME よりも，プロミネンス噴出に伴う CME の方が多い．
○ フレアやプロミネンス噴出が観測されなくても，CME が発生することがある．

後で議論するように，コロナグラフによる CME の観測には多くの制約があるため，上記の解析結果をそのまま受け入れることには問題があるが，従来のフレア中心の考え方に大きな疑問を投げかけたことは確かである．そこでそれまでとは反対に，「フレアが CME を発生させるのではなく，何らかの共通の原因によって，フレアと CME とが発生する」，という考え方が提唱された．しかし非常に強い磁気嵐や，人工衛星に重大な影響を与える高エネルギー太陽粒子の発生をもたらすような高速度で大規模な CME は，ほとんどの場合非常に強い太陽フレアを伴っており，フレアと CME との関係については，まだ議論の余地が残っていると考える研究者も多い．

CME 観測の問題点

　CME の実態の解明が遅れている理由の一つに，CME の観測における制約がある。コロナのガスは非常に希薄であるため，図 4-10 に示したようなコロナ画像では，CME の構造が，すべて天球面に投影される形で重なって観測され，奥行き方向の情報が完全に失われている（人体の X 線写真が奥行き情報を持たないのと同じ）。したがって一見すると曲げたロープのように見えている CME ループであっても，本当の形は分からない。CME ループの多くは，CME の中心軸が太陽の縁にある場合に良く観測されるため，この形状は CME を横方向から見た場合に相当する。一方 CME が地球の方向に打ち出された場合は，太陽の全周を取り囲むような CME（**ハロ型 CME** と呼ばれる）がしばしば観測されるため，実際の CME ループの立体的な形状は，お椀を伏せたようなドーム型か，トンネルのような形をしていると思われる。

　CME の立体構造が分からないために起因するもう一つの問題として，CME が膨張する速さが正確には決まらないということがある。CME の膨張速度は，CME ループの先端が時間と共に移動する様子を追跡すれば分かるように思われるが，こうして求められた速度は天球面に投影された，視線方向に垂直な方向の速度成分であり，実際の速度の下限を与えるに過ぎない。たとえば図 4-10 に示した CME は，見たところ太陽の北極の真上に向かっているように見えるが，それは見かけの運動であり，画面の手前に向かっているのか，それとも向こう側に向かっているのかといった本当の運動の様子は分からない。この問題を解決するためには，複数のコロナグラフを宇宙に打ち上げて，立体視を行う必要がある。そこで NASA の **STEREO** 計画では，2006 年 11 月に打ち上げられた 2 機の宇宙機により，地球から東西方向に分かれた宇宙空間でコロナを立体視する観測が行われており，CME の理解が大きく進むことが期待されている。

CME はどこで発生するのか？

　CME が打ち出されるエネルギー源は，コロナの磁場に蓄積されたエネルギーと考えられている。しかし太陽フレアの場合と同様に，それがどこで，どのようにして蓄積され，どのような過程で開放されるかについては，まだよく分かっていない。以上で議論したように，CME 現象の解明が困難な理由は，CME の立体的な性質に関する情報が少ないことや，CME が生まれている「現場」の様子がよく分からないことにある。特にコロナグラフで観測される領域と，下部コロナや彩層とのあいだには大きな観測のギャップがあり，それぞれの領域で発生している現象のあいだの繋がりがよく分からない。その問題の解決のヒントになりそうな観測例と

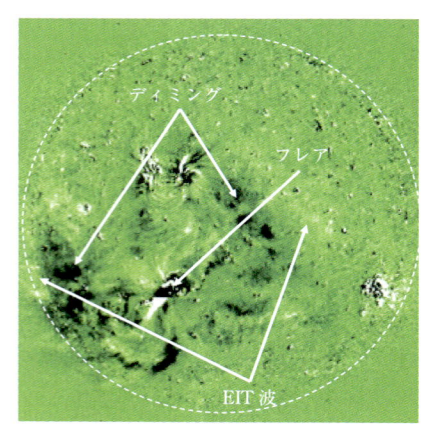

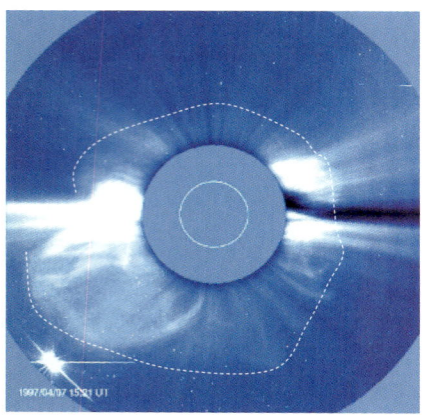

図 4-12 1997 年 4 月 7 日に発生したフレアに伴う下部コロナの変化とハロ型 CME。左図は SOHO に搭載された極紫外線望遠鏡（EIT）による，同日 11：21UT における下部コロナの差分画像。明るい部分が増光部を，暗い部分が減光部を表す。点線の円は，光球の大きさを示す。右図は C2 コロナグラフによるコロナ画像（15：21UT）。点線は，おおまかな CME 先端部の位置を示す。太陽赤道付近から東西に延びている明るい帯は，もともと存在していたヘルメット・ストリーマ。（[8] の原図に加筆）

して，1997 年 4 月 7 日に発生したフレアに伴う現象の画像を図 4-12 に示す。この図の左側は，SOHO の EIT 望遠鏡によって撮影された下部コロナ領域の画像であるが，明るさの変化を強調するため，直前に得られた明るさの分布を差し引くことを行っている（差分画像）。こうすることにより，前の画像よりも明るさが増した領域は明るく，暗くなった領域は黒っぽく表示される。さてこのフレアは，1997 年 4 月 7 日 13 時 50 分（世界時）に，太陽面の南半球東寄りの場所で発生した。フレアの発生直後，フレア領域を取り囲むようにリングのような明るい構造が発生し，秒速約 400 km で拡大して行った。このような現象は EIT 望遠鏡によってはじめて観測されたため **EIT 波**と呼ばれ，ガスや磁場を圧縮しながら伝わる波動現象（圧力波）と考えられる。この図にもフレア領域を広く囲むように，EIT 波が伝わって行く様子が見られる。Hα による観測では，強いフレアが起こった場所を中心として，彩層面を波紋のようなパターンが秒速 1000 km 以上の高速度で広がって行く，**モルトン波**と呼ばれる現象の存在が早くから知られているが，この場合はフレアによって発生した衝撃波の存在を示していると考えられ，比較的低速度の EIT 波とは別の現象である。

さて EIT 波の内側には，しばしば広い範囲にわたってコロナの明るさが減少した領域が形成され，「減光する」という意味の英語から，**ディミング**と呼ばれる。図 4-12 でも，フレア領域を囲むように，複雑な構造を持ったディミングが広く発

達しているのが認められる。一方 C2 コロナグラフによる白色光コロナの映像によると（図 4-12 の右図），不規則な形ではあるが，全体として太陽を取り囲んでいるように見えるハロ型 CME が形成されていることが分かる（太陽の赤道近くから東西に延びている明るい帯は，安定なヘルメット・ストリーマ）。EIT 波はフレア領域を中心として拡大して行ったが，フレア領域の東方向（図では左方向）の方が西方向よりも速度が高く，ディミングは最初フレア領域の東側で発達を始めた。このディミングの上空に形成されたと思われる CME が，太陽の南東方向に広がる CME ループであり，約 900 km/sec の速度を持っている。そして EIT 波とディミングがフレア領域の東側にも拡大して行くことに対応して，太陽の西側にも CME が発生した。また，EIT 波やディミングがフレア領域の南北方向にも広がって行ったことに対応して，コロナグラフの映像にも，鳥の羽を広げたように見える比較的暗い CME が，南北両極の上空に見られる。このように EIT 波やディミングの振る舞いは，CME の現れ方とよく対応しているため，EIT 波やディミングは，下部コロナに現れた CME の「足跡」の可能性がある。CME の内部は磁場の圧力が高く，CME は横方向にも膨張することが知られているが，この様子は EIT 波やディミングが広がって行く様子とよく対応している。そこで最近では，EIT 波は CME ループの「足」に，そしてディミングはキャビティ（空洞）に相当する，と考える研究者もある。ディミングに見られるようなコロナの明るさが短時間で変化する理由としては，コロナの温度が低下するか，コロナの物質が抜け出してしまうかのどちらかであるが，CME が拡大するにつれて下部コロナの磁場構造が変化し，コロナのガスが抜け出していることを示す観測例が報告されている。

　以上のように，この観測例ではフレア領域を中心として EIT 波やディミングが広がって行くように見えるため，一見するとフレアが CME 発生の原因であるような印象を受ける。しかし図 4-12 に示した観測例にも見られるように，フレアはディミングを起こした領域の中心に位置するとは限らないし，フレア発生とディミング形成の開始とのあいだの前後関係も良く分かっていない。図 4-11 では，CME とヘルメット・ストリーマとの類似性を示したが，ここで議論した CME の場合は，フレアを起こした活動領域の赤道寄りの緯度帯に，ヘルメット・ストリーマがちょうど帽子の「つば」のように連なっている領域が存在し（ストリーマ・ベルト），ストリーマの閉じた磁場領域に蓄積された磁場のエネルギーが，フレアか他の何かの突発現象の影響で解放され，CME が発生したのかもしれない。やはり図 4-12 で，ディミングが様々な場所に時間差をもって形成されているのを見ると，引き続いて発生した何個かの CME が，全体として図 4-12 の右図に見られるようなハロ型 CME として見えている可能性もある。

　いずれにせよ，今まで見てきたプロミネンス噴出やフレア，CME などの太陽で発生している爆発性の現象は，すべて「閉じた磁場領域」に蓄積された磁場のエネ

ルギーが解放される現象であり，大きさや規模の相違はあっても，物理学的なプロセスは同じである．そこでこれらの現象を観測・理論の両面から統一的に研究することにより，太陽で発生している爆発現象の本質に迫ることが可能となろう．

参照文献（資料）

［1］宇宙航空研究開発機構／宇宙科学研究所（ようこう）のホームページ
　　<http://www.isas.jaxa.jp/home/solar/yohkoh/>
［2］Space Environment Center (Image) のホームページ
　　<http://www.swpc.noaa.gov/ImageGallery/index.html>
［3］京都大学飛騨天文台のホームページ　<http://www.kwasan.kyoto-u.ac.jp/Hida/Hida-j.html>
［4］The Big Bear Solar Observatory のホームページ　<http://www.bbso.njit.edu/>
［5］TRACE のホームページ　<http://trace.lmsal.com/POD/TRACEpodarchive.html>
［6］Masuda, S., T. Kosugi, H. Hara, S. Tsuneta, and Y. Ogawara, A Loop-Top Hard X-Ray Source in a Compact Solar Flare as Evidence for Magnetic Reconnection, *Nature*, *371*, 495–497, 1994.
［7］Shibata, K., New observational facts about solar flares from YOHKOH studies-evidence of magnetic reconnection and a unified model of flares, Advances in Space Research, vol. 17, no. 4–5, pp(4/5)9-(4/5)18, 1996.
［8］SOHO のホームページ　<http://sohowww.nascom.nasa.gov/data/soho_images_form.html>

第 II 部

太陽地球環境

　第 I 部で見たように，太陽は荒々しく活発に活動する恒星である。太陽と約 1 億 5000 万キロメートルの距離を隔てているとは言え，太陽系深部に位置する地球は，その変動の影響を日々受けずにはおれない。第 II 部では，地球が太陽活動の影響をどのように受けるのかを詳述する。

5章

惑星間空間を吹く太陽風

　第3章に詳しく紹介したように，太陽表面（光球）から約 2000 km より上空には，日食のときに肉眼で見ることができるコロナが広がっている（図3-1　26頁）。コロナを形成するプラズマの温度は 100 万 K を越え，その高温のために，常にプラズマが惑星間空間に向けて吹き出している。このプラズマの流れを太陽風 (Solar Wind) と言う。太陽風は，地球はおろか，海王星の軌道をもはるかに超える規模を持つ太陽圏を，銀河系の中に形成している。太陽風の速度や密度は静穏で定常的なものではなく，太陽表面の活動に呼応して，激しく様相を変化させる。また，太陽風は，太陽表面の磁場を太陽圏の果てまで引き出し，地球をはじめ固有磁場を持った惑星に影響を与える。さらに，惑星間空間では，CME に伴って発生する衝撃波が，地球の軌道を遥かに越えて伝播していく。本章では，単なる真空と見られがちな惑星間空間で生起する様々な現象を紹介する。

5.1　太陽風の発見

　太陽表面でフレアが発生すると，数日して地球で磁気嵐が起こることから，20世紀中葉までは，フレア発生時のみに太陽から高速の粒子が吐き出されると考えられていた。しかし，ビアマンは彗星の尾を調べることによって，太陽からは常に粒子が吹き出していることを最初に予言した (1951年)。
　1986 年に地球に接近したハレー彗星に，人類は「すいせい」や「ジオット」など複数の人工衛星を派遣して科学的な観測を行った。その 76 年前 (1910 年) の接近の際には，彗星が吐き出す有害なガスの中に地球が入って人類が全滅するというデマが飛んで，社会的なパニックを引き起こした (的川泰宣著『ハレー彗星の科学』)。そのことを考えると，この間の科学の進歩と普及の進み具合に気付かされる。

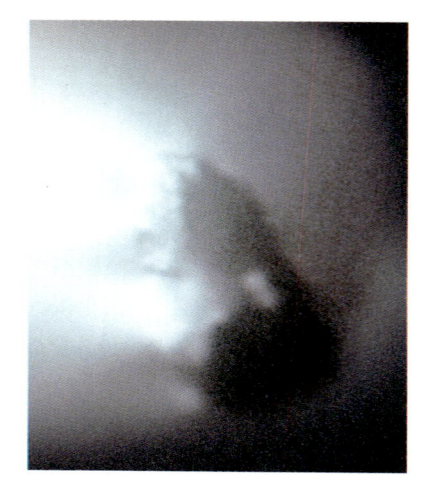

図 5-1　ハレー彗星のコア（Giotto, ESA）[1]

　彗星は太陽に近づくと中心核（コア）が太陽放射に熱せられて塵を含むガスを吹き出す．「ジオット」は，近接撮影によってその様子を確認した（図5-1）．放出された塵は，彗星の周囲にただよって軌道運動を続けるが，太陽光の放射圧のために，反太陽方向に彗星から離れていく．一方，コアから放出されたガスは，太陽の紫外線によって電離され，後述する**惑星間空間磁場（IMF）**に捕らえられて**太陽風**と共に高速で吹き流される．このため彗星は，ゆるくカーブを描く塵が太陽光を反射して生じる尾と，太陽と正反対方向に流されていくガスの尾の二つの尾を持つ．1997年に現れたヘール・ボップ彗星の写真（図5-2）は，これらの尾を鮮明に捉えている．様々な大きさの粒子からなる塵の尾は白く，光の波長より小さい粒子からなるガスの尾は青っぽく見えている．ビアマンは，このような彗星の尾を観察して，するどく太陽風の存在を洞察したのである．

　ビアマンの予測に基づき，パーカーは，1959年に，流体の運動方程式を解いて，コロナから超音速[1)]のプラズマが定常的に吹き出す可能性のあることを理論的に示した．1962年，金星に向かって飛び立ったアメリカの探査機マリナー2号に搭載されたプラズマの観測器によって太陽風が検出され，太陽風が実在することと，パーカーの理論の正しさが証明された．「太陽風（Solar Wind）」は彼の命名による[2)]．

　太陽風は，電子とイオンの電荷の総和量が等しく[3)]，電気的に中性なプラズマである．イオンの主成分は，粒子数密度にして約95%のH^+（プロトン）と約5%の

---

1)　プラズマを伝播する音波については第6章のコラムを参照．
2)　パーカーは，太陽風の研究を含む業績が認められ2003年に京都賞（基礎科学部門）を受賞した．
3)　負イオンはほとんど含まれない．以下の各章では，特に断わらない限り「イオン」は正イオンを指す．

図 5-2　ヘール・ボップ彗星 [2]

He^{++}（アルファー粒子）である．他のイオンとしては，He^+, O^{6+}, C^{3+} などの存在が，観測衛星による直接探査によって確かめられている[4]．地球軌道周辺における太陽風の平均的な速度は約 450 km/s，また平均的な密度は 2～5 個/cm^3 である．

　観測衛星 ACE による太陽風の速度と，粒子密度の観測例を図 5-3 に示す．ACE 衛星は，地球から太陽方向に 1.5×10^6 km（太陽―地球間の約 1%）離れた位置[5]にあって，太陽風の観測をしている．図によると 2000 年 1 月 26 日は，太陽風の速度は約 350 km/s と，比較的遅かった．しかし 27 日 15 UT（世界時 universal time）ごろから速度が増加し始め，28 日の 0 UT には 700 km/s 以上に達した．この例のように，先行する遅い太陽風の後から高速の太陽風がやってくると，高速の太陽風が低速の太陽風を圧縮して粒子数密度が増す．実際この例の場合も，速度が増加し始める半日以上前から粒子密度が増加している．図の横軸は時間を表すが，これを空間軸と見なして，図の右方に太陽が位置すると考えると，密度の変化は空間的な密度構造を表していると見ることができる．そこで，高密度の期間を約 12 時間とすると，

---

4)　第 1 章 5 節参照．
5)　この点は，ラグランジュ・ポイントと呼ばれる重力的に安定した場所の一つであり，長期にわたる太陽観測に適している．

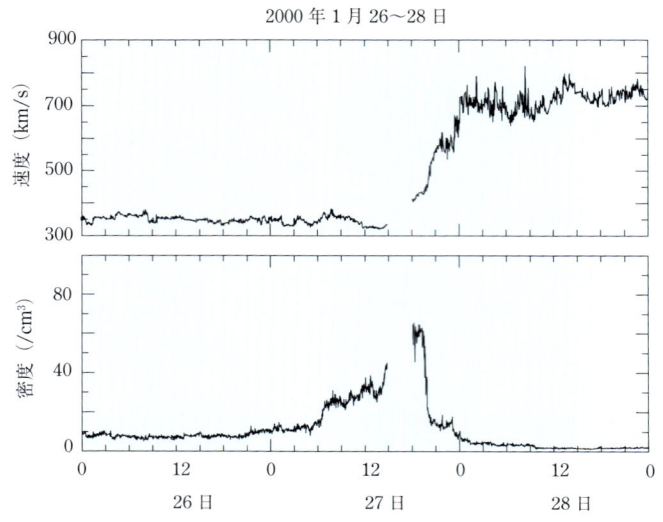

図 5-3 太陽風の速度と粒子密度。横軸は世界時 (UT)。[3]

その空間構造は約 1.7×10^7 km となり，太陽地球間の 10% を超える大規模構造であることが分かる。

さらに，その後の太陽風の速度の変化を見ると（図 5-4），2 月 24 日（55 通年日），3 月 22～23 日（82～83 通年日）に高速の太陽風が到達している。この図は，太陽の自転周期 27 日[6]に合わせて，27 日ごとに区切って速度変化を示している。つまり太陽の自転と同期して 27 日ごとに高速の太陽風が観測されたのである。太陽風が 700 km/s で太陽から地球に向かって飛んで来たとすると，2 日余りかかる計算になるから，高速の太陽風が飛来する 2 日前ごろの太陽軟 X 像画像を見て見よう。すると，図 5-5 のように，コロナの低温部であるコロナ・ホール[7]がちょうど地球の方向を向いていることが分かる。コロナ・ホールは磁場が惑星間空間に開いているために，高温のプラズマを閉じ込めておくことができず（そのため軟 X 線で見ると暗く見える），高速流が流れ出すと考えられている。

上述の高速流の他にも，1 月 12 日と 2 月 6～8 日（37～39 通年日）に高速の太陽風が到達している。しかし，次の周期にあたる 3 月 6～7 日（66～67 通年日）には，速度の増加は見られるものの平均的な値に止まっている。それぞれの数日前の太陽像を見ると，コロナ・ホールが図 5-6 のように図 5-5 の裏側にまで伸びていて，やはりコロナ・ホールが高速太陽風の源になっていることが分かる。ところで，3 周期目にあたる 3 月 5 日には，正面を向いたコロナ・ホールが閉じかけているようだ。

---

6) 第 3 章 2 節参照。
7) 第 3 章 4 節参照。

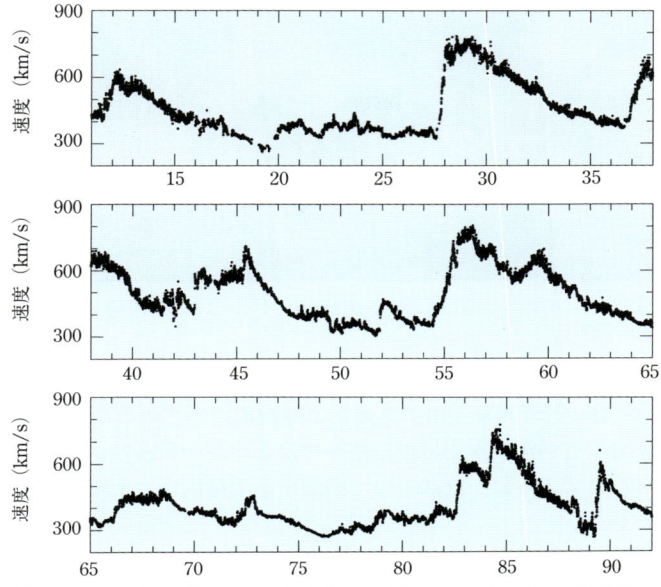

第5章 惑星間空間を吹く太陽風 | 89

図5-4 2000年1月11日から3月31日まで，27日ごとの地球近傍で測定した太陽風速度の変化。横軸は1月1日からの日数（通年日）。[3]

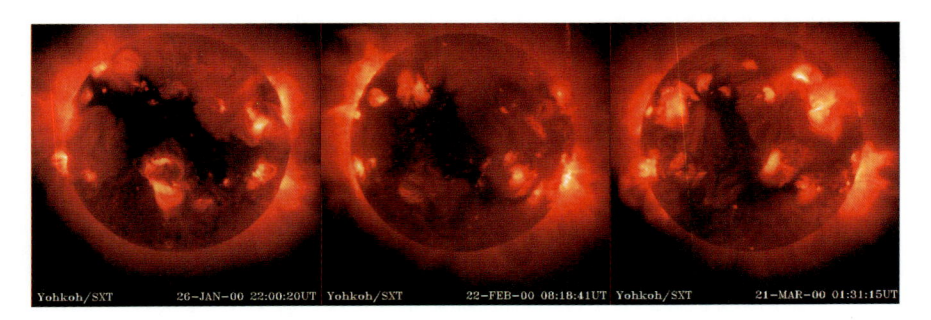

図5-5 観測衛星「ようこう」による太陽軟X線像。左から2000年1月26日（26通年日），2月22日（53通年日），および3月21日（81通年日）。それぞれの画面中央の黒い部分はコロナ・ホール。[4]

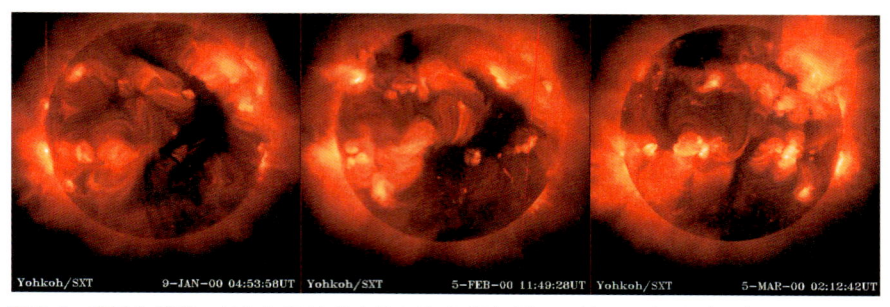

図 5-6 前図と同様。左から 2000 年 1 月 9 日（9 通年日），2 月 5 日（36 通年日），および 3 月 5 日（65 通年日）。[4]

これが，3 周期目の速度増加が前の 2 周期より規模が小さいことの直接的な原因であるかどうかは，このデータだけでは確かではないが，原因の一つと考えることができるだろう。このように，地球近傍で観測する太陽風は，太陽本体の活動に呼応して変化している。

5.2 惑星間空間磁場

太陽風の粒子密度は，図 5-3 の下図にもあるように普段は 1 cm^3 あたり数個から 10 個程度で，高速流による圧縮が起こっても数十個/cm^3 といったところである。地球大気の粒子が地表付近で 2.7×10^{19} 個/cm^3 もあることを考えると，太陽風が如何に高速であっても，それが地上に何らかの影響を与えるということは有り得ない，と予想される。ところが，太陽風がコロナの磁場を引き出してくることによって，次章に述べるように太陽風と地球磁場のあいだに複雑な相互作用が生じる。

プラズマによる磁場の凍結についてはすでに第 4 章でも概説したが，宇宙科学を語る上で鍵となる概念であるから，ここでもう一度，違った角度から説明を加えておこう。

コロナ磁場が太陽風によって惑星間空間に引き出されるメカニズムは，1831 年ファラデーが発見した電磁誘導の法則によって説明される。ファラデーは，電流が磁場を作る，すなわち電磁石が出来るのなら，逆に磁場が電流をつくりだすはずであると予想した。実験を重ねた結果，彼は，コイル状に巻いた電線に磁石を近づけたり遠ざけたりすることによって，起電力を生じさせることができることを発見した。水平に置かれたコイルを貫く下向きの磁場が強くなるとき（つまり磁石の N 極を上から近づけるとき）は，反時計回りに電流が流れる。このときコイルに流れる電流は上向きの磁場を作るので，下向き磁場の増加を緩和する働きをする。このよう

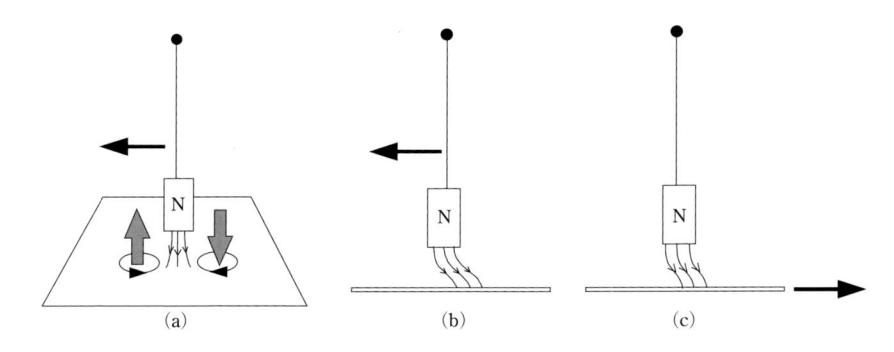

図 5-7 磁石振り子．アルミ板の上で磁石を振らすと，磁石の振れはアルミ板に誘起される電流によって，ブレーキがかかり，急速に振幅が小さくなる．そのとき，磁石から出る磁力線は磁石を引きずるような形になる．逆に，磁石を静止しておいて，アルミ板を水平に引くと，磁力線に磁石が引っ張られて動くのが観察される．

に，電流はコイル内の磁場の変化を緩和する方向に流れる[8]．

　磁石を動かす代わりにコイルの方を動かしても，やはりコイルに起電力が生じる．このことを利用して面白い実験ができる．図 5-7 (a) のように永久磁石を糸でぶら下げて振り子を作る（図では，N 極を下にしているが，逆の向きでも良い）．振り子を振ってみて，触れ具合を観察した後，今度はアルミ板の上で振ってみる．アルミ板に磁石をそっと近づけても，弱磁性体であるアルミは，磁石を引き付けない．しかし，その上で磁石の振り子を振ると，最初に振ってみたときに比べて，振れの弱まり方が急なことに気が付くはずだ．これは，磁石の前方では，アルミ板を下向きに貫く磁場が増加するため，反時計回りの電流が流れ，後方では逆に下向き磁場の減少によって時計回りの電流が流れるからである．それぞれの電流が作る磁場は電磁石のように働いて，前方のそれは振り子の磁極を反発し，後方のそれは引きつける．そのため，振り子に制動力が働くのである．

　このとき，アルミ板に流れる電流が作る磁場のために，振り子の前方の磁場は弱められ，後方の磁場は強められる．そのため，磁力線は b 図のように後方に引きずられるような格好になる．

　次に磁石を振る代わりにアルミ板の方を引いて動かしてみよう．今度は逆の効果が働いて，振り子の磁石がアルミ板の動いた方向に引っ張られるのが観察できる（磁石の動きが小さいときは，アルミ板を 2～3 枚重ねてやってみると良い）．このときの磁力線は，c 図のように，アルミ板によって右方に引きずり出されるような形になる．

---

[8] 付録 B「13. 電磁誘導の法則」参照．

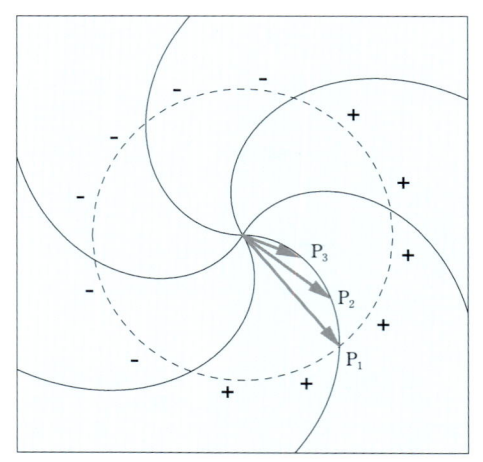

図 5-8　惑星間磁場が描くアルキメデス螺旋（北から黄道面を見ている）。中央に太陽がある。破線は地球の軌道を表す。地球の軌道と太陽の平均磁場の磁力線は約 45 度で交わる。＋記号は惑星間空間磁場が外向きであることを示し，－記号は内向きであることを示す。

　太陽風は，正負の荷電粒子の集まりだから，高い電気伝導性を持つ。そのため，実験のアルミ板と同じ性質の効果を，効率の点でははるかに高く太陽磁場に対して持つ。その結果，太陽磁場は太陽風によって惑星間空間に引き出される。このように磁力線がプラズマによって運ばれる現象を，磁場の凍結と言う。

　引き延ばされた太陽磁場は一端を太陽表面に固定されているため，太陽の自転に伴って磁力線の根っこの方は回転するが，**惑星間空間磁場**を運ぶ太陽風はほぼ一定の速さで半径方向に直線的に流れ出していく。そのため，磁力線は図 5-8 のようなアルキメデス螺旋と呼ばれる曲線を描く。地球の軌道付近では，惑星間空間磁場は，太陽と地球を結ぶ線に対して，およそ 45 度の角度を持っている。ここで気をつけなければならないのは，太陽風は磁力線に沿って螺旋を描いてコロナから出てくるのではなく，図に灰色の矢印で示したように，半径方向外向きに吹いているということである。磁力線に沿って並ぶ点 P_1，P_2，P_3 のプラズマはコロナの同じ場所から P_1，P_2，P_3 の順で出てきたプラズマである（図 5-8）。太陽が自転していなければ，それらは半径方向に一列に並ぶのだが，自転しているために太陽から飛び出す方角がずれるのである。

惑星間空間磁場の揺らぎ

　惑星間空間磁場の向きはコロナ中の磁場の向きによって決まり，螺旋に沿って太陽へ向かう方向の磁場を持つ領域と，太陽から遠ざかる方向の磁場を持つ領域があ

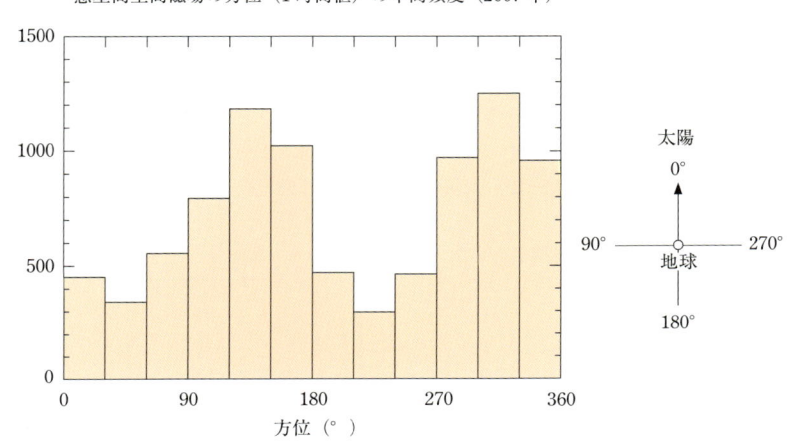

惑星間空間磁場の方位（1時間値）の年間頻度（2007年）

図 5-9 惑星間空間磁場の地球近傍における方位分布。0°は太陽方向，90°は地球の反公転運動方向，180°は反太陽方向，そして270°は公転運動方向を示す。[3]

る。年間を平均すると，両者の頻度はほぼ均衡しているが，磁場の向きが変わる境界領域や，次に述べる CME の影響などによって，螺旋構造からずれた向きに磁場が向くことも珍しくない。図 5-9 は 2007 年の 1 年間における惑星間空間磁場方位の頻度分布を示している。135°付近と 315°付近のピークが，螺旋構造の反太陽方向と太陽方向の頻度をそれぞれ表している。また同図からは，太陽磁場が螺旋構造から大きくずれることも，しばしばあることが読みとれる。

太陽が約 27 日かけて自転すると，地球近傍では太陽向きの磁場が観測される日と反太陽向きの領域が観測される日とに大きく 2 分割される場合と，交互に 4 つに分割される場合がある。図 5-8 の地球軌道に沿った＋－の記号は，＋が反太陽向き，－が太陽向きの磁場を意味し，黄道面に沿って磁場の向きが 2 分されていることを表している。このように磁場の向きが大きく 2 分，あるいは 4 分される状態は惑星間空間磁場の**セクター構造**と呼ばれ，惑星間空間磁場の 3 次元的な構造に関係していると考えられている。第 3 章にあるように，太陽磁場は大局的には地球磁場と同じように双極子磁場構造を持っている[9]。図 5-10 はその南北断面の模式図である。横方向に引いてある直線は黄道面を表している。太陽磁場の磁気中性面（破線）に対して黄道面が図のような位置にあって，磁気中性面に大きな波うちが無いとき，地球近傍では見かけ上，2 セクターの構造が見られる。太陽活動の極小期には，このような構造が見られる。一方，極大期になると，コロナ・ホールが低緯度まで伸

---

9) 図 3-15，第 1 段左図を参照。

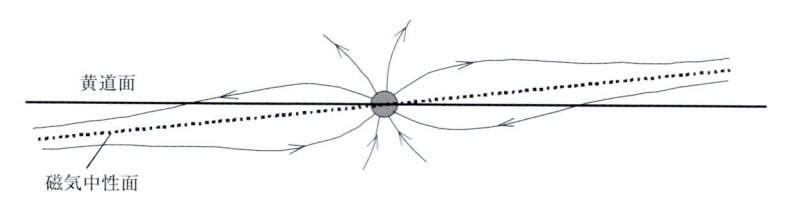

図 5-10　太陽磁場南北断面の模式図

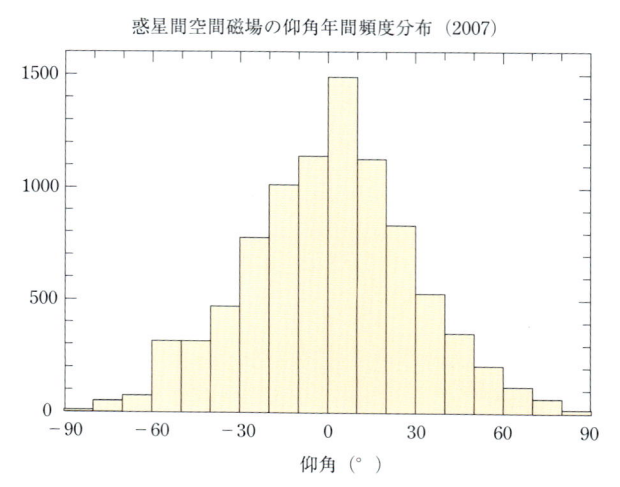

図 5-11　惑星間空間磁場の地球近傍における仰角分布。0°は黄道面，正（負）は北（南）向き成分があることを示す。[3]

びてきて磁気中性面に波うちが生じ，4セクター構造を持つようになる[10]。

　惑星間空間磁場は，黄道面に垂直な方向にも常に変動している。図5-11は，2007年の1年間に観測された惑星間空間磁場仰角の頻度分布である。仰角0°は磁場が黄道面内にあることを，正は北向きの成分を持つことを示している。図から，0°付近にピークがあり，平均的には磁場が黄道面とほぼ平行であることが分かる。しかし，方位角と同様，仰角にも大きな変動がある。これらの惑星間空間磁場の揺らぎ，特に黄道面に対して垂直な方向の揺らぎが，地球磁気圏に大きな影響を与えることは次章で述べる。

---

10)　4セクター構造については，本章第4節を参照。

太陽系の果て（ヘリオポーズ）

　太陽風が太陽から磁力線を引き出しながら全方向に流れ出して，その行き着く先はどこなのだろうか．海王星の軌道を越え，小天体の密集しているエッジワース・カイパーベルトを越え，百数十天文単位（太陽と地球の平均距離を1天文単位と呼ぶ）まで運ばれていると考えられている．太陽風がおよぶ領域を太陽圏（ヘリオスフェア），太陽圏と銀河宇宙（星間空間）との境界を**太陽圏界面（ヘリオポーズ）**と呼んでいる．太陽圏の外縁部，すなわち太陽圏界面の内側には末端衝撃波（ターミネーション・ショック）の領域があると予想される．実際，惑星探査機ボイジャー1号，2号[11]は，それぞれ太陽から94天文単位，および84天文単位のところで末端衝撃波面を観測した．図5-12は，2号が2007年8月30日に末端衝撃波面を横切る前後に観測した太陽風の速度と密度，温度の変化を示している．末端衝撃波面の外では，太陽風の速度の減少と温度の増加が認められる．太陽風の運動エネルギーが熱エネルギーに変換されるために，温度が増加すると考えられる．図5-13は，太陽圏の模式図である．ただし，太陽圏界面および末端衝撃波面の全体的な形は，まだ想像の域を越えない．

　第9章で詳しく述べるように，太陽系の外からやってくる**銀河宇宙線**は，人類の宇宙航行の際の障害となる可能性がある．銀河宇宙線はヘリオポーズを通過して，惑星間空間磁場の磁力線に巻き付くような軌道を描きながら運動して，太陽系深部に侵入してくる．しかし，太陽活動が盛んなときは，太陽風中の衝撃波などに伴う磁場の乱れによって押し戻され，地球軌道付近まで侵入してくる銀河宇宙線が減少する．一方，太陽活動が低い時期には，その効果が弱まるために，銀河宇宙線が侵入しやすくなると考えられる．事実，地球軌道において，そのような太陽活動に呼応した宇宙線強度の変化が観測されている[12]．また，この天文学的なスケールの現象が，地表の思いがけない現象と結びついていることが知られている．すなわち，古木の年輪に蓄積されている炭素の同位体C^{14}の量を調べることによって，過去の太陽活動の激しさが推定できるのは，C^{14}の生成量が高層大気に降り注ぐ銀河宇宙線の量に応じて増減するからである．

5.3　CMEの伝播

　第4.3節に解説したCME（コロナ爆発）は，近年その地球近傍の宇宙環境への影

---

11)　惑星探査機ボイジャー1号，2号は，1977年に打ち上げられた．木星や土星などのクローズアップ写真をとった後も飛行を続け，打ち上げから約30年後に末端衝撃波面を通過した．
12)　第8章3節（図8-20），第9章2節参照．

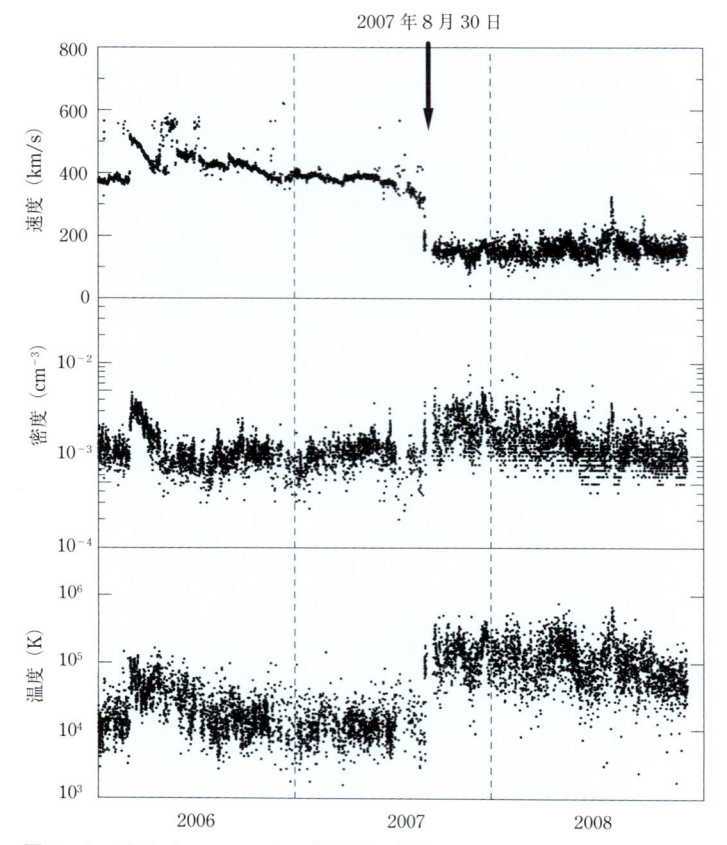

図 5-12 ボイジャー 2 による太陽圏の外縁部におけるプラズマの観測。衛星は 2007 年 8 月 30 日に末端衝撃波面を通過した。[3]

響が注目されている現象である。ここでは，発生源から地球軌道までの CME の伝播の過程を追ってみよう。

CME がコロナ中の音速を超えて膨張する場合，CME の前面に衝撃波が形成され，プラズマ内に振動が起こり電波が放射される。このような衝撃波に伴う電波は，メートル波領域で観測される II 型電波バースト[13]として検知される。

CME による衝撃波は，荷電粒子を加速して，人工衛星や宇宙飛行士に有害な影響を与え得る可能性がある。CME と太陽高エネルギー粒子との関係は，大規模な

---

13) 太陽フレアに伴って放射される電波の一種。発生した電波の波長が時間と共に長い方に，周波数では 100 MHz から 10 MHz へとずれて行くのが特徴。周波数の変化は，衝撃波がコロナ上空に伝わるにつれて，電子密度が下がるために起きる。

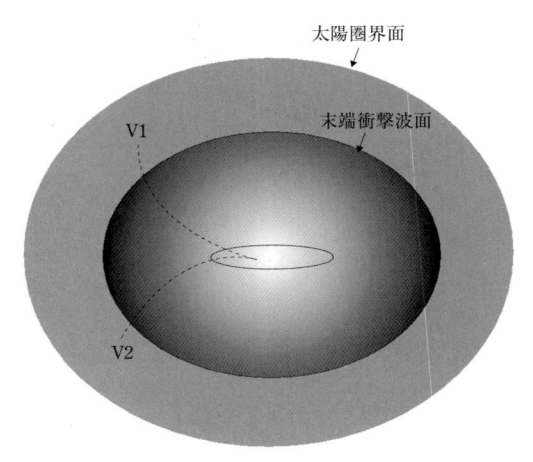

図 5-13 太陽圏の模式図。中央に太陽。影の濃淡は，太陽風の温度が周辺に行くにしたがって下がっていき，末端衝撃波面で上昇する様子を模式的に表している。内側の楕円は海王星の軌道を，V1, V2 はボイジャー 1 号，2 号の軌道をそれぞれ表す。

CME が発生したときのコロナ映像に見られる電気的なノイズの存在によって知ることができる。たとえば図 5-14, 図 5-15 にあるハロ型[14] CME の写真に見られる，無数の白い斑点がそれである。この CME は，2000 年 7 月 14 日のフレア[15]に伴って発生した。衛星に搭載されたコロナグラフによるコロナの映像は，デジタルカメラと同じように CCD 撮像素子に発生する電気信号によって記録されるが，電子や陽子などの荷電粒子が撮像素子に入射すると，それがノイズとなって記録されてしまうことになる。高エネルギー粒子のエネルギーは 100 MeV[16] 以上に達し，粒子速度は光の速度に近くなるため，太陽コロナから約 20 分程度で地球に到達する。次章で紹介するように，地球磁場は太陽風の侵入を防いでいるが，これくらいのエネルギーになると静止衛星の軌道[17]の内側にまで入ってくる。このイベントのときも，静止衛星 GOES が高エネルギー粒子の劇的な増加（**プロトン・イベント**と言う）を記録した（図 5-16）。

　高エネルギー粒子発生の原因としては，太陽風の磁場の中を高速の衝撃波が伝わるときに発生する強い起電力（電圧）による加速と，テニスのラケットがボールを打ち返すときのように衝撃波が高速で移動する壁となって電子や陽子を跳ね返すこ

---

14) 光球面の中心付近で発生し，地球に向かって吹き寄せる CME。太陽を中心として惑星間空間へ広がるように見える。
15) フランス革命の記念日に因んで**バスティーユ・イベント**と名付けられた。バスティーユ・イベントの地球およびその周辺への影響については，第 7 章 4 節および第 9 章 1 節参照。
16) 1 MeV = 1×10^6 eV. eV（電子ボルト）は，エネルギーを表す単位。付録 B「10. 電子ボルト」参照。
17) 半径が地球半径の約 6.6 倍の地球周回軌道。付録 B「4. 静止衛星の軌道半径」参照。

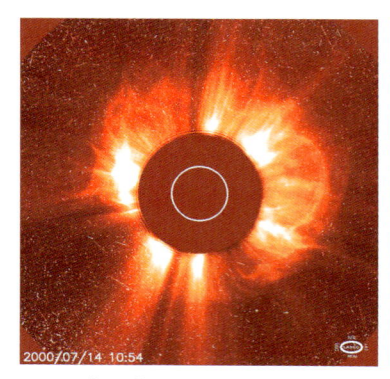

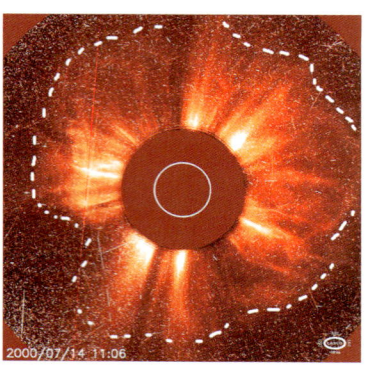

図 5-14　2000 年 7 月 14 日に発生した，大規模なハロ型 CME（(左) 10：54 UT（右）11：06 UT）。この CME はほぼ地球の正面で発生したために，全方向にコロナ物質の放出が見える（右図の白い破線。筆者記す）。いずれも SOHO の C2 コロナグラフによって撮影された画像。中心の白い円は太陽光球の大きさを表す。[5]

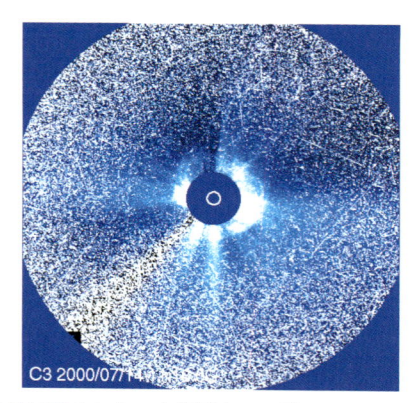

図 5-15　2000 年 7 月 14 日に発生した，大規模なハロ型 CME。C3 コロナグラフによる画像。中心の白い円は，太陽光球の大きさを表す。背景に見える多くの白い点は，高エネルギーの太陽粒子（陽子など）が撮像素子に直接入射することによって発生したノイズ。[5]

とによる加速，が考えられる。発生した高エネルギー粒子は，太陽風によってコロナから伸びている磁力線の周りを回転するサイクロトロン運動[18]をしながら地球にやってくるが，これらの磁力線は図 5-8 に描いたように螺旋状の曲線を描いているため，太陽の正面から西半球にかけての領域で CME が発生したときが特に要注意である[19),20)]。

　図 5-14 の左の画面において，太陽の右から上方にかけて見える，特に明るい弓なりの構造は，衝撃波によるものと考えられる。右図ではこれが，破線で示されたところにまで拡大している。このことから，このときの衝撃波は，約 1500 km/s

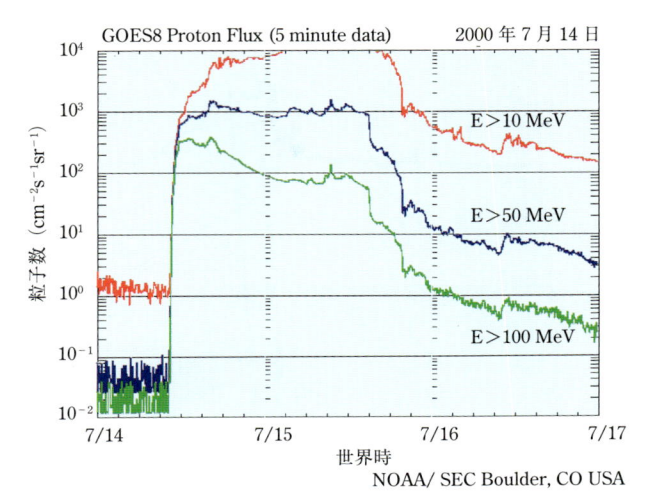

図 5-16 2000 年 7 月 14-16 日に，米国の気象衛星 GOES によって観測された太陽高エネルギー陽子の粒子束[21]。静止軌道にまでこのような高速の粒子が達していることが分かる。測定されたエネルギー領域は，100 MeV 以上（緑），50 MeV 以上（青），10 MeV 以上（赤）。[6]

で広がったと推定される．フレア発生から約 28 時間後，同じ衝撃波を地球の前方約 1.5×10^6 km にいた観測衛星 ACE と，地球軌道近くにいた観測衛星 WIND が捉えた（図 5-17）．衝撃波が ACE と WIND を通過した時刻の差は約 18 分であるから，衝撃波は約 1400 km/s で通過したことになり，CME 発生から地球近傍まで，衝撃波はあまり減速することなく伝播してきたことが分かる．（フレアの発生から WIND を衝撃波が通過するまでの時間を用いて伝播速度を推定すると，約 1500 km/s となる．）

これらの観測を含む様々な観測から，CME が惑星間空間を伝播していく様子を模式的に描くと図 5-18 のようになる．黒い実線は CME 発生以前から存在した惑星間空間磁場，青実線は CME によって生じた閉じた磁力線である．CME の前面では磁力線が密になって，緑の破線で示された衝撃波面が形成されている．また衝撃波の前面で加速を受けた高エネルギー粒子が，磁力線に巻きついて飛んでいく様子が赤い螺旋で描かれている．図 5-16 と図 5-17 を見比べると，高エネルギー陽子の粒子束はフレアの発生した直後の 14 日 11：30 ごろに急増し，衝撃波の前面が

---

18) 付録 B「12. ローレンツ力とサイクロトロン運動」参照．
19) 後出の図 5-18 に模式的に描いたように，衝撃波は東西方向に広がりながら伝播するので，正面から東の領域で発生した CME の影響が全く地球に到達しないというわけではない．
20) **太陽宇宙線**の宇宙飛行士，人工衛星への影響については，第 9 章 2 節参照．
21) 粒子束：ある断面を通過する粒子の数を表す．単位面積，単位立体角，単位時間あたりのカウント数を用いる．フラックスとも言う．

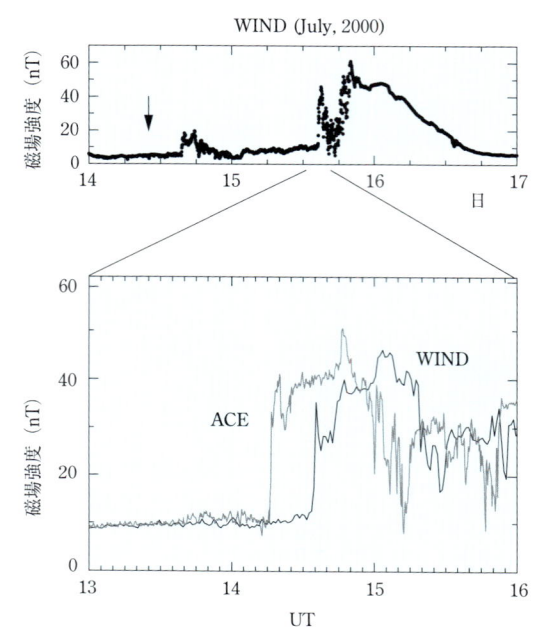

図 5-17 CME 発生からおよそ1日後に地球近傍に到達した衝撃波面。観測衛星 ACE と WIND の時間差は，後者がほぼ地球軌道上にいたのに対し，前者がそれより 1.5×10^6 km 太陽寄りにいたからである。[3]

地球を通過し終わる 15 日 18：00-21：00 ごろから減少し始めていることが分かる。この観測は，高エネルギー陽子が CME 発生直後だけではなく，惑星間空間へ伝播していく衝撃波の前面で加速され続けていることを裏付けている。

　地球磁気圏の深部にまで侵入する 100 MeV を越える粒子は，このようにして生まれるのだろうと考えられているが，これほど大きなスケールを持った現象に対して，地球とその周辺を飛ぶ観測衛星によって得られる観測データは，ごく限られたピンポイントについての情報を与えてくれるだけである。したがって，図 5-18 には描かれていない南北方向（図面の上下方向）への広がりはもちろん，東西方向（図面の左右方向）への広がりや，青線で描かれている衝撃波の背面の磁力線が本当に閉じているかどうかなど，実はまだ確かなものではない。それらを知るには惑星間空間を股にかけた，広大なスケールの観測が必要である。

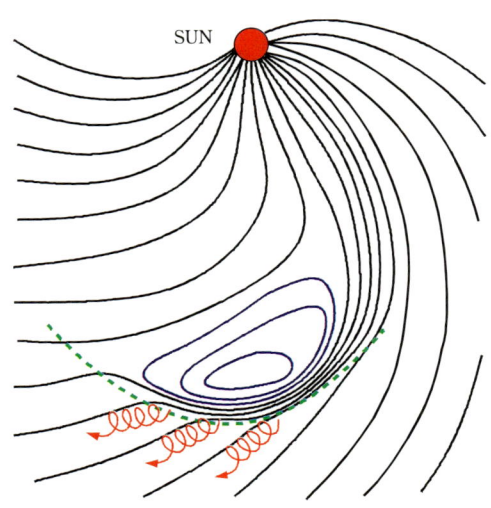

図 5-18　CME 伝播の模式図。高エネルギー粒子を含む閉じた磁力線の前面に衝撃波（緑色の破線）が作られ，その背後に図 5-17 のような磁場の強い領域が出来る。衝撃波面で加速された粒子が，磁力線に沿って飛び去って行く（赤い矢印のついた螺旋）。青い閉じた曲線は，CME の結果生じた閉じた磁力線を表す。

コラム：CME のエネルギー

　図5-14のようなCMEによって，どれぐらいのエネルギーが惑星間空間に向かって放出されるのだろうか。

　地球軌道付近の太陽風の動圧（流体の流れが物体に衝突することによって生じる圧力）は，普段は数nPaだが，衝撃波が伝播して来ると，20 nPaを超えることが稀ではない。動圧P (Pa)は，太陽風の密度を ρ (kg/m^3)，速度をV (m/s)とすると，ρV^2で与えられるから，衝撃波のエネルギー密度はP/2 (J/m^3)になる。衝撃波が全球の4分の1程度の広がりを持つとして，その継続時間を4時間，太陽風の速度を通常より大き目に1000 km/sと見積もると，CMEによって放出されるエネルギーは，$(0.5 \times 20 \times 10^{-9}$ (J/m^3)$) \times (1000 \times 10^3$ (m/s)$) \times (4 \times 3600$ (s)$) \times 3 \times (1.5 \times 10^{11}$ (m)$)^2 = 1 \times 10^{25}$ J となる。原爆が放出するエネルギーとして目安になる1メガトンが約4×10^{15} Jであることを考えると，CMEのエネルギーは莫大なエネルギーである。しかし，同じ時間に太陽が可視光として放射するエネルギー（3.86×10^{26} (W) $\times (4 \times 3600$ (s)$) = 5.56 \times 10^{30}$ J）に比べると，100万分の2とごく小さい量とも言える。それにも関わらず，第9章に述べるように，CMEによる衝撃波や太陽放射線が宇宙環境に与える影響が問題視されるのは，可視光の光子1ヶあたりのエネルギーが数eV（1 eV＝1.6×10^{-19} J）であるのに対し，放射線粒子1ヶあたりのエネルギーが100 MeVにも達するからである。つまり，高エネルギー粒子による細胞や電子機器への攻撃は，原子サイズで極めて高密度に行われる可能性がある。

コラム：表計算ソフト（エクセル）を用いて太陽磁力線の平均像（アルキメデス螺旋）を描こう。

	A	B	C	D	E	F
1	n	r	θ (deg)	θ (rad)	X	Y
2	0	=A2/500	50	=C2*3.1416/180	=B2*SIN(D2)	=−B2*COS(D2)
3	=A2+1	=A3/500	=MOD(C2−50/500*A3, 360)	=C2*3.1416/180	=B3*SIN(D3)	=−B3*COS(D3)
4	=A3+1	=A4/500	=MOD(C2−50/500*A4, 360)	=C2*3.1416/180	=B3*SIN(D4)	=−B4*COS(D4)

A列　2行目から1002行目まで0からの整数nを入れる。

B列　半径方向の長さ，r＝1が地球の軌道半径を表す。上の例ではn＝500のときr＝1となるように設定。

C列　太陽―地球軸を0°として太陽を中心に反時計回りに角度を取る。上の例では初期値（磁力線が太陽を出るときの角度）を50°に設定してある。これを変えると任意の角度からでる磁力線が描ける。MODの中の50/500*A3等は，n＝500で時計回りに50°回転させている。これは太陽風の速度を平均500 km/sとしたとき，太陽風が地球に到達するあいだに太陽は50°自転することによる（自転周期を25日，太陽―地球間を1.5×10^8 kmとする）。50をより小さい値に置き換えると，太陽風の平均速度が仮定した500 km/sより速い場合，50より大きな値に置き換えると，より遅い場合の磁力線が描ける。

D列　C列の角度のラジアン。

E列　X座標（太陽―地球軸）

Y列　Y座標（黄道面でX軸に直交する軸）

3行目まで入力したら，4行目以降はコピー＆ペーストする。行数を多くすると，より遠くまで磁力線を描くことができる。表が完成したらグラフを描こう。列EとFをクリックしてグラフ機能を起動させると，アルキメデス螺旋が描かれる。グラフのタイトルや座標軸のメモリなどを適当に変えて見やすくしよう。θ(n=0)＝50°のときの磁力線を下に示す。図中の灰色の三つの円は，地球，および木星，土星の公転軌道をそれぞれ表している。

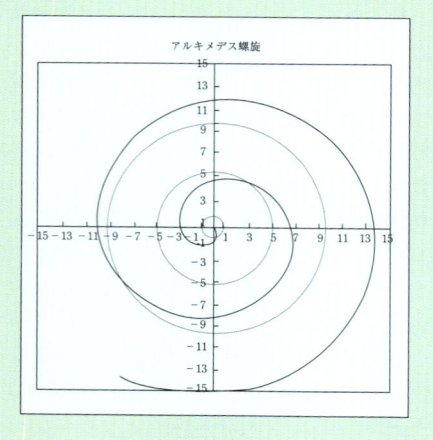

5.4 太陽風の長周期変動

　太陽風は，太陽コロナが高温のため重力を振り切って流れ出してくるものであるから，太陽の活動度に大きく依存すると予想される．実際，1960年代半ばから40年以上にわたって太陽風のデータが蓄積されてきた結果，太陽風に関する諸量が，黒点数に代表される太陽活動度に依存していることが分かってきた．同時に，その関係が必ずしも単純なものではないことも判明した．

　図5-19は，1965年から2007年までの黒点数の変化と，太陽風の磁場強度，速度，粒子数密度，温度，および粒子の組成比の半年平均値の変化を示している．なかでも最も太陽活動度と強く関係しているように見えるのは，最下段に示したヘリウムの原子核（α粒子）と陽子の粒子数密度の比（縦軸にHe/Hと表記）である．第1章に述べたように，太陽大気には，数密度にして水素の10％弱のヘリウムが含まれる[22]．これらの太陽大気中のヘリウムが，水素とクーロン衝突[23]することによって，惑星間空間へと流れ出す運動量を獲得していると考えられている．

　次に，黒点数との関係が顕著であるのは磁場強度である．黒点数の極小期に，磁場強度も極小になっていることがかなりはっきりと認められる．しかし，その極大は，破線で示した黒点の極大期よりも数年遅れて，むしろ減衰期に現れる傾向がある．太陽風の速度，密度，温度については，それぞれの揺らぎが大きいため，周期性が磁場強度ほど明瞭には見えない．ただ，黒点数の減少期にそれぞれ極大値を持つ傾向が，やはりあるようである．

　同図において，太陽風の速度と温度を見比べると，両者が非常に似かよった長期変動をしていることに気付く．パーカーの太陽風の理論によると，コロナの温度が高いほど太陽風の速度が大きくなるので，このことが速度と温度の半年平均値の高い相関に表れていると考えられる．しかし，もっと短い期間の平均値，たとえば1日値で両者を比較してみると，一般に太陽風が高速になるほど温度の変動が頻繁となり，かつその変化幅も大きくなる．したがって，速度と温度の長周期変動の類似性は，パーカーの定常的な条件における理論だけで説明がつくわけではなく，コロナ・ホールから吹き出す高速流や，CMEなどの短い時間内における変動が影響していると考えられるが，まだ確かなことは分かっていない．

　このような太陽風諸量の太陽活動度への依存性は，コロナおよび惑星間空間磁場の大局的な磁場の形状と太陽風の加速機構にその大きな原因があると推測されている．太陽活動の極小期には，図5-10に模式的に描いたように，地球近傍の惑星間空間磁場は太陽の高緯度域にその根本がある．しかし，極大期になると，太陽表面

---

[22] 図1-11参照．
[23] 静電気力を介した衝突．

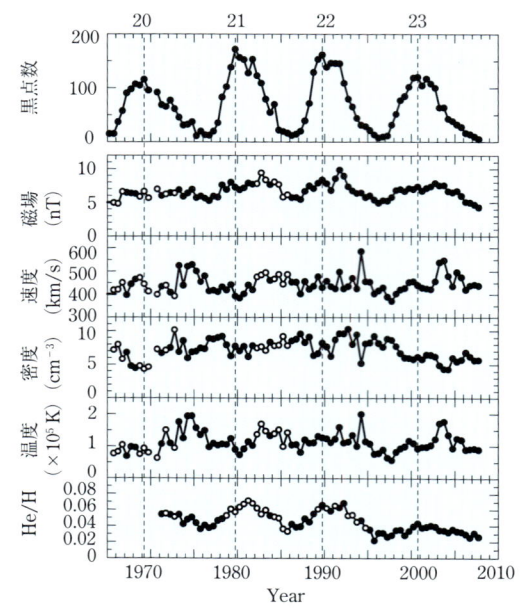

図 5-19 太陽風の諸観測量の長周期変動。上から，黒点数，惑星間空間磁場強度，太陽風の速度，数密度，温度，α粒子の陽子に対する数密度比を示す。白丸は，使用可能なデータ数が，のべ日数にして 60 日以下と，比較的少なかった期間を表す。[3]

の磁場構造が複雑になって，図 5-5，-6 のようなコロナ・ホールが低緯度にまで伸びてくる。コロナ中の磁場を直接測定することはできないので，光球磁場の観測結果を境界条件として，コロナ磁場を理論的に推測することが行われている。図 5-20 はそのようなシミュレーションの結果の一つである。

　図のように，南北両極のコロナ・ホールが低緯度まで伸びてくると，磁気中性面が野球ボールの縫い目のような形になる。その結果，黄道面で観測すると太陽が 1 回転するあいだに，太陽向きと反太陽向きの惑星間空間磁場が 2 度づつ現れ，第 2 節に述べた 4 セクター構造が現れる。同時に，極小期とは違って，太陽の中低緯度から磁場が惑星間空間に引き出されるようになる。このように，太陽風の源が黒点の極大期と極小期で異なることが，地球近傍で測定した磁場強度や α 粒子の数密度比などの長周期変動の原因となっていると考えられる。

　このような観測結果は，その原因となる機構はまだ十分には明かされていないが，太陽光球面の 11 年周期変化が，光球面の変動であるだけでなく，コロナの状態を変化させ，さらには地球近傍の惑星間空間の状態に長期的な変化をもたらしていることを，我々に教えている。

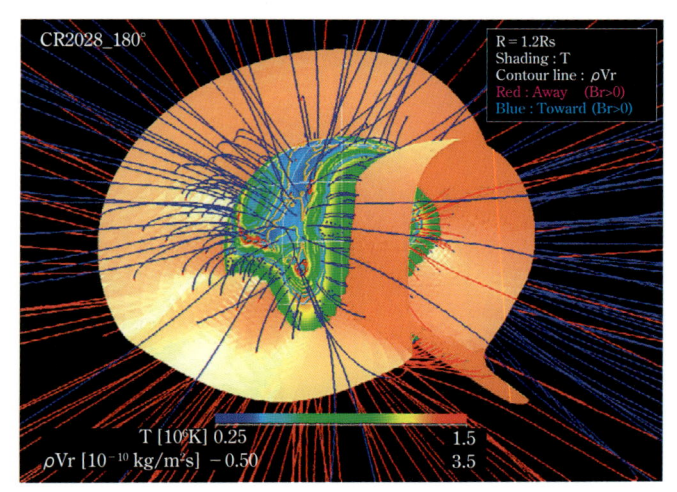

図 5-20 コロナ磁場のシミュレーション。青から赤に彩色された球面は，太陽半径の 1.2 倍の半径を持つ球面（コロナ領域）と，球面における温度分布を示す。球面に描かれた等高線は，コロナから流出する質量束（＝粒子質量密度×半径方向の太陽風速度）の分布を表す。球面上に青く色づけされた部分が，相対的に温度が低いコロナ・ホールを表す。球面から出る曲線は磁力線を表し，赤線は太陽表面から出る磁力線，青線は入る磁力線である。オレンジ色の曲面は，磁気中性面を表す。[7]

参照文献（資料）

[1] European Space Agency のホームページ
    <http://sci.esa.int/science-e/www/area/index.cfm?fareaid=15>
[2] 伊藤紀幸氏（新潟県立自然科学館）撮影。1997 年 4 月 10 日新潟市西蒲区角田浜にて。
[3] データは NASA のホームページより
    <http://cdaweb.gsfc.nasa.gov/cdaweb/istp_public/>
[4] 宇宙航空研究開発機構 / 宇宙科学研究所のホームページ
    <http://darts.isas.jaxa.jp/solar/yohkoh/data.html>
[5] NASA のホームページ
    <http://sohowww.nascom.nasa.gov/cgi-bin/get_soho_images?summary+20000714>
[6] NASA のホームページ
    <http://pwg.gsfc.nasa.gov/istp/events/2000july14/>
[7] Nakamizo, A., T. Tanaka, Y. Kubo, S. Kamei, H. Shimazu, and H. Shinagawa, Development of the 3-D MHD model of the solar corona-solar wind combining system, J. Geophys. Res., 114, A07109, doi: 10.1029/2008JA013844, 2009.

6章

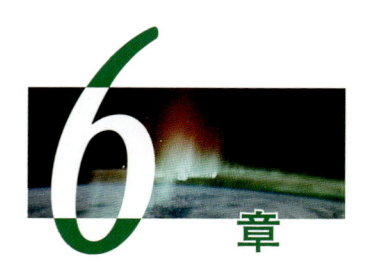

磁気圏—惑星間空間に出来た固有宇宙

　太陽コロナから流出した太陽風は，やがて地球近傍に達して，強い地球磁場と遭遇する．陽子と電子を主成分とする太陽風は，地球磁場に進路を曲げられ，地表に直接達することはできない．したがって，地球の周囲には，太陽風が吹く惑星間空間とは物理的性質の異なった地球固有の空間が形成される．我々は，それを**磁気圏**と呼んでいる．磁気圏は，惑星間空間とは異なった独自の空間でありながら，部分的には惑星間空間と電磁的に結合している．そのため，様々な興味深い現象がそこで生起する．

6.1　磁気圏の形成

太陽風の侵入を防ぐ磁気圏

　1992年に日米共同で打ち上げられた観測衛星ジオテイルは，地球磁気圏とその周辺で起こる現象を調査し，数々の重要な成果を挙げた．図6-1に，1996年7月1日（0 UT）～5日（13 UT）の期間におけるジオテイルの軌道と，その時観測されたプラズマの速度を示す．

　座標は，宇宙における位置を表すための地心黄道面座標（Geocentric Solar Ecliptic Coordinates）が用いられている．図の上方が太陽の方向で，座標全体は地球（原点に位置する小円）に固定されて，－Yの方向に公転運動をしている．黒い点がジオテイルの1時間おきの位置を示している．ケプラー運動のため，衛星の速度は近地点付近で速く，遠地点付近では遅い．そのため，遠地点付近では1時間おきにすると点と点が重なってしまうので，X＞15 R_E（1 R_E ＝地球の赤道半径＝6378 km）では，2時間おきの位置を示している．

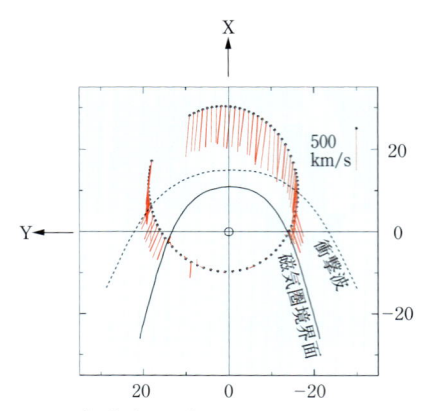

図 6-1 観測衛星ジオテイルの軌道（1996 年 7 月 1 日 0 UT ～同月 5 日 13 UT）と，X-Y 面に投影されたプラズマ速度ベクトル（赤線）。+X 方向が太陽方向。Y 軸は公転軌道面内にある（1 R_E ＝地球赤道半径＝6378 km）。太陽方向に 10 数 R_E 以上離れたところでは，400～500 km/s の太陽風が吹いている。地球が $-Y$ 方向に公転している影響で，太陽風の向きが約 30 km/s ＋Y 方向に傾いて観測される。実曲線は磁気圏境界面，破曲線は衝撃波面の平均的な位置を表す。衝撃波面のところで太陽風の進路が曲げられていることが分かる。太陽風が入り込めない磁気圏境界面の内側の領域を磁気圏という。[1]

　各点につけられた赤線は，観測されたプラズマの速度を表している。プラズマの速度は，全方位から入射するイオンの分布を測定し，イオンの集団が全体として向かっている速度ベクトルを求めることによって得られる。

　図 6-1 を見て，まず気がつくのは，数百 km/s の太陽から地球に向かう流れのある領域と，流れがほとんどない領域が存在することである。この速いプラズマの流れの存在するところが太陽風の領域である。よく見ると，地球の側面ではプラズマの流れが，雨滴が傘に沿って流れるように，左右に開いているのが分かる。

　このような観測から，宇宙空間には図中に実曲線で示されるような，太陽風が直接侵入してこない空間が作られていることを見てとることができる。この空間を磁気圏と呼び，磁気圏とその外の空間との境を，**磁気圏境界面**（または，**磁気圏界面**）と呼ぶ。また，磁気圏境界面を覆うように描かれた破線による曲線は，磁気圏という障害物のために太陽風中に出来る衝撃波面（バウショック[1])）である。太陽風は，そこで急に方向を変えて，磁気圏を回避するように流れている。

　図 6-2 は，現在広く認められている磁気圏の構造の南北断面を模式的に示したものである。以下の節では，磁気圏がなぜこのような長い尾を引くのかという問題や，磁気圏の形成の仕組み，さらに，磁気圏内で起こる興味深い現象について紹介していこう。

---

1) 「バウ」は船のへさきの意味。船が進むとき，そのへさきの前に出来る波面との類似からこう呼ばれている。

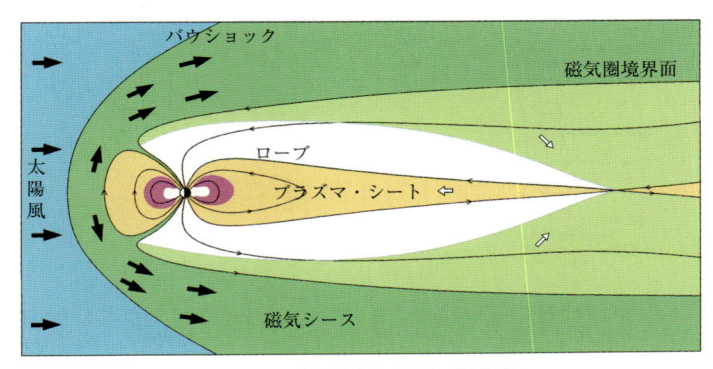

図 6-2　磁気圏南北断面の概念図

磁気圏境界面—惑星間空間との境界はどのようにして出来るのか

　地表近くの地磁気の分布は，地球の中心付近にN極を南向きにして置いた巨大な棒磁石（磁気双極子）があると考えると，近似的に説明される。地球近傍の宇宙空間でも，その近似はある程度なり立っている。しかし，地球半径の数倍まで離れると，太陽風による変形を受けて，太陽に面した側では磁力線が圧縮され互いに近づき，逆にその裏側では極端に引き伸ばされている。前項では，磁気圏を太陽風が進入してこない領域と書いたが，磁場の分布に注目すると，磁気圏は，地球磁場が惑星間空間磁場から区別され，閉じ込められている領域だということができる。

　磁場が閉じ込められる仕組みは，**チャップマン＝フェラーロの理論**として知られている。彼らの理論が発表されたのは1930年代，まだ太陽風も発見されていない時代である。ここでは彼らの理論に現代風の解釈を加えて説明することにしよう。

　図6-3(a)は，北側から磁気圏前面を見ているところである。図の左側から太陽風を構成する正の電荷を持ったイオンと負の電荷を持った電子が一緒に飛んでくると，地磁気の作用でイオンは時計回りに，電子は反時計回りに回って跳ね返される[2]。このような太陽風粒子の動きを，地球側から見ると，イオンは東へ曲げられて返ってゆき，電子は西に曲げられて返ってゆく。そのため，地球の前面で東向きの電流（磁気圏境界電流）が流れることになる（図の緑色の矢印）。電流が流れると，その周囲に「右ねじの法則」に従った磁場が生成される。**磁気圏境界面電流**の作る磁場は，図6-3(b)の緑の破線のように電流の内側では北向きの，外側では南向きの磁場になる。したがって，青い実線で示されている地球の双極子磁場との和をとると，磁気圏境界面の外側の地球磁場は打ち消され，内側は強められる。その結果，

---

[2]　付録B「12. ローレンツ力とサイクロトロン運動」参照。

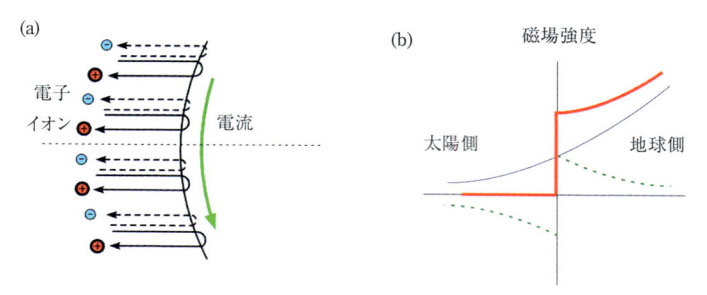

図 6-3 (a) 太陽風と磁気圏の境界における電子とイオンの運動と，それに伴う電流を北極のはるか上空から見た様子．右の方に地球本体があって，左側から太陽風のイオンと電子が飛んでくる．紙面垂直上向きの地球磁場を感じて，イオンは時計回りに，電子は反時計回りに回転して跳ね返される．それらの運動は磁気圏境界面で東向きの電流（矢印）を作る．(b) 太陽風粒子によって生成される電流が作る磁場（破線）によって，地球磁場の強度は，太陽風側でゼロになり，地球側で2倍になる（太線）．その結果，地球磁場が圧縮を受け，有限の空間に閉じ込められることになる．

地球磁場は，赤い太線のように地球近傍に閉じ込められた状態になる．
　逆に太陽風側から見ると，地球の磁場は粒子の進路を曲げ，侵入を妨げる圧力として働く．このような，磁場がプラズマに対して持つ圧力を磁気圧と言う．したがって，ある平均速度を持った太陽風の流れに伴う圧力（動圧）と地球磁場の磁気圧とが釣り合うところに磁気圏境界面が形成され，それより内側が磁気圏となって，外側の惑星間空間と区別されるのである．前章に述べたように太陽風も惑星間空間磁場を伴っていて磁気圧を持つが，一般に，惑星間空間磁場の磁気圧は太陽風の動圧の100分の1程度であるため磁気圏の形（特に昼間側の形）を決める上で大きな働きはしない．
　この原理から容易に想像できるように，太陽風の粒子密度が低いときか，速度が遅いとき，あるいはその両方の条件を満たしたとき，磁気圏境界面は地球から離れ，磁気圏の領域が拡大する．逆に，粒子密度が急増したりすると，磁気圏境界が押されて磁気圏は縮小する．図6-1に示したように，磁気圏境界面は平均的には地球から太陽方向に約 10 R_E の距離のところにあるが，太陽から CME の衝撃波（第5章3節参照）が到達すると，その半分程度にまで接近することがある．このように，磁気圏境界の位置は固定されたものでなく，太陽風の変動に応じて常に変化している．

バウショック―粒子加速研究の場

　一般に流れの中に障害物があると，流体は障害物の周りを滑らかに回りこんで流れていく．このとき，流体中のすべての粒子が障害物に衝突してから進路を曲げるわけではなく，ほとんどの粒子は衝突前に進路を曲げられる．その際，流体の中で

何が起こっているかというと，前方に障害物があるという情報が波動として上流に伝わり，それが流体の進路を曲げるのである．ところが流体の速度が，波動が情報を伝える速度を上回ると，波動は上流に向かってどこまでも伝わっていくことはできず，障害物の前面に流れの向きが不連続に変わる衝撃波が形成される．

空気中を高速で移動する物体があるときは，音波が移動物体の情報を前方に伝える．太陽風が磁気圏と衝突する場合は，入射してくるイオンと磁気圏境界面で反射したイオンのあいだで相互作用が起こり，数十 nT の振幅の**磁気音波**が生成されて，上流に向かって情報を伝える．

磁気音波が太陽風の上流に向かって磁気圏の存在を伝える速度はおよそ 100 km/s だが，太陽風の平均速度は約 450 km/s でそれより速いために，**バウショック**と呼ばれる衝撃波が磁気圏の前面に発生する（図 6-1，図 6-2）．衝撃波面と磁気圏境界面に挟まれた部分は**磁気シース**[3]と呼ばれ，磁気圏を避けるように流れるプラズマで構成されている（図 6-2）．

太陽風は，バウショックを境に超音速から亜音速の状態になるが，それだけではなく，様々な物理量に急激な変化をもたらす．たとえば，磁気シースの中では，速度の減少に伴って，粒子が集積してプラズマの密度が上がり，同時に，一定の速度で運動して来た粒子が前後左右の方向に乱雑な速度を持つため，プラズマの温度が上昇する．ちょうど壁に向かって人々が殺到した場合，前方に壁のあることを知らせる速さよりも人が押し寄せる速さが大きいと，人と人がぶつかりあってパニックが発生する．これと同じような状態になるのである．

前章に述べたように，太陽―地球間の惑星間空間で 1 億電子ボルト[4]を超えるイオンが突如生成されたり，第 9 章に述べるように磁気圏深部で数百万電子ボルトの電子が生成されたりする．そのように粒子の急激な加速は宇宙空間で頻繁に起こるが，その機構はまだ十分に解明されていない．宇宙空間のプラズマに生じる衝撃波は，その有力な生成原因の一つである．したがって，磁気圏前面のバウショックは，常に観測が可能な衝撃波として大変有用である．

6.2　磁気圏尾部

磁気圏はなぜ長い尾を持つのか

図 6-2 に描いたように，磁気圏の夜側では，地磁気の磁力線が太陽と反対方向に吹き流され，長く引き伸ばされている．この部分を**磁気圏尾部**（Magnetotail）と呼

3）　Magnetosheath: sheath には，鞘の意味がある．
4）　付録 B「10. 電子ボルト」参照．

コラム：磁気音波—プラズマ中の音波

　プラズマの中では，磁力線の疎密の発生した所には，図(a)に示すように，紙面に垂直な電流が流れる。そのため，磁場の存在するもとで，それに直交する電線に電流を流すと，磁力線と電線の両方に直角な方向の力が働くのと同じ原理で図のような力が発生する。その力は，ちょうど，磁力線が密集した所では，それらを互いに離そうとする。また，同時に，磁力線が密集した所では，磁場凍結則を満たすようにプラズマも密集するため圧力が高まり，周囲の領域に向かう力が働く。この2つをあわせた力で，磁力線が密の領域から疎の領域に向けて力が働き，磁力線とプラズマがその方向に運動する。しかし，その際に，勢いが余って，図(b)のような，これまで疎であった所が密になるような状況が生まれてしまう。すると今度は，その部分の密集した磁力線を互いに離そうとする反発力が働いて。図(a)の状態に戻り，以下，このことを繰り返す周期的な運動。すなわち振動が生まれる。通常の音波では気体の圧力が復元力となって発生・維持されるが，プラズマの圧力に加えて電磁気学的な力が働いて発生するこの波動を磁気音波と呼ぶ。

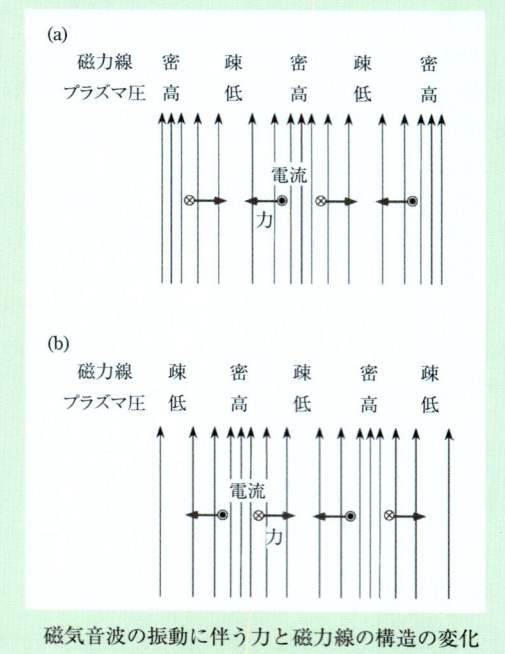

磁気音波の振動に伴う力と磁力線の構造の変化

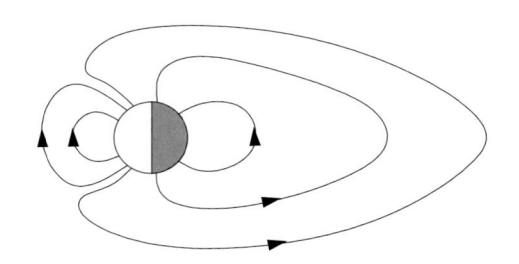

図 6-4 「閉じた磁気圏」の概念図

んでいる．吹き流された尾の長さは地球半径の数百倍あるといわれている．月が地球の周りを回る軌道の半径は地球半径の約 60 倍だから，磁気圏尾部は月の軌道を遥かに越えて伸びていることになる．

磁気圏尾部がこのように長く伸ばされている理由としては，以下に述べる二つの原因が考えられる．

磁気圏の概念が提唱された当初は，地球の南半球から出た磁力線は，すべて北半球に入っていくと考えられていた（図6-4）．この場合，磁気圏は川の中洲のようなもので，太陽風は磁気圏を回りこんで下流に流れていくだけで，内部への侵入は起こらない．これが閉じた磁気圏の概念である．

一方，次節でも述べるように，太陽活動に関連して磁気嵐やオーロラ活動などが起こることが知られるようになると，太陽風から磁気圏へ粒子やエネルギーが流入することが予測された．しかし，チャップマン＝フェラーロの理論でも分かるように，太陽風の粒子が磁気圏に侵入するには，何らかの特別な仕組みが必要であった．1961 年にダンジーは，第 4 章 1 節で解説した**磁気再結合**という考えを使って，磁気圏境界面を横断して，粒子やエネルギーが磁気圏内に運ばれ得ることを示した．

図 6-5 に，ダンジーの考えに基づいて描かれた開いた磁気圏の概念図を示す．この図では左の方から**惑星間空間磁場**（IMF）が太陽風によって運ばれてくる．IMF は，前章で紹介したように平均的には黄道面に平行であるが，それから大きくずれて南北方向の成分を持つことも多く，稀には，黄道面にほぼ垂直な向きになることもある．ダンジーは，IMF が南向きの成分を持ったときに，磁気圏前面で IMF の磁力線と，北向きの地球の磁力線が再結合すると考えた[5]（図の番号のついた磁力線 1 と 1′）．IMF と結合した地球から出た磁力線は，太陽風によって後方に引っ張られ，長く伸びた磁気圏尾部が作られる（2，3，4，5，2′，3′，4′，5′）．

IMF と結合した地球の磁力線の旅はこれで終わりではない．磁力線 5 と 5′ が後からくる磁力線に押されて赤道面に接近すると，ここでも反平行の磁場のあいだに

---

5) IMF 南向き成分の働きについては，本章末のコラム参照．

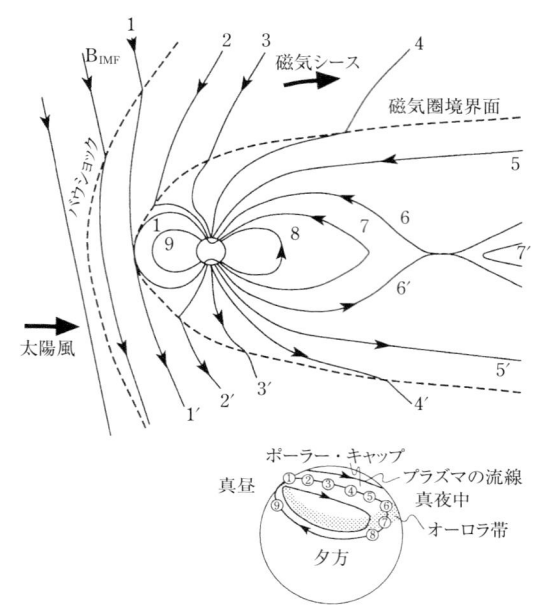

図 6-5 磁気圏前面で起こる磁気再結合と，プラズマと共に運ばれる磁力線の様子を示す模式図。磁気再結合は，磁気圏尾部においても起こり，図の中に示す数字の順にプラズマと磁力線の対流運動が行われる。磁気圏前面の再結合領域の地球からの距離は地球半径の約 10 倍，尾部の再結合領域は地球半径の 100 倍程度の距離にある。図は，太陽方向に比べて尾部方向を極端に縮小して描いてある。下の図には，上の 1〜9 の番号のついた磁力線の電離圏高度における付け根の部分①〜⑨の動きを示す。[2]

磁気再結合が起こる (6, 6′)。ここで再び，南半球から北半球へと繋がった磁力線は，プラズマの動きに乗って太陽方向に流され，地球の側面を通って，昼間側に戻る (6, 7, 8, 9)。この 1 から 9 までを経て，1 に戻るプラズマと磁力線のひと流れの動きは「対流」と呼ぶことができる。図 6-2 および図 6-5 から分かるように，地磁気の磁力線には一端が IMF に繋がったもの (2, 3, 4, 5, 2′, 3′, 4′, 5′) と，両端が地表に達しているもの (1, 6-6′, 7, 8, 9) とがある。前者が占める領域を**ローブ**と呼んでいる (図 6-2)。また，後者のうち 6-6′, 7 と番号のついた磁力線のある領域は**プラズマ・シート**と呼ばれ，次節に述べるようにオーロラ活動において重要な働きをする領域である。

図 6-2 の白抜きの矢印は，昼間側で IMF と結合した磁力線に沿って，太陽風の粒子が磁気圏内に侵入することを示している。そして，夜側での磁気再結合が，プ

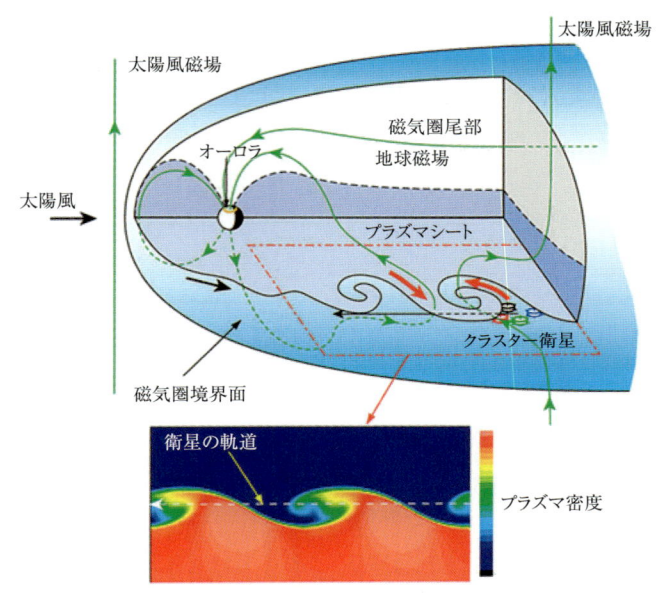

第6章 磁気圏—惑星間空間に出来た固有宇宙 | 115

図6-6 磁気圏尾部の側面においてケルビン＝ヘルムホルツ不安定が起って発生する渦構造。4機で編隊飛行をする観測衛星クラスターがK-H不安定による渦を観測する様子を描いている。磁気圏の大きさに比べて、渦の大きさは強調して大きく描いてある。下は、コンピュータ・シミュレーションによって再現された，K-H不安定が起きたときのプラズマ密度の空間分布を示す。[3]

ラズマ・シートにプラズマを供給している[6]。

IMFが長時間にわたって南向き成分を持つと、昼側から夜側へ運ばれる磁力線が増し、夜側における磁気再結合が活発になり、**磁気圏対流**が強められるが、同時にローブ領域に蓄えられる磁気エネルギーも増し、磁場強度が増したり、磁気圏尾部の断面積が増大したりする傾向が出てくる。しかし、いよいよ通常の夜側の磁気再結合だけではエネルギーを処理しきれなくなると、次章に述べる大規模な**サブストーム**が発生し、蓄積したエネルギーを一挙に解放して、北極圏と南極圏の空にオーロラを乱舞させる。

オーロラについては、次節および次章で詳しく紹介することにして、その前に、磁気圏尾部が長く引き伸ばされる原因として、もう一つ重要な物理過程について説明しておこう。

図6-6に示すように、磁気圏尾部の側面で外側の磁気シースを反太陽向きに流れるプラズマと、それより流れの遅い磁気圏側のプラズマのあいだに、**ケルビン＝ヘ**

---

6) プラズマ・シート中のプラズマには、主として太陽風を起源とする水素イオンと、地球大気起源の酸素イオンなどが含まれる。

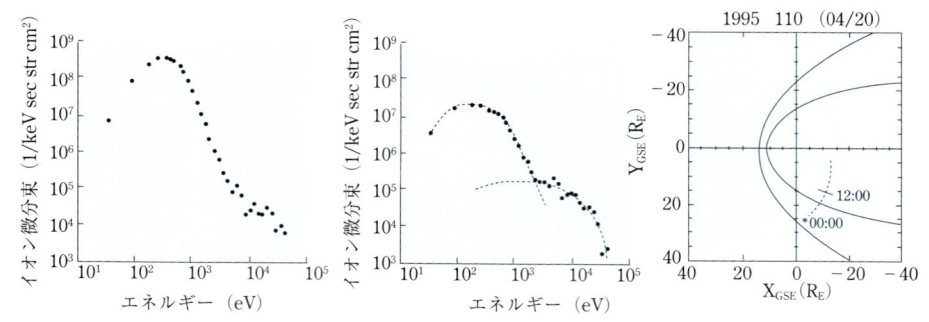

図 6-7 観測衛星ジオテイルが観測した磁気シース(左)と磁気圏内(中央)のイオン微分束[8]のエネルギー分布の例(1995年4月20日)。右図は,同日のジオテイルの軌道。北から見た図で,左方向に太陽がある。平均的な磁気圏境界とバウショックが曲線で表されている。ジオテイルは,*印の位置から点線に沿って磁気圏内に入った。左図は磁気シースにおけるエネルギー分布の典型例である。中央の図には点線で示すように,プラズマ・シート起源のイオンと,磁気シースから侵入してきたと考えられる低エネルギーイオンの2成分のあることが分かる。左図のプラズマ速度は磁気圏境界に沿って下流方向に216 km/s。中央の図では135 km/sであった。[1], [4]

ルムホルツ不安定[7]と呼ばれる現象が起こる。K-H不安定によるとみられるプラズマの乱れは,惑星間空間磁場が北向きの成分を持つときに,よく観測される傾向がある。K-H不安定が生じると境界に大きな渦が発生し,磁気圏内部と外部の物質を効率良く混合させ,密度の高い太陽風側から多くの物質が磁気圏の中に流入する。そのため,磁気シース中の流れと同じ反太陽方向の流れの層が磁気圏の側面に発生し,磁力線が引き伸ばされる。このようなメカニズムによって,磁力線の引き伸ばしと太陽風粒子の磁気圏への侵入が起こると考えられている(図6-7に観測例を示す)。

長大な磁気圏尾部が形成される原因として,惑星間空間磁場が南向き成分を持つときの磁気再結合による仕組みと,北向きの成分を持つときのK-H不安定による仕組みを紹介した。いずれもプラズマの詰まった長い磁力線の尾を作るだけではなく,磁気圏内のプラズマの状態に大きな影響を与え,太陽風粒子の磁気圏への流入を制御していると考えられている。前者の仕組みについては,この数十年間に積み

---

7) K-H不安定と略して書くことが多い。二つの速度の異なる流体が相接して流れているとき,その境界に渦が発生する現象を指す。上辺が波打って見える浪雲と呼ばれる雲の成因としても知られている。

8) その場所に仮想的に置かれた1 cm^{2}の面積を持った平面に,1ステラジアンの立体角を持つ円錐内から,あるエネルギーを中心に1 keVのエネルギー幅を持つ粒子が1秒間あたりに通過する粒子数。立体角とは,空間上の一点(角の頂点)から出た半直線が動いてつくる錐面の開き具合を示すもので,角の頂点を中心とする半径1の球が錐面によって切り取られる部分の面積Sに「ステラジアン」という単位をつけて,その大きさを表す。したがって,Sが球面全体のときの立体角は4πステラジアンとなる。)

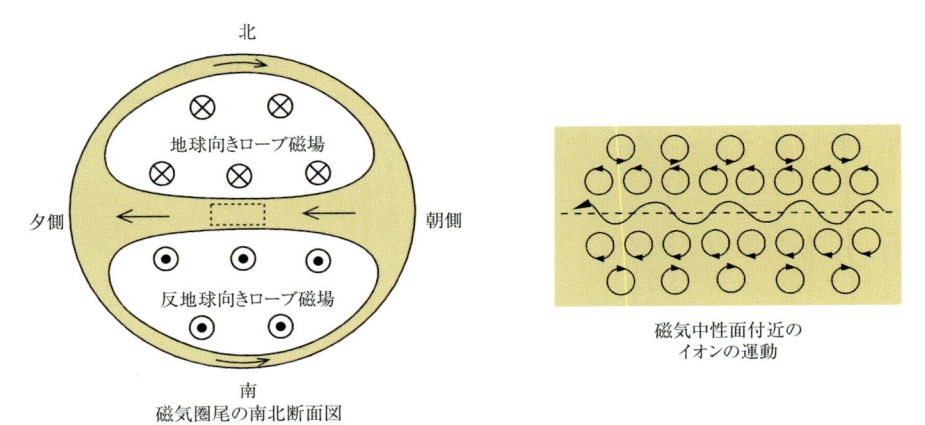

第 6 章　磁気圏—惑星間空間に出来た固有宇宙 | 117

図 6-8　(左) 磁気圏尾部の南北断面を地球の方向を向いて描いた模式図。北半球は地球方向，南半球には反地球方向の磁場を持ったロープ領域がある。その境目を朝側から夕側に向かって (図の右から左へ) 磁気中性面電流が流れている。電流は，南北の磁気圏境界面を回って再び磁気中性面へと閉じた回路に沿って流れる。(右) 磁気中性面電流が流れる二つの機構。磁気中性面付近 (左図中央の破線で囲まれた部分) を拡大して描いてある。破線で示した磁気中性面の北側では磁場は地球方向を向いているので，イオンは反時計回りに円運動をする。一方，南側では磁場は反地球方向を向いているので，イオンは時計回りに回転する。磁気中性面に近いほど磁気圧に比べてプラズマ圧が高く，イオンの密度が高い。磁場に凍結されてイオンの回転中心は移動しないが，このような南北方向の密度差のために，磁気中性面の両側で朝側から夕側への電流が流れる。また別の機構としては，破線で示した磁気中性面を境に，北側では反時計回りに，南側では時計回りに，蛇行しながら運動するイオンの存在が考えられ，それらがやはり朝側から夕側に向かう電流を流す。

重ねられた地上観測と衛星観測に基づいた研究によって確定した感がある。また，後者についても K-H 不安定が粒子流入に寄与している証拠が挙がりつつある。

　上では磁気圏尾部が作られる理由を，プラズマの運動に伴う磁力線の引き伸ばしによると説明したが，磁場の変形は，その変形をつくりだすための電流が流れることを意味している。前節で紹介した磁気圏境界面でも，昼間側の地球の磁場の圧縮は，磁気圏境界面電流によってもたらされている。

　長く伸びた磁気圏尾部においては，プラズマ・シートの中央部の面 (**磁気中性面**) を境に，北側では地球方向の，南側では反地球方向の磁場がある。このような磁場構造を作っているのは，図 6-8 (左) に示すようなプラズマ・シートを西向き，すなわち紙面左方向に流れる電流である。

　磁場中の荷電粒子にとって，磁力線に沿う方向の移動は比較的容易だが，磁場に直角な方向の移動は困難である。したがって，プラズマ・シート内の磁気中性面に沿って磁場を横切る方向に電流を流すには，特別な機構が必要である。前出の磁気圏境界面電流の場合は，磁気圏に侵入しようとする太陽風粒子が進路を曲げられる

ことによって電流が流れた．磁気中性面では，それとはまた違う機構で電流が流れる．その仕組みを図6-8（右）とその注でやや詳しく解説した．**磁気中性面電流**は，磁気圏境界面電流と同様，磁気圏の大規模な構造を作る重要な電流である．それと同時に，後述するように，オーロラ活動において極めて重要な働きをする電流でもある．

6.3 磁気圏のプラズマ

磁気圏対流─地上観測網によるリモートセンシング

　もう一度，図6-5に戻って下部に描いてある図をご覧頂きたい．この図は，その上に描いてある1〜9の磁力線の地表（より正確には電離圏）における地点（磁力線の足と呼ぶことにする）の動きを示している．①で磁気再結合して惑星間空間磁場（IMF）と結合した磁力線は②から⑤へと流され，上に述べたようにローブ領域を作る．そのとき，磁力線の足は磁北極の近くを昼から夜側へと横断する．したがって，磁北極と磁南極周辺のこのような磁力線は，IMFと直接結びついている．そのような磁場構造を持った領域を**ポーラー・キャップ**（極冠）と呼んでいる．IMFは，地球の磁場と結合する前は，その一端が太陽に繋がっている場合が多いことから，南北どちらかのポーラー・キャップは，（少なくとも部分的には）太陽と磁力線によって直接結びついていることになる．

　話を地球に戻すと，⑥で再び南北の地球の磁場が結合して，磁力線はプラズマ対流によって⑥から⑦へと運ばれ地球に近づいてくる．このとき，地球に近くなるほど強くなる磁場のために，プラズマは地球にどこまでも接近することはできず，⑧から⑨へ地球の側面を，朝側と夕側に分かれて回り込み，昼間側に戻ってゆく．そのとき，磁気圏尾部から対流してきて地球に最も近づいた磁力線の足は，図のように**磁気緯度**[9]65度付近を移動する．

　第8章に述べるように高度100 km付近の電離圏では，大気の1000万分の1から100万分の1の密度の原子や分子が電離している．電子は，ジャイロ運動をしながら磁力線と共にすでに説明したような運動をするが，質量の大きいイオンは大気との衝突によって抵抗を受け電子の運動に遅れる．そのため電離圏を，プラズマの動きとは逆向きに磁力線を横切って電流が流れる．

　電離圏を流れる電流は，地表に電流と直角方向の磁場の変動を作る．プラズマの対流は太陽の方向を基準に形成され，一方，地球は1日に1回自転をするので，電離圏の電流が作る磁場は極地方の地磁気観測所において1日ごとに同じ変化を繰り

---

[9]　磁北極を90°，磁南極を−90°とする緯度．

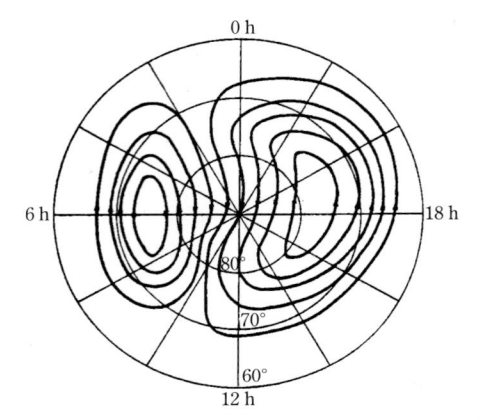

図 6-9　IMF が南向き成分を持つときの極地方等価電流系。中心は地磁気の極に対応し，上下左右の数字は地方時を示す。[5]

返す日変化（**地磁気の日変化**）として観測される．IMF の状態によって，電流パターンは変化するので，条件を絞った上で多くの地磁気観測所で得られたデータを総合すると，IMF の状態に応じた極域の電流パターンが得られる．図 6-9 は，図 6-5 と同じく IMF が南向き成分を持つときのデータを総合して得られる電流パターンの一例である[10]．磁気圏のプラズマ対流を反映して，**双極型の渦電流**が見られる．

　地表における磁場変化は，電離圏を流れる電流だけではなく，磁気圏と電離圏を結ぶ磁力線に沿って流れる**沿磁力線電流**[11]や，磁場変化に誘導されて地中を流れる誘導電流などの影響を受ける．図 6-9 のような電流パターンは，そのようなことはひとまずおいて，仮にすべての電流が電離圏に流れるとするとどのような電流パターンになるかを示すものである．このような仮定のもとに得られる電流パターンを**等価電流系**と言い，あくまでも「等価」であって，実際に電離圏を流れる電流そのものを表しているわけではない．しかし，その主要な部分は電離圏を流れる電流からなると考えることができるので，地表から等価電流系を調べることによって，磁気圏内をめぐるプラズマ対流を地表からリモートセンシングすることができるのである．

ジオテイルが見た磁気圏—磁気圏の構造についてのまとめ

　地球と言われて多くの人が頭の中に無意識に想い描くのは，半径約 6400 km の

---
10)　ここでは簡単のため IMF の南北成分のみに注目したが，IMF の東西成分の向きによっても異なった電流パターンになる．
11)　第 7 章 2 節参照．

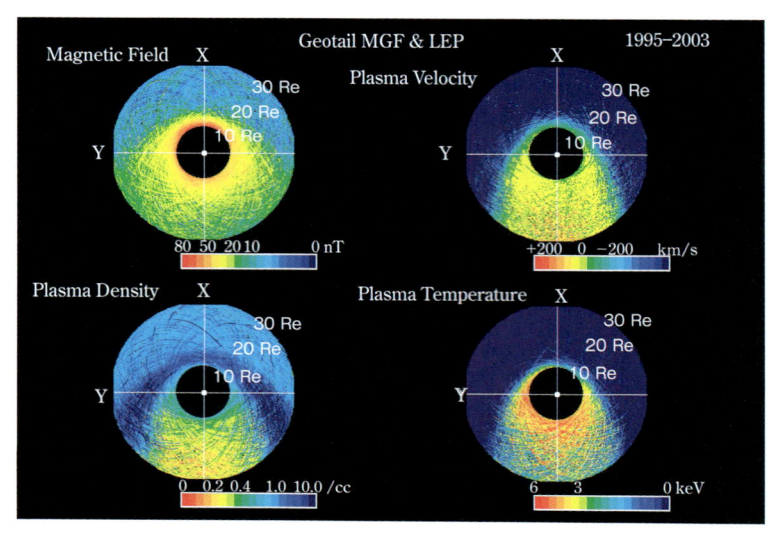

図 6-10　長期間にわたるジオテイル衛星の磁場・プラズマ観測データを，衛星の軌道に沿って並べることによって得られた磁場強度（上左），プラズマ速度（上右），粒子密度（下左），温度の分布（下右）．各図上方が太陽方向．右（−Y）方向が地球の公転の向きを示す．地球磁気圏の形がはっきりと分かる．[6]

固体地球とそれを取り巻く薄い大気の層であろう．しかし，本章で紹介したように磁気圏は，地球の磁場が占める空間というだけではなく，粒子に関する物理的諸量においても，その外の惑星間空間とはずいぶん異なる地球固有の空間である．特に，太陽地球系の科学を考えるときは，磁気圏まで含めて地球と考える必要がある．

図 6-10 は，観測衛星ジオテイルが長期間にわたって観測した諸量を，地心黄道面座標上（図 6-1 図注参照）にカラーコードを用いて表示した図である．この図を参考にして，本章で述べた磁気圏に関する特徴をもう一度復習する．

ジオテイルの軌道の近地点と遠地点は，それぞれ約 10 R_E と 30 R_E である．その楕円軌道の長軸の向きは恒星に対して固定されているから，ジオテイルは 1 年かけて地球の周りの半径約 30 R_E の空間を掃引する．ただし，近日点が約 10 R_E だから，それより内側の空間は探査できない．図 6-10 において，中心から半径 10 R_E の範囲のデータが欠けているのはそのせいである．

さて，左上の図は，磁場強度である．地球に近づくほど地球の内部磁場の影響で，磁場強度が大きくなっていることが分かる．一目で分かる境になっているのはバウショックに相当する．バウショックの内側の磁気シース中は，太陽風が圧縮されているため磁場が強くなっている．

右上の図はプラズマ速度である．太陽に向かう流れが暖色，逆に太陽から離れる向きが寒色で表されている．磁気シースの内側が，外側の太陽風の速度より遅くなっ

ているのが，かろうじて見てとれるだろう．磁気圏境界面付近は，水色から緑色になっていて，反太陽方向に 50 から 200 km/s 程度の流れがあることを示している．その内側には数十 km/s の太陽方向へ向かう流れがある．図 6-5 の⑥から⑨で表されたプラズマ・シート内の対流である．対流の反太陽方向の末端がどこまで届いているかはまだはっきりしないが，おそらく地球半径の 100 倍程度まで伸びていると考えられている．それが正しいとすると，磁力線とプラズマは数時間から 10 時間で磁気圏の中を一巡りしていることになる．

図を注意深く見ると，プラズマ・シート内の所々に 200 km/s を超える流れを意味する赤い点と，ごく稀に反太陽方向の流れを意味する青い点が入っているのに気づく．これらの中には，次章で述べる**オーロラ・サブストーム**に伴う高速流が含まれていると推測される．

左下の図はイオン密度である．寒色系で示された領域の密度がより高いが，図の中で最も密度が高いのは磁気シースで，太陽風が圧縮されていることが分かる．次に高いのはバウショックの外の太陽風である．磁気圏内は，それらより密度が低く通常は 1 個 /cm^3 以下である．地球周辺の領域が，より遠くの領域より粒子密度が低いことは，ちょっと意外に思えるかもしれないが，磁気圧が強い分，粒子の圧力が低いと考えれば理解できる．

最後に右下は，プラズマ温度である．太陽風の 1 keV 以下から，磁気圏に入ると 10 keV 程度まで，磁気圏内でプラズマの加速が起こっている（1 keV は，陽子または電子が 1 kV の電位差で加速されたときのエネルギーに相当する[12]）．さらに良く見ると，地球に近いところほど，エネルギーが高くなっている特徴がみられる．プラズマが磁場に「凍結」された状態（**磁場凍結**）で対流によって地球に近づくと，プラズマを捕らえている磁場が次第に強くなる．つまり，磁力線の密度が上がり，同時にプラズマが断熱的に圧縮される．図の特徴は，主としてこの断熱圧縮によるプラズマの温度上昇を反映している．

6.4 オーロラ

オーロラの出現場所

ローマ神話に登場するアウロラ（オーロラ）は，ばら色の指を持ち，太陽神ヘリオスの先駆けとして 2 頭立ての馬車に乗って夜明けを告げる女神である．その名を踏襲する**オーロラ**は，高緯度地方の夜空に現れる超高層大気の発光現象である．こ

[12) 付録 B「7．温度とは何か」および「10．電子ボルト」参照．

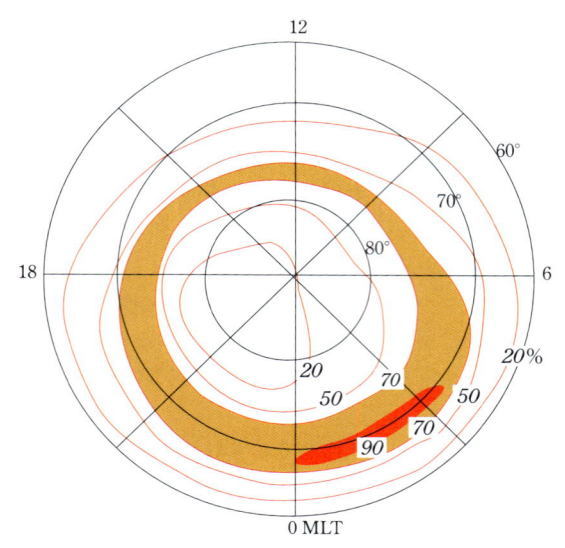

図 6-11 磁気的な緯度―地方時上に描画したオーロラ出現頻度。周囲の数字は地方時を表す。中心が北磁極。太陽は紙面上方に位置する。20，50，70，90の数字は，オーロラの出現頻度（％）を表す。茶又は赤に色をぬった部分は特に出現頻度が高い。[7]，[8]（一部改訂）

こで，高緯度地方に現れると書いたが，実際には，南極点や北極点付近には明るいオーロラは現れない。オーロラの光は，大気圏外から降下してきた電子が大気の原子や分子を励起して発光させることによる光である。その電子は，本章第2節に述べた磁気圏尾部を対流するプラズマに由来する（図6-5の⑥-⑨）。したがって，オーロラが最もよく出現する場所は地磁気緯度65-75度の南北両磁極を取り囲む帯状の極域である。この領域を**オーロラ・オーバル**[13]と呼んでいる。図6-11は，オーロラ出現頻度を統計的に調べた結果である。南極の昭和基地は，磁気緯度−70度，まさにオーロラ・オーバルの直下にあり，図6-12や図7-1のようなオーロラを見ることができる。

　本章第2節（図6-5）に説明したように，オーロラ・オーバルの内側にあるポーラー・キャップの磁力線は磁気圏尾部のローブ領域に繋がっている。そして，図6-2に模式的に描いたように，ローブ領域の粒子密度は極度に低いため，地球大気への粒子の降り込みが少なく，ポーラ・キャップ内には明るいオーロラが出現しないのである。

　第7章1節に詳述するように，IMFと太陽風の変化の影響を受けると夜側のオーロラ・オーバルに活発で規模の大きなオーロラが現われる。連続して起こることも

---

13) オーバルは長円を意味する。

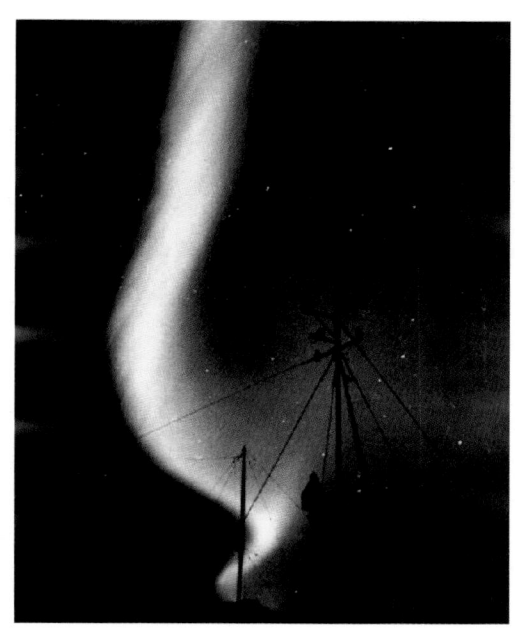

図 6-12 第 1 次南極観測隊（1957 年）が見たカーテン状オーロラ。このようなカーテン状のオーロラに見られる筋状の構造は，上空から電子が磁力線に沿って降り込んでくることによる。[9]

あるが，数日をおいて現れることが多く，第 5 章 1 節に述べた太陽風の周期的な変化を反映して，周期的に現れることもある。また，オーロラは突然現れて，消えてしまうように思われがちだが，上のような大規模な活動が出現する時以外も，変動の少ないアーク状のオーロラがオーロラ・オーバルに沿って見られる。

オーロラ光—酸素や窒素が発する地球の光

オーロラは地表の大気よりもずっと希薄な状態の気体に電子がぶつかることによって発光する。その点において，私たちの身近にある蛍光灯やネオンサイン，放電管などと，同じ原理による発光である。磁気圏側から磁力線に沿って降り込んでくる電子（オーロラ電子）が大気中の原子や分子に衝突すると，それらの核外（束縛）電子のエネルギー状態を励起する。そのような電子が，より低いエネルギー・レベルに遷移するときに発光が起こる。大気中の原子のうち，どの原子がオーロラ発光に寄与するかは，オーロラ電子が侵入し得る高度と，大気原子の高度分布に依存するところが大きい。そのため，図 6-13 に示す様に，高度によって主要な光の波長が異なる。

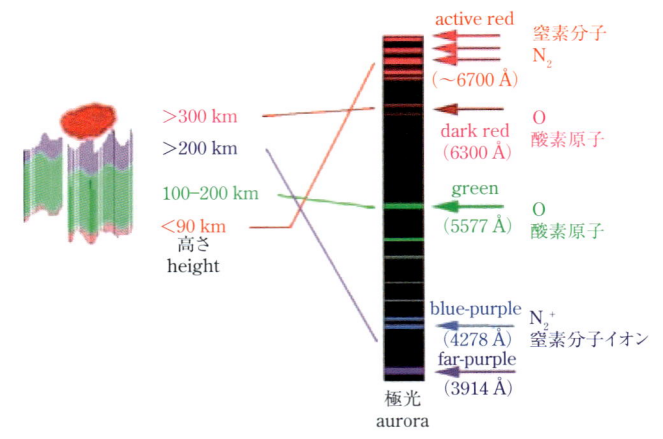

図 6-13　オーロラの鉛直方向の構造。高度によって発光する光の波長が異なる。[10]

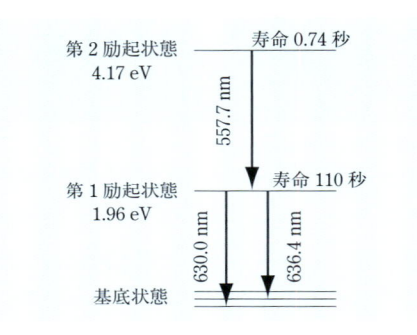

図 6-14　酸素原子のエネルギー準位

　オーロラ電子が励起エネルギーを残して，大気中に侵入できる高度はおよそ 100 km である。その高度以上では大気の成分は，後述する窒素分子を除くと酸素原子が最も多いので，可視領域に話を限ると，高度 100〜200 km では酸素原子が放射する 557.7 nm（= 5577 Å）の緑色の光が最も強い（図 6-14）。

　酸素原子は他に 630.0 nm の赤色の光を放射することができるが，励起してから放射するまでの時間が長いため，大気密度の高いところでは，放射する前に他の原子との衝突によってエネルギーを失ってしまう[14]。そのためこの光は，大気がさらに希薄で粒子間の衝突の少ない 300 km 付近，あるいは，それ以上の高度に出現する。図 6-15 のスペースシャトルから撮られた写真は，背景の光のせいで 557.7 nm の緑色光が判別しにくくなっているが，630.0 nm の赤色光は，上空にはっきりと確認

---

14)　**禁制線**と呼ばれる。第 3 章 4 節コラム参照。

図 6-15 スペースシャトルで観測されたオーロラ [11]

することができる。十分なエネルギーを持たず，大気の深いところまで侵入することができない粒子が降り込んでくると，空全体がこの波長の光によって赤く染まることがある。

地球の大気に酸素が豊富に含まれているのは，植物が二酸化炭素を分解して酸素をつくりだしてきたからである。オーロラの光もスペクトル構造を考えると，そのような地球が持つ生命の営みを反映している，まさに「地球の光」であるということができる。

窒素分子は，酸素分子に比べて結合エネルギーが大きいため，原子状態になりにくい。そのため，窒素原子の存在比はどの高度においても酸素原子の 100 分の 1 程度と低く，したがって，オーロラ光への寄与は小さい。窒素分子は高度 200 km ぐらいまでは最も豊富に存在し，670 nm 付近の光を放射をするが，この波長域では人間の目の感度が低いために，残念ながらよく見えない。しかし，この波長の光は，分子密度が高くなる低高度において，カーテン状オーロラの裾を素早く移動しながら赤く染めるので，オーロラの美しさをいっそう引き立てるのに一役買っている（図 6-13）。

オーロラの明るさは通常は数キロから数十キロレイリーであるが，明るい場合には，100 キロレイリー以上になる場合がある[15]。地表から見上げた天の川の光量がおよそ 1 キロレイリーと言われているので，それを参考にオーロラの明るさを想像していただきたい。街灯などの光害の無い地域であれば，オーロラと天の川を同時

---

15) レイリーは光量の単位。1 cm^2 あたり 1 秒間に 100 万個の光子が入射する明るさを 1 レイリーとする。

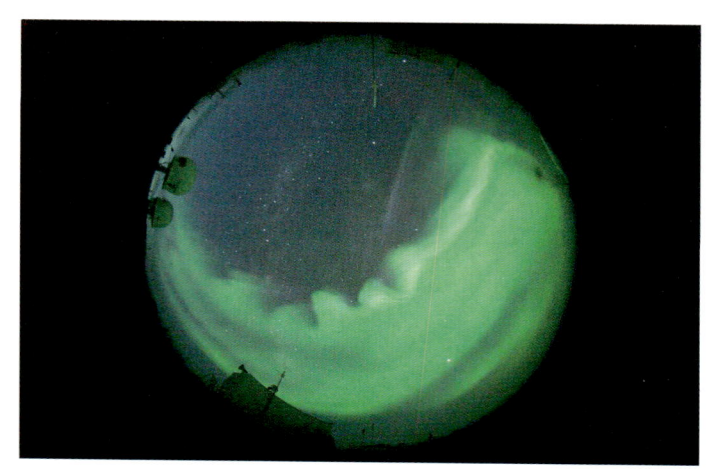

図 6-16 ほぼ半球を一つの視野におさめることのできる全天カメラで捉えた昭和基地のオーロラと天の川。天頂付近にひときわ明るく光る離散型オーロラの低緯度側に，拡散型オーロラが広がっている。[12]

に見ることも可能である。たとえば，図 6-16 の昭和基地で撮られた写真には，オーロラと天の川が同時に見られる。

オーロラ粒子の生成

　図 6-12 のオーロラや図 6-16 の天頂付近に光っているオーロラは，その形からカーテン状，あるいは離散型オーロラと呼ばれる。カーテン状オーロラを発光させているのは，磁気圏のプラズマ・シートから降り込んでくる電子である。ただし，プラズマ・シートの電子がそのまま降り込んでくるだけでは，図 6-16 の地平線付近に見えるような，ぼんやりとした**拡散型オーロラ**にしかならない。カーテン状のオーロラが出来るためには，オーロラ帯に沿って数 keV～10 数 keV のビーム状の電子が，大量に降り込んで来なければならない。実際，オーロラがまさに輝いているところに，観測装置を搭載したロケットを打ち込むと，特定のエネルギーにピークを持つ電子のスペクトルが観測される。

　したがって，カーテン状オーロラの上空では，電子が数 kV～10 数 kV の電位差による下向きの加速を受けていなければならない。オーロラの観測を主目的として打ち上げられた国産の観測衛星「あけぼの」は，オーロラの上空 8000 km の高度で，その発生原因を解くための鍵を握る領域を探査した。そこで「あけぼの」が観測したのは，上向きに加速された正の電荷を持ったイオンと下向きに加速された負の電荷を持った電子であった。その例として，1990 年 3 月 20 日に「あけぼの」がオー

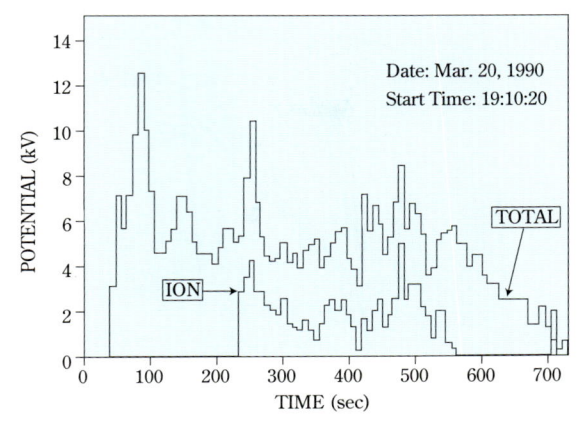

図6-17 「あけぼの」衛星で観測された電子ビームおよびイオンビームのエネルギーから求めたオーロラ粒子を加速させる電圧の時間変化。「TOTAL」と示してある実線から「ION」と示してある実線の値を引いたものが電子が加速される電圧に対応する。

ロラ粒子加速領域のちょうど真ん中を通過したときに観測した下向きの電子ビームと上向きイオンビームのエネルギーから衛星の上方と下方の電位を求め，それを時間の関数としてプロットしたものを図6-17に示す。図では，イオンが加速された電圧と，それに電子が加速された電圧を加えた全電圧を示している。図から分かるように，磁力線に沿って発生した全電圧は大きいところでは1万3000ボルトまで達し，平均的には5000ボルトほどであったことが分かる。

この事実が意味するのは，衛星の上下に磁力線に沿って上向きの電場が存在することである。図6-18に，その様子を模式的に示した。この電場が，ちょうどブラウン管の電子銃の役割を果たして，電子を加速しているのである。

しかし，ここで問題になるのは，磁力線に沿った方向には電子は自由に動ける，つまり，その方向には非常に導電性が良いことである。導体を電場中に置くと，電場によって導体中の自由電子が移動して，自由電子の分布に偏りが生じる。この電子の移動は，移動によって生じる電子の偏りが作る電場が，外部電場を打ち消してしまうまで続く。これが，静電遮蔽と呼ばれる現象である。つまり，導体中には静電場は無いというのが電磁気学の基礎知識の一つである。したがって，導電性の極めて高い磁力線に沿っては，電場は存在しないはずである。つまり，一本の磁力線に沿うすべての点において電位は等しいというのが，言わば宇宙科学の「常識」であった。

オーロラ粒子の加速を可能にするには，この常識を覆す仕組みを考える必要がある。目下のところは，プラズマ中に発生する波動の一種である**イオン音波**などが発生することによって磁力線に沿って電位差が生じるとの説が有力視されている。先に述べたバウショックのように，宇宙空間を占めるプラズマの世界では，波動が原

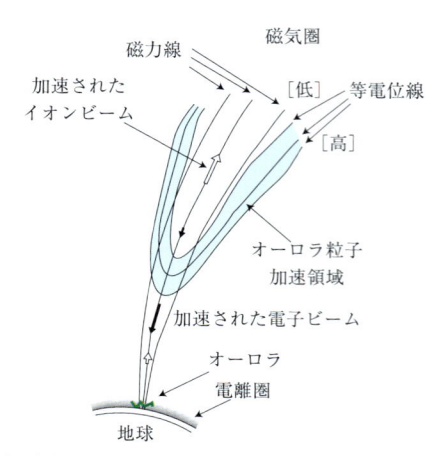

図 6-18 オーロラ粒子加速領域の模式図。オーロラの上空に磁力線に沿って大規模な電位差を持った構造が形成される。上向きの電場によって上方に加速されたイオンと，下向きに加速された電子が加速領域を横切った観測衛星によって同時に観測された。

因となって，重要な構造が作られることがある。オーロラ粒子の発生も，そのようなプラズマ特有の現象の一つである可能性がある。

その他のオーロラ

　上にも述べたように，一般にカーテン状オーロラと言われているオーロラは，専門的には**離散型（ディスクリート）オーロラ**と言われる。離散型オーロラの他に，**拡散型（ディフューズ）オーロラ**や，**脈動型（パルセーティング）オーロラ**などがある。拡散型オーロラは，離散型に接して，その低緯度側に帯状に現れる。プラズマ・シートの粒子が加速されずに降下してきて大気を発光させるので，月明かりでぼんやり光る淡い雲のように見える（図6-16）。一方，脈動型オーロラは，次章に紹介するオーロラ・サブストームの最終段階近くになって，真夜中から朝方にかけて現れるオーロラである。小さい不規則な構造が天空を埋め尽くし，それらが，数秒から十数秒の間隔で不規則に点滅を繰り返す。天空の一画が，まるで切れかけた蛍光灯のように明滅を繰り返す様子を見ると，自然の不思議さに思わず感嘆するであろう。

他の惑星のオーロラ

　ハッブル宇宙望遠鏡は，木星，土星，天王星などでもオーロラが出現することを明らかにした。一口にオーロラと言っても，大気の組成は惑星ごとに異なるため，発光に寄与する原子や分子は，惑星ごとに異なる。また，大気に降り込んでく

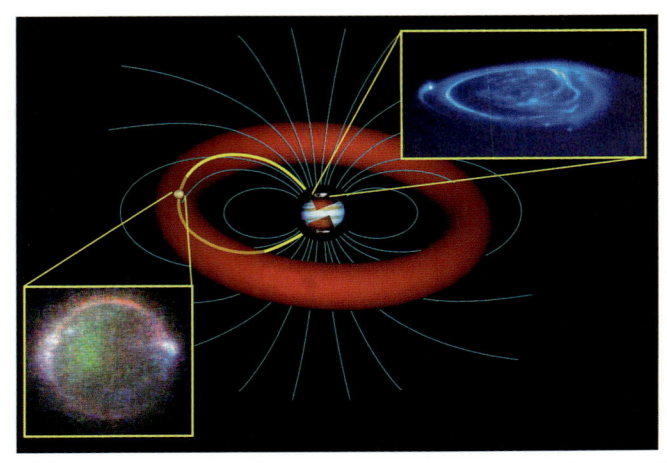

図 6-19 木星とその衛星イオ。イオの軌道に沿って分布するトーラス状のプラズマが赤く示されている。右上は木星の磁極付近のクローズアップでオーロラが見えている。イオと繋がる磁力線の足元に長くたなびく尾を持ったスポット状の輝点が見える。左下はイオの全景で大気が淡く光っている。[13]

る粒子の種類や加速機構にも，地球とは異なったものが見つかっている。例として図 6-19 に木星とその衛星であるイオに関係して現れるオーロラを示す。

　右上の図を見て分かるように，木星の極域には地球と比較的よく似た形状のオーロラが出現する。しかしその一方で，イオと繋がる磁力線の足元に，前方に長くたなびく尾を持ったスポット状の，地球にはないタイプのオーロラが見られる。木星の自転周期は，イオの公転周期より短いため，木星の磁場が常にイオを追い抜いていく[16]。その際，イオの木星に向いた側とその反対側の電離大気の中で，MHD 発電機と同じ原理で起電力が発生し，磁力線方向に電流を運ぶ電子が作られ，それが木星大気に降下してオーロラを発光させるのだと考えられている。

　左下はイオの全景で大気が淡くオーロラ状に光っているが，これもイオのダイナモ作用に関係していて，イオ・ダイナモのプラス極のところにマイナスの電荷を持った電子が引き寄せられるように運動してきて，そこの大気と衝突するために発光するのではないかと考えられている。

---

16) 木星の自転周期は 0.414 日，イオの公転周期は 1.769 日である。

コラム：地磁気擾乱と地磁気指数

　太陽活動と地磁気の変動とのあいだに相関関係があることが，確かな事実として認められだしたのは 1930 年代のことだった。そこで問題になったのは，緯度や経度，あるいは地方時によって地磁気の変動の様子が異なることである。太陽活動の影響が地上観測に与える影響は，おそらく地球的な規模を持っているだろうから，一つの観測所の地磁気を測定しているだけでは，影響の全貌を捉えることは不可能である。そこで，地球的な規模の変動を捉えるために，各種の地磁気指数が考案された。その種の指数のうち最初に登場したのは Kp 指数と呼ばれるサブオーロラ帯（オーロラ帯の赤道側に位置する緯度帯）に位置する複数の観測所のデータを元に算出される指数である。その後，1950 年代の終わり頃に Dst 指数，1960 年代終わりに AE 指数が登場し，前者は磁気嵐の発生と規模を，後者はオーロラ・サブストームの発生と規模をモニターする指数として，現在も利用され続けている（第 7 章参照）。

　これらの地磁気指数は，1970 年代から 1980 年代にかけての，地磁気擾乱が起こる原因を探る研究において非常に重要な働きをした。下の図 B は，2002 年 3 月 20 日から 27 日までの，惑星間空間磁場（上から，磁場強度，X 成分，Y 成分，Z 成分）と，太陽風のイオン温度，密度，および速度の変化を示している。一番下には，オーロラ帯における地磁気擾乱の度合いを示す AE 指数の変化が示されている。（70-80 年代では，太陽風と惑星間空間磁場のデータは，地球近傍の軌道を回る 1 機の観測衛星によって得られた。そのため，衛星がバウショックの外側にいる期間のデータしか利用できなかった。そこで，ここでは，より連続的に得られる 2002 年のデータを用いた。）

　図 A に磁場の 3 成分を表す座標系を示す。原点は地球の中心にある。X 軸は，地球と太陽を結ぶ直線上にあり，太陽方向を正とする。Z 軸は，X 軸と，原点にあると仮定された地磁気の双極子軸を含む平面内にあって，X 軸に垂直な直線上にある。向きは，自転軸の北に近い方を正とする。Y 軸は，図 A の地球中心から紙面に垂直な直線上にあって，紙面表側を正とする。

　この座標系に慣れるには，少し時間がかかるかもしれない。読者が太陽地球系科学の専門家になろうとするのでない限り，この座標系を正確に思い描こうと悩む必要はない。各座標軸のおおよその向きを頭に描いてもらえれば十分である。

　さて，図 B に与えられた各観測量の意味がつかめたら，惑星間空間磁場と太陽風のこれらの物理量のうち，一番下の AE 指数の変動に最も強く影響を与えている変数はどれか，図から判断することができるだろうか。

　実際には膨大な量のデータを統計的に処理して，これらの物理量のうち，最も決定的な影響を与えている量を見つけ出していったのだが，この図だけからでも，惑星間空間磁場の Z 成分が，重要な役割を担っていそうなことが分かる。より詳しく見ると，B_z が正のあいだは AE 指数は小さく，正からゼロに近づき負になる，すなわち磁場が

南の方を向いたときに，AE指数が特に大きくなっているのに気づく。詳しいデータ解析によると，AE指数はIMFの北向き成分の大きさにはあまり依存しない。つまり，磁気圏はIMFが南向き成分を持つときには太陽風のエネルギー流入を許し，北向き成分を持つときには許さないという，ダイオードの整流作用に似た働きをする。磁気圏のこのような特性は，ダンジーの仮説（本章2節）を裏付ける有力な証拠となった。その他の量についても，個々の量だけではなく，複数の量の組み合わせも含めて，影響の有無が詳しく調べられた。その結果，IMFの南向き成分と太陽風速度との積が最も良い相関を与えることが分かった。

ここでは，上に説明したように，GSM座標軸（Geocentric Solar Magnetospheric Coordinates）と呼ばれる座標系を用いて磁場の3成分を表した。惑星間空間磁場と地磁気との相関を調べる上で，この座標系が最も適したものであることを見出すのにも，多くの努力が払われたことを付け加えておこう。

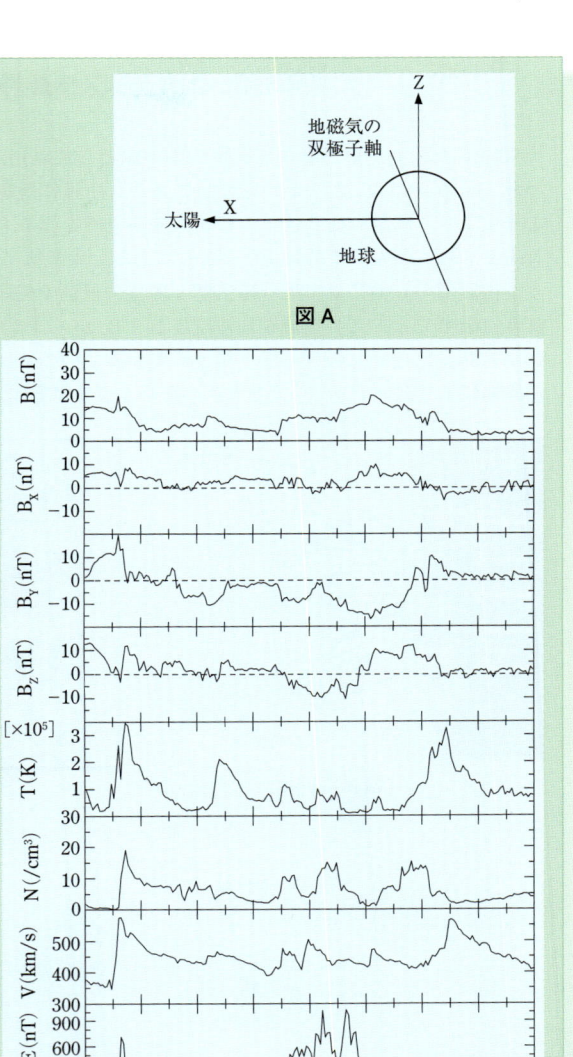

図A

図B

コラム：太陽風を用いた推進システム「磁気セイル」の開発

　太陽風のエネルギーを人工衛星の動力源として利用する「磁気セイル」の開発が行われている。図A，Bはその原理図である。衛星に搭載したコイルを用いて強い磁場を発生させ，衛星の回りにミニサイズの磁気圏を作る（図A）。実用化のために想定されるミニ磁気圏のサイズは10～20kmである。太陽風によって磁場が変形される結果，ミニ磁気圏の表面には，地球磁気圏と同様に緑色の矢印で示すような境界面電流が流れる。図Bには，この電流が作る磁場 B_1, B_2 が，コイルに流れる電流 J_1, J_2 にローレンツ力 F_1, F_2 をおよぼす様子が描かれている。図のように F_1 と F_2 とは向きが逆だが，境界面により近い F_1 が F_2 より大きいため，反太陽方向に推進力が生じる。

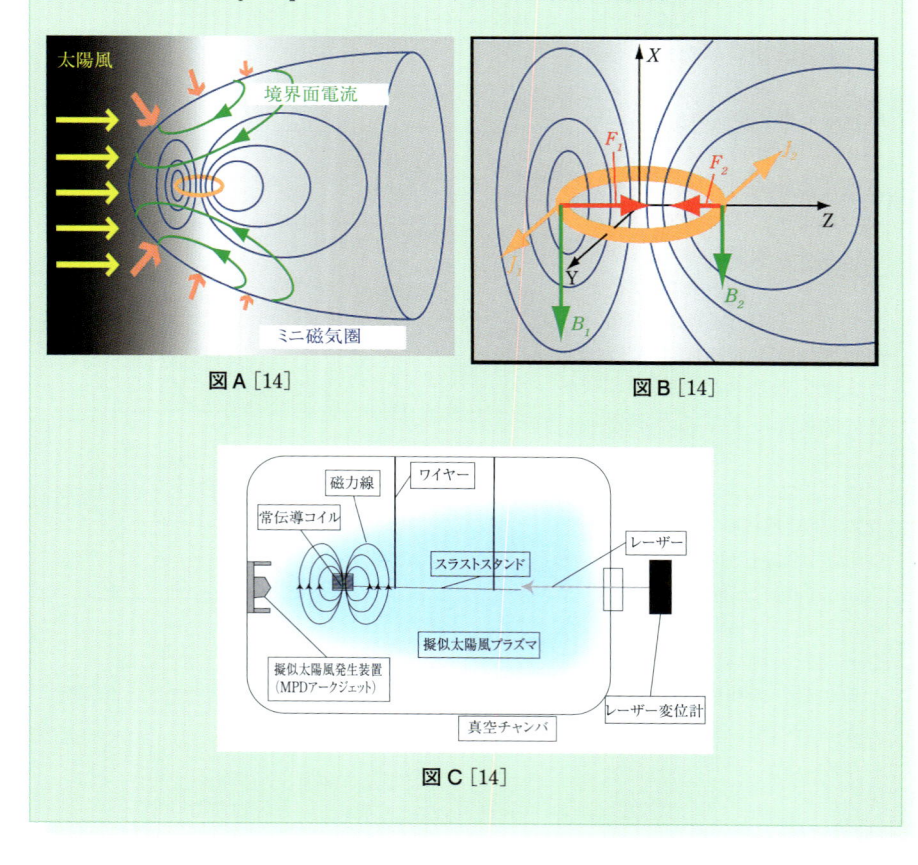

図A [14]

図B [14]

図C [14]

図Cは，コイルがプラズマの流れから得る推進力を測定するための実験装置の概念図である．真空容器の中に吊り下げたバーの先端にコイルが取り付けてある．図の左から噴射されたプラズマによってコイルが受ける力を，バーの振動を測定することによって求める仕組みになっている．コイルが作るミニ磁気圏のサイズが大きいほど，得られる推進力は大きい．そこで，強い磁場を得るために，実際の衛星にはジュール熱を発生させることなく大電流を流すことができる超伝導コイルが搭載される．さらに，より大きなミニ磁気圏を得るために，衛星からプラズマを噴射してコイルが作る磁場を拡大する「磁気プラズマセイル」の開発が行われている．

　磁気セイルは太陽から外向きの推進力しか得ることができないが，太陽に向かう方向に働く重力と組み合わせることによって，太陽系空間を行き来する軌道に人工衛星を乗せることができる．しかし太陽風の圧力は，太陽から離れるに従って弱くなり，さらには第5章に述べたように，時々刻々大きな幅で変動する．磁気セイルを用いて衛星を目的の軌道に乗せ，維持し続けるためには，太陽風の空間依存性や時間変化の予測に関する基礎研究が必要である．

参照文献（資料）

[1] データは宇宙航空研究開発機構／宇宙科学研究所のホームページより
　　<http://www.darts.isas.jaxa.jp/spdb/geotail/mkascii.html>
[2] Hughes, W. J., The Magnetopause, Magnetotail, and Magnetic Reconnection, *Introduction to Space Physics*, edited by M. G. Kivelson and C. T. Russell, 243, Cambridge University Press, 1995.
[3] 宇宙航空研究開発機構／宇宙科学研究所のホームページより
　　<http://sprg.isas.jaxa.jp/researchTeam/spacePlasma/projects/hase_research/hase_research.html>
[4] 衛星の位置データはNASAのホームページより
　　<http://sscweb.gsfc.nasa.gov//>
[5] Nagata, T., and S. Kokubun, An additional geomagnetic daily variation field (S^q_p-field) in the polar region on geomagnetically quiet day, *Rep. Ionosph. Space Res. Jpn.*, 16, 256, 1962.
[6] 東京工業大学・長井嗣信氏　提供
[7] Feldstein, Y., I., Geomag. *Aeron.*, 3, 183, 1963.
[8] Nishida, A., *Geomagnetic Diagnosis of the Magnetosphere*, Springer-Verlag, 1978.
[9] 九州大学名誉教授・北村泰一氏　提供
[10] スウェーデン宇宙物理学研究所・山内正敏氏　提供
[11] NASAのホームページより
　　<http://www-istp.gsfc.nasa.gov/istp/outreach/afromspace.html>
[12] 国立極地研究所提供
[13] NASAのホームページ

<http://antwrp.gsfc.nasa.gov/apod/ap001219.html>
<http://apod.nasa.gov/apod/ap981016.html> を用いて作成
[14] 京都大学生存圏研究所・山川宏氏，梶村好宏氏，向井祐利氏，および宇宙航空研究開発機構宇宙科学研究所・船木一幸氏，上野一磨氏　提供

7章

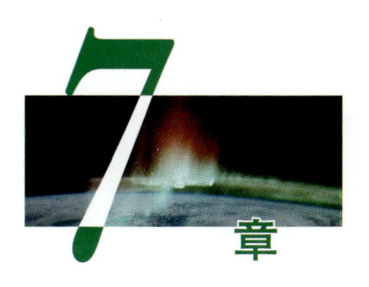

磁気圏サブストームと磁気嵐

　前章では，地球周辺に磁気圏と呼ばれる固有の宇宙空間があり，その中でプラズマと磁場の対流が起こっていることを紹介した。固有とはいえ，磁気圏は決して惑星間空間から隔絶された空間ではない。いや，それどころか，絶えず惑星間空間の変化にさらされ，その影響を受けている。特に，太陽表面やコロナで生じた爆発的な現象による衝撃波が地球近傍にまで達したとき，磁気圏は大きく変動し，極域上空ではオーロラが乱舞し，急激な地磁気擾乱が発生する。本章では，磁気圏のダイナミックな変動を紹介し，その原因に迫る。

7.1　オーロラ・サブストーム

全天を覆うオーロラは宇宙の変動を語る

　図7-1は南極昭和基地に現れたオーロラの映像である。地平線近くの空に直線的にオーロラが揺らいでいるかと思うと，突然一部分が膨れだして，数分のあいだに全天をオーロラが乱舞するようになる。このような，突然オーロラが活発化する現象を**オーロラ・ブレイクアップ**と呼んでいる。

　英語のブレイクアップ（breakup）は，組織の分裂，解体，あるいは解散を意味するが，転じてアラスカなどで冬季に凍った川が春先，急に融けだすことをも指す。オーロラについては，おそらく，静かに揺らめいていたオーロラが急に爆発的な活動をし出すところから，この語が用いられるようになったのだろう。だが，後述するように，オーロラ・ブレイクアップの際には，磁気圏に蓄えられていた磁場のエネルギーが，短時間のうちにプラズマ粒子のエネルギーへと開放される。したがって，エネルギーの急激な開放を想起させるという点でも，「ブレイクアップ」は用

図 7-1 昭和基地のオーロラ・ブレイクアップ（2003 年 2 月 27 日。左から時間順）[1]

語として適切だと言える。

　このようなオーロラの活動は，今では東西 2000～3000 km，南北 1000～2000 km にわたる現象であることが知られている。しかし，人工衛星が無かった時代には，オーロラが発光する高度約 100 km の空域を一度に観察できるのは，天頂から地平までの半径約 100 km の円内に過ぎなかった。そのため，オーロラの地球規模的な全体像が理解されだしたのは，観測施設が整備された 1960 年代に入ってからである。オーロラが古代から知られていた現象であることを考えると，組織的な研究はごく最近始まったと言って過言ではないだろう。

　アラスカのチャップマン[1]のもとでオーロラを研究していた赤祖父俊一は，全天カメラの大量の映像を解析して，オーロラの激しい活動が数千 km にわたって，1～2 時間のあいだに一定のパターンで消長する現象であることをつきとめた。

　図 7-2 は彼が描いたオーロラ活動の模式図である。図は，磁北極を中心に上方が太陽方向，そして右側面が朝方，左側面が夕方側である。つまり，磁北極上空からオーロラを見下ろす視座を想定して描いている。前章で述べたように，オーロラは磁北極，あるいは磁南極を囲んで帯状に現れる。同図 A のように，はじめゆっくりと漂っていた帯状のオーロラの輪が，赤道方向に拡大していき，それにつれて光度が増してくる（B）。やがて，急に真夜中前あたりの活動が活発化し（オーロラ・ブレイクアップ），極方向へ拡大しながら，同時に経度方向にも広がり（C），中央部が膨らんだオーロラ・バルジ[2]と呼ばれる構造を作る（D）。特に夕方から夜中の時間帯では，波頭のような光の渦が西向きに伝播していく。図 7-1 右図はこの段階に相当する。（ただし，昭和基地は南半球であることに注意する必要がある。カメラは北（つまり赤道方向）を向き，画面左手の方向が西である。）やがて光は弱まり，元のゆっくりたなびく帯状のオーロラに戻る（E, F）。開始から終末まで，1～2 時間の天空のドラマである。なお，図 7-2(C)～(F) の朝方に見られる小さな斑点は，前章の最後近くで触れた，オーロラが局所的に明滅する脈動オーロラを表している。

　このようなオーロラ・ブレイクアップに続く一連のオーロラの消長を，「オーロ

---

1) 第 6 章 1 節（チャップマン＝フエラーロの理論）参照。
2) バルジは樽などの胴の太い形状を意味する。

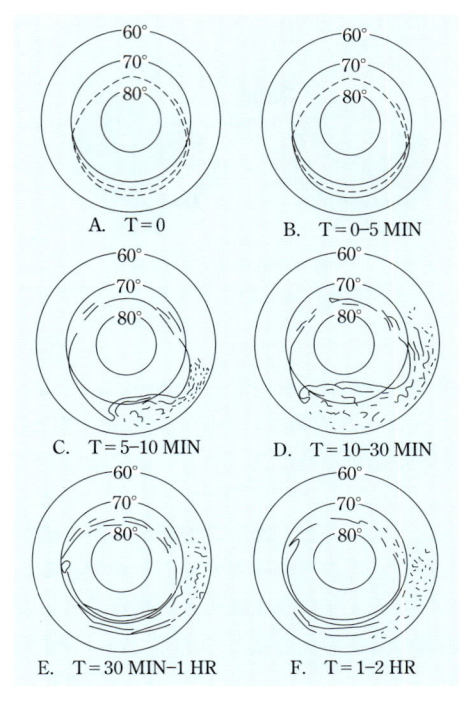

図 7-2　オーロラ・サブストームのモデル [2]

ラ・サブストーム」と呼んでいる．オーロラ・サブストームは，サブストーム（或いは磁気圏サブストーム[3]）と呼ばれる磁気圏尾部に大変動をもたらす現象の一部である．

　なお，「サブ」は，生物の「種」に対する「亜種」のように，階層の下位を表す接頭辞である．上記の現象が「サブストーム」と呼ばれたのは，この現象が**磁気嵐**[4]中に起こる諸現象の一つと考えられたから，あるいは複数個のサブストームが起こって磁気嵐が起こると考えられたからである．しかし，今日では，磁気嵐に至らないサブストームが頻繁に起こることが知られており，その意味合いは弱まったと言える．

　人工衛星によってオーロラを宇宙から観測できるようになると，オーロラの科学は大きく前進した．NASA が打ち上げた観測衛星ポーラは，細長い楕円軌道を描きながら北極圏上空を飛び，オーロラ・サブストームの発達を撮像することができる．図 7-3 は，ポーラ衛星が 1996 年 12 月 10 日に撮った画像の一部である．画像はコンピュータで処理されて，図 7-2 と同じように磁気的緯度―地方時座標で描画

---

3)　本章 3 節参照．
4)　本章 4 節参照．

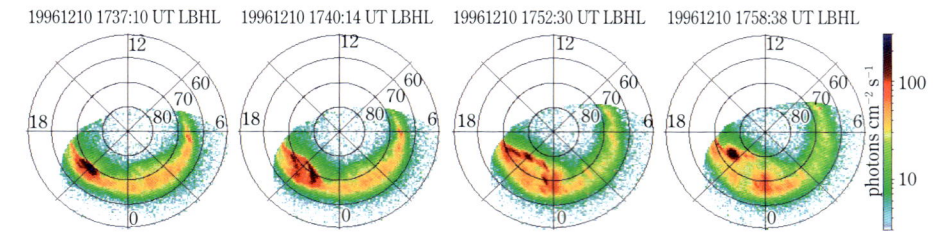

図 7-3 オーロラ・サブストームの例（1996 年 12 月 10 日 17：37～17：58 UT）。同心円は磁気緯度，円の中心を通る直線は磁気的地方時を，それぞれ示す。各画面上方が太陽方向。[3]

されている。左端の図（17：37 UT）が，オーロラ・ブレイクアップ直後のオーロラ活動の様子である。オーロラの活動はこの図のように，21 MLT（**磁気的地方時**）付近から始まることが多い。だが，特に 21 MLT 付近でなければならない理由はまだ解明されていない。

図 7-2 と図 7-3 を見比べてみると，図 7-2 のモデルが，実際のオーロラの規模や発達過程の大略を表し得ていることを確認することができる。しかしながら，大量に撮像された人工衛星によるオーロラ画像を分析することによって，上に述べた活動開始の場所や，開始後の発展の仕方などの点で，いくつかの重要な相違点があることが指摘されている。

なお，左端の図を良く見ると，0 MLT から 6 MLT にかけての広い範囲に，弱いオーロラ活動が見られる。これは，この画像が取られた時刻の 30 分ほど前の 17：09 UT 頃に発生した「前駆的」なオーロラ活動の名残である。他にも大規模なオーロラ活動の前に「前駆的」な活動が見られる例は数多くある。しかし，この種のオーロラが，その後のより大規模なオーロラ活動を駆動する役割を果たすものなのか，あるいは偶然に 30 分前に起こっただけなのかについてはまだ定説が無い。

専門家以外の読者には，図 7-3 のような地磁気座標ではなく，図 7-4 のようにオーロラの映像を地理的座標に投影した図の方が，オーロラの規模や分布の様子がより分かりやすいかもしれない。この図では，太陽は画面左上の方向にある。地理的な緯度・経度線と共に海岸線が白線で描かれているので，スカンジナビア半島の北の海岸からロシア，アラスカの海岸線にかけて，オーロラが出現しているのがよく分かる。特にノルウェーのスヴァーバル諸島上空に強いオーロラがあって，その部分のカラーコードが赤くなっている。北極海の島々の上空で，オーロラが激しく乱舞していたことだろう。

同図の右端，オーロラからかなり離れたところに北海道が見える。このように日本列島はオーロラ帯から 2000 km 以上も離れたところに位置している。そのため，残念ながら日本からは全天に広がるオーロラを見ることはできない。しかし，オー

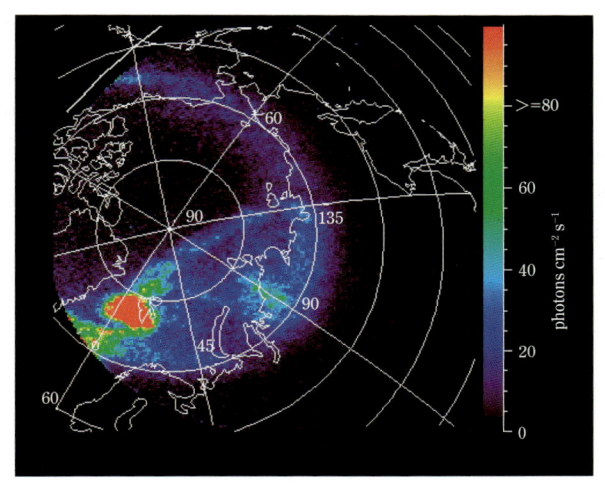

図7-4　オーロラの全体像（1996年12月10日 18：02 UT）[3]

図7-5　北海道・網走市（能取）より北の空を撮影（2003年10月29日23時40-42分）[4]

ロラの活動が非常に激しくなると，北海道で北の空が赤く光るのが観測されることがある（図7-5）．これは，前章4節でも紹介した，オーロラ上部（高度約300 km）に現れる酸素が出す630 nmの光を見ているのである．2003年10月29日[5]に北海道で撮影された図7-5の活動は，断続的に翌々日まで続き，10月31日には，北アルプスの立山からもオーロラが観測された．

5）　同月22日から太陽活動が活発化し，非常に大きなフレアが頻発していた．24日には，日本の環境観測衛星「みどり2」が，これらのフレアに起因すると推定される原因によって，電源供給システムに回復不可能な障害を受けた．太陽活動の人工衛星への影響については，第9章参照．

7.2 オーロラ・ジェット電流

地球と宇宙を結ぶ電流

　地上およそ 80 km より上空の大気には，太陽の紫外線によって原子の一部が電離されることによって生じる電離圏が常に存在する[6]。オーロラ・サブストームの発生時に宇宙から降下してくる荷電粒子（主に電子）は，大気中の原子を発光させてオーロラを出現させると同時に，原子を電離する作用も持っているので，高度 100～200 km の電離圏の電子密度を上昇させて電気伝導度の高い層を作る。そこに大きな電流（**オーロラ・ジェット電流**）が流れる。

　電離圏を流れる電流は，地表の磁場を変化させるので，それを観測すると，逆に上空を流れる電流の強度や分布を知ることができる。そのような解析の結果，電流によって極地方の上空に発生する熱（ジュール熱）は，1×10^{11} W を越えることが分かった[7]。仮に，活発なオーロラが 30 分間続いたとすると，総量で 1×10^{15}～10^{16} J のエネルギーになり，これはマグニチュード 7 クラスの地震が発生するエネルギーに匹敵する。これだけのエネルギーが，どのようにして電離圏に供給されるのだろうか。

　この問いに答える前に，オーロラの活動に伴って電離圏にどのような電流が流れているのかを見ておこう。図 7-6 に示したように，電離圏で西向きの電流が流れると，地表では南向きの磁場が誘起されて，もともとある北向きの地磁気を弱くする。とは言っても，電離圏を流れる電流が地表に作る磁場の強さは，特別強いときでも 1000 nT 程度しかない。地表の地磁気強度はおよそ 6 万 nT だから，全磁力のわずか 2% 程度である。しかし，人間生活に与える影響の大きさを決めるのは，磁場変動の地磁気に対する相対的な強さではなく，その変動幅と継続時間である。なぜなら，急激な磁場変化は，電磁誘導の法則に従って，地表の諸施設に大きな誘導起電力を生じさせるからである。1989 年 3 月 13 日の夜，米国のニューヨークやワシントンにまでオーロラ・オーバルが拡大した。その深夜，カナダのケベック州で変電所の変圧器のコイルが焼き切れ，600 万人が，極寒の中 9 時間を越す大規模な停電に見舞われた。

　図 7-7 は，1997 年 1 月 12 日に発生したサブストームの際に観測衛星ポーラが撮像したオーロラである。真夜中（0 MLT）を挟んで，中程度の大きさのオーロラ・バルジが見られる。小さい白丸は，オーロラ帯に沿って点々と設置された地磁気観測所の位置を示している。さらに，白丸から突き出ている黒い線分は，地表の磁場

---

[6]　第 8 章 1 節参照。
[7]　付録 B「9. 電場と電位」を参照。

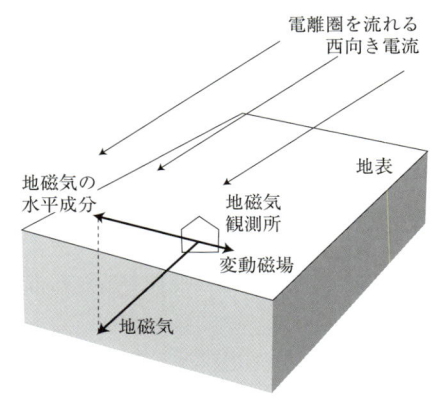

第7章　磁気圏サブストームと磁気嵐 | 141

図7-6 電離圏を流れる電流と地表に生じる磁場変動の関係。変動磁場の地磁気水平成分に対する割合は，実際より大きく描いてある。過去の例によると，実際に生じる磁場変動の大きさは，最も大きな変動の場合でも地磁気の水平成分の2%程度である。

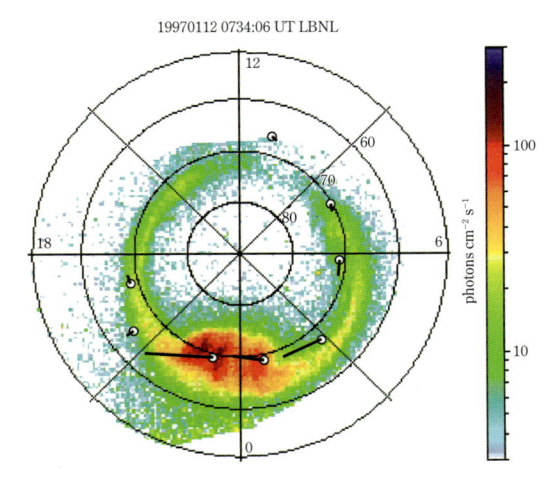

図7-7 1997年1月12日に観測衛星ポーラが撮像したオーロラ（表示法は図7-3と同じ）。小丸は，オーロラ帯に分布する観測所。実線の向きと長さは，磁場変化から推定される電離圏電流の向きと相対的な強さを表す。

変化から推定された電離圏電流の向きと，その相対的な強さを表している。この図から，オーロラ・バルジの中に強い西向きの電流が流れていることが分かる。磁気緯度69度，磁気地方時23時にある白丸は，オーロラ観光で人気の高いカナダのイエローナイフである。このとき，オーロラ帯にある観測所の中でも，最も強い磁場変化が観測された。

この例のように，サブストームが発生すると夜側オーロラ帯の電離圏を，強い西

向き電流が流れる．これをオーロラ・ジェット電流と呼んでいる[8]．これが，上に述べた1×10^{11} W ものジュール熱を発生させることができる電流の正体だ．

電気回路の例でも分かるように，電流は必ずループを描いて流れる．オーロラ・ジェット電流はどこからやってきて，どこへ繋がっているのだろうか．当初は，オーロラ・ジェット電流が流れている一帯の北側（極側）と南側（赤道側）に東向きの電流があって，電流は電離圏内で閉じているのだろうと考えられた．しかし，地表と宇宙での磁場変動の観測を積み重ねることによって，オーロラ・ジェット電流は，以下に述べるように磁力線に沿って宇宙空間を流れる電流に繋がっていることが判明した．

磁気圏尾部にはプラズマ密度が高く，磁場の弱いプラズマ・シートと呼ばれる領域があり，そこを西向きの電流（磁気中性面電流）が流れていることは，前章で紹介した（図6-8）．何らかの理由のためにプラズマ・シートの一部で磁気中性面電流が流れにくくなると，電流は磁力線に沿って電離圏のオーロラ帯に流れ込む．流れ込んだ電流はオーロラ・ジェット電流となって電離圏を西向きに流れ，磁力線に沿って再び磁気圏に戻る（図7-8）．このように，電離圏を流れるオーロラ・ジェット電流の両端は，宇宙空間に繋がっているのである．磁気中性面電流が流れにくくなる現象を**電流遮断（カレント・ディスラプション）**，それによって生じる下向き沿磁力線電流—オーロラ・ジェット電流—上向き沿磁力線電流からなる電流系を**ウェッジ（楔形）電流**と，それぞれ呼んでいる．

ウェッジ電流が作られるのは，地球から反太陽方向に $10\ R_E$ ほど離れたところというのが今日の定説である．それまでプラズマ・シートを流れていた電流が，電離圏を迂回して流れるようになるには，プラズマ・シートで異常な電気抵抗が発生したためと考えられるが，その詳しいメカニズムはいまだ分かっていない．

磁気中性面電流は西向きに流れているので，電流より地球に近い方では南向きの磁場を作って，地磁気の双極子成分（北向き）を弱める働きをしている．したがって，

コラム：寺田寅彦と地磁気観測

宇宙空間から地球に向かって流れ込む電流の存在を予測したのは，ノルウェーの科学者ビルケランドである．彼は空気中の窒素から硝酸を合成することに成功した化学者でもある．第一世界大戦中に世界をさまよい，東京で謎の死を遂げた（睡眠薬の多量服用によると言われている）．その時，宿泊していたホテルに駆けつけた寺田寅彦が「B教授の死」と題する随筆を書いている．寺田寅彦は油壺で行われた日本初の地磁気脈動の観測データを解析した．

---

[8] 西向きジェット電流と称されることもある．

第 7 章　磁気圏サブストームと磁気嵐 | 143

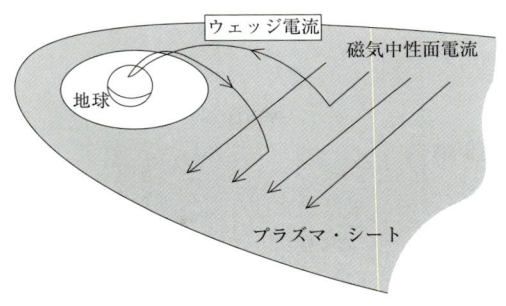

図 7-8　磁気圏尾部の磁気中性面電流の一部が遮断されて，強いウェッジ電流が形成される。

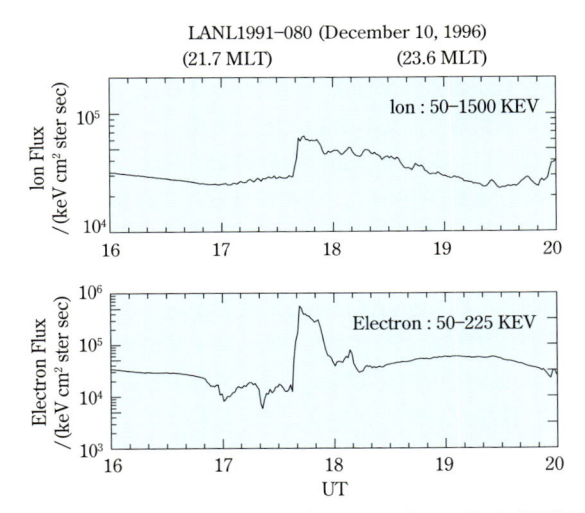

図 7-9　サブストームに伴って起こった静止軌道における粒子の注入（観測衛星 LANL1991 による）。[5]

磁気中性面電流の部分的な遮断が起こると，その場所より地球に近いところでは，地磁気の北向き成分が強くなる（磁場の双極子化）。その変化は，静止軌道衛星においてしばしば観測され，サブストーム発生の指標の一つとなる。

さらに磁場の双極子化が起こると，磁場変化に誘起された電場によって荷電粒子が加速され，図 7-9 に示すように高エネルギー粒子が急増する注入（**インジェクション**）と呼ばれる現象が起こる。次節に述べるように，インジェクションが繰り返されると，磁気嵐の発達に寄与すると考えられている。また，この現象は人工衛星を帯電させて機器に不具合を生じさせる原因ともなるので，**宇宙天気**[9]の観点からも注目されている。

---

9)　第 9 章 1 節参照。

7.3 磁気圏サブストーム

磁気圏尾部の大変動

　サブストームに伴う磁気圏の変化は，磁気圏尾部のさらに広い範囲に及ぶ。図7-3に取り上げたサブストームが起こった日に，地球からおよそ25 R_E の距離のところで磁気圏尾部を横切っていた観測衛星ジオテイル（図7-12）が，そこで起こった磁場とプラズマの変化を見事に記録した。図7-10は，その概要を示している。

　ここで，プラズマの「全圧」について少し説明しなければならない。第6章1節の磁気圏境界面の形成のところでも説明したように，磁場は，侵入しようとするプラズマを跳ね返す性質がある。プラズマの方から見ると，磁場がプラズマに対して圧力を持っていることになる。これを磁気圧と言う。したがって，プラズマと磁場が共存する宇宙空間では，ある点における静的な圧力は，プラズマ粒子の熱運動による圧力（プラズマ圧）と磁気圧（P_{mag}）の和になる。この和をここでは全圧（P_{tot}）と記す。図7-10 (I) の実線は，観測をもとに算出した磁気圏尾部における全圧である。一方，同図にある破線は磁気圧の変化を表す。図を見ると，全圧と磁気圧がほとんど重なっている期間と，明らかに差がある期間とがあることに気付く。全圧と磁気圧がほぼ等しい期間はプラズマ圧が極めて低いローブ領域にジオテイル衛星がいたことを示し，両者に差が見られる期間は，プラズマ圧と磁気圧とがほぼ拮抗するプラズマ・シート内に衛星がいたことを示している[10]。

　図7-10 (I) で最も目立つのは，全圧のゆっくりした増加と17：40 UT頃の急激な減少である。少し物理的な話になるが，圧力の単位（Pa）を基本単位で書くと（N/m^2）である。エネルギーや仕事の単位（J）は基本単位では（Nm）だから，これを体積で割ると（N/m^2）となる。したがって，全圧はエネルギー密度（単位体積あたりの粒子および磁場のエネルギー）に比例する，つまり，全圧の増大と低下は，そのまま磁気圏尾部におけるエネルギー密度の変化を表している[11]。惑星間空間磁場が南向きの成分を持つと，磁気圏尾部に磁場のエネルギーが蓄積されていく。この過程については，第6章1節で詳しく述べた。ここでは，エネルギー密度の急減の方が問題になる。と言うのも，この急激な変化は，図7-3で見た17：37 UTのオーロラ・ブレイクアップとほぼ時を同じくして起こっているからである。計算によると，このようなエネルギー密度の低下が，一辺が地球半径の20倍程度の立方体で起こると，ジェット電流によるエネルギー消費（～1×10^{15} J）をまかなうことができる。我々の目を楽しませるオーロラの乱舞には，広大な宇宙空間を舞台にした肉眼

---

10) 磁気圏尾部の構造については図6-2を参照。
11) 付録B「14. 電磁場のエネルギー」を参照。

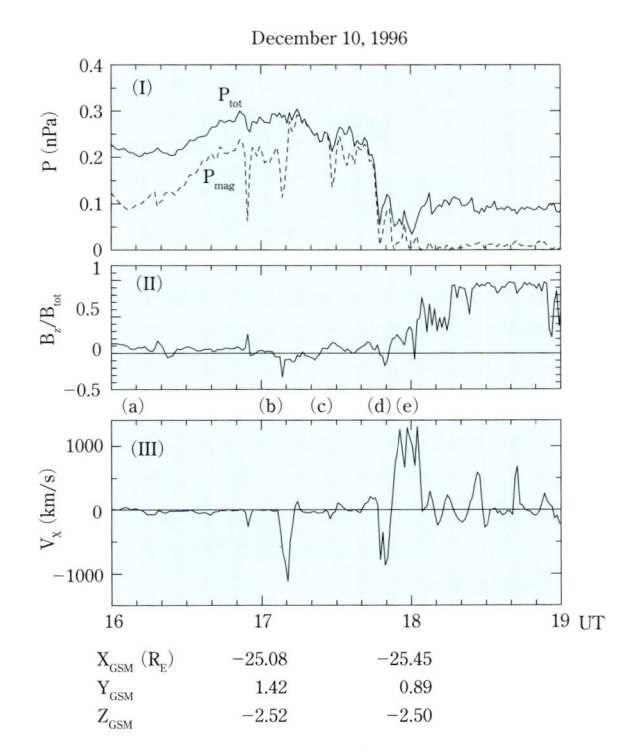

第7章 磁気圏サブストームと磁気嵐 | 145

December 10, 1996

図 7-10 サブストーム発生前後に，観測衛星ジオテイルが捉えた磁気圏尾部の様子。(I) 全圧 (P_{tot}) と磁気圧 (P_{mag})，(II) 磁場の傾き (南北成分/全磁場)，(III) プラズマ流の速度。[6]

では見えない現象が関与しているのである。

さて，図 7-10 のパネル II と III は，さらに重要なことを我々に教えてくれる。話はやや込み入ってくるので，図 7-11 の模式図と併せて見ていこう。

まず，両図の関係を説明しておく。図 7-11 の一番上の図は磁気圏の南北断面図である[12]。南北断面図の下の (a)～(e) は，細い曲線でプラズマ・シート内の磁力線を，少し太目の曲線でプラズマ・シートとローブとの境界を，それぞれ模式的に示している。

このとき観測衛星ジオテイルは，磁気圏尾部の中心軸付近，地球から 25 R_E ぐらいのところを飛んでいた。図には，灰色に塗った四角形を二つ積み重ねた形で，ジオテイル衛星の位置を表している。図(a)～(e) は，図 7-10 のパネル II と III のあいだに記された (a)～(e) の時刻において，データから推定されるジオテイル衛星

---

12) 南北のローブ磁場が再結合する地点は，描かれた地球の半径を基準にすると，もっと下流 (右) 方向に位置しなければならないが，紙面の都合で地球との距離を短く描いてある。

とその周辺の磁場構造との関係を示している。

　これで，準備完了である。図 7-10 のパネル II は，磁場の南北成分と全磁場との比である。(a) から (b) にかけて，徐々に比の値が小さくなっているが，これは磁場の向きが赤道面に平行になっていっている，つまり磁力線が引き延ばされ，それに伴ってプラズマ・シートの厚さが減少していることを意味する。図 7-11 の (a) から (b) は，同じ期間の磁力線の変化を示している。

　図 7-10 のパネル III はプラズマの流れを示している。地球向きの流れがプラスである。17：10 UT ごろに，秒速 1000 km を越える反地球向きのプラズマ流が急に現れた。これは図 7-3 の解説の最後に触れた，前駆的なオーロラ活動に対応して生じた高速流と考えられる。しかし前にも書いたように，ここではこの活動自体についてはこれ以上触れない。ただ，その直後，パネル I を見ると，全圧と磁気圧が一致しているのに気付く。言い換えるとプラズマ圧がほとんどゼロになったのである。おそらく，前駆的活動によってプラズマ・シートがいっそう薄くなったか，あるいは磁気圏尾部がはためいて（フラッピング），あるいはその両方によって，それまでプラズマ・シートにいたジオテイル衛星が粒子密度の低いローブに出たのであろう。図 7-11 (c) にその様子が描かれている。

　次の，図 7-10 (d) から (e) にかけてが，最も重要なところである。全圧の急減と共に，磁場の向きが南北に立ってくる。それと同時に，全圧と磁気圧のあいだに差が生じて，ジオテイル衛星が再びプラズマ・シートに侵入したことが分かる。(d) のとき，反地球向きのプラズマ高速流が観測され，直後の (e) に地球向きの高速流が観測されている。これは，図 7-11 の (d)，(e) に描いたように，ジオテイル衛星が磁気再結合が起こっている現場を横切ったことを強く示唆している。白抜きの矢印は，両方向の高速プラズマ流を表しているが，これらは磁気再結合によって磁場エネルギーがプラズマ粒子の運動エネルギーに変換されることによって発生する。

　図 7-11 (d)，(e) に描かれているように，磁気圏尾部の磁気再結合が起こると，その後方に閉じた磁力線の領域が出来，そこに磁気再結合領域から注入された高エネルギーのプラズマが満たされる。**プラズモイド**と呼ばれるこの領域は，磁力線が地磁気から切り離されているため，反太陽方向におよそ 500 km/s の速度で射出される。このようなローブ磁場の再結合とプラズモイドの射出という一連の現象によって，図 7-10 (I) のような磁気圏尾部全圧の急減が起こる。プラズモイドの射出は，磁気圏尾部にとって全圧が半減するほどの大変動である。

　図 7-11 に模式的に描いた磁場の変化は，イオンや電子の振舞いなどと共に詳しく調べられ，理論上予想される磁気再結合が磁気圏尾部で実際に起こっていることが確認された。磁気的エネルギーの粒子エネルギーへの変換という，宇宙の様々な局面で重要な役割を果たしていると考えられている磁気再結合が，実際に宇宙空間

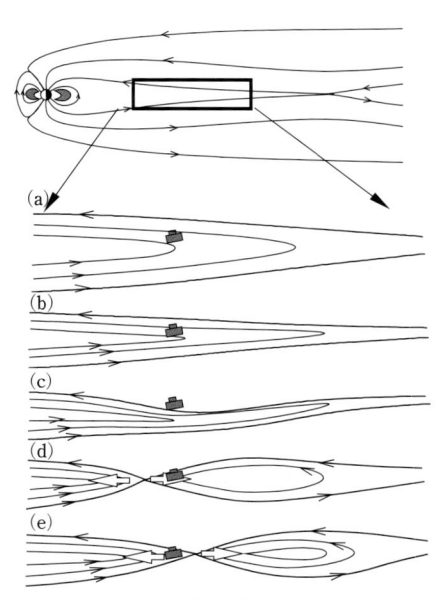

図 7-11 磁気圏尾部の南北断面。観測衛星ジオテイルとその周辺の磁場構造との関係を示す模式図（各部の長さの比は実際とは異なる）。(a) ジオテイル衛星が磁気圏尾部のプラズマ・シート中を飛行している。(b) 惑星間空間磁場が南向きの成分を持ち，太陽風との相互作用の活発化によってローブの磁気圧が増し，プラズマ・シートが圧迫される。(c) プラズマ・シートの圧迫が続いて，ジオテイル衛星はローブ領域に入る。(d) 薄くなったプラズマ・シートで磁気再結合が起こり，ジオテイル衛星は反地球方向のイオン高速流を観測する。(e) プラズモイドが反地球方向に射出され，ジオテイル衛星は地球方向のイオン高速流を観測する。

で起こっていることを観測的に確かめられたことは，宇宙物理学上の大きな成果であった。

しかし，すべてが明らかになったわけではない。ここに紹介したオーロラ・サブストームに伴って観測される二つの現象，すなわち比較的地球に近いところ（〜10 R_E）で起こる**磁場の双極子化**や**インジェクション**と，それらの現象より離れたところ（20〜30 R_E）で起こるプラズモイドの射出との関係は，まだ明らかにされていない。また，二度にわたって触れた前駆的オーロラ活動の存在。これらは，磁気圏物理の大きな未解決問題となっている。

さらに，次のことを付け加えておかなければならない。本節で取り上げた事例はサブストームの磁気圏尾部における観測の最も典型的な例の一つだが，すべての事例において，この例のような一対の地球/反地球向きのプラズマ高速流が観測されるとは限らない。むしろ，どちらか一方のみが観測にかかることの方が多い。しかしそれらは，たまたま人工衛星が観測に適切な場所にいなかったことによる，と見

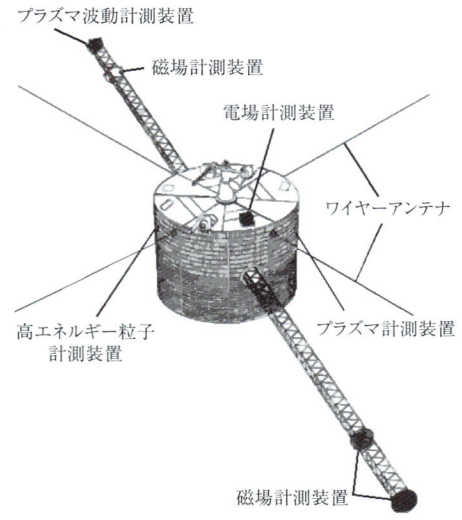

図 7-12 観測衛星ジオテイルの実物写真（左）と観測機器配置図（右）。プラズマ波動計測装置と磁場計測装置は衛星本体からのノイズの影響を避けるために伸ばしたマストの先端部に取り付けられている。[7]

なすことが可能である。そう考える根拠は主として統計的な研究によるが、より確実なことを言うには、複数の人工衛星による同時観測が必要である。実際、そのような観測も試みられつつあるが、まだ結論の確定には到っていない。したがって、現在多くの支持を得ている上記のモデル（**近地球磁気中性線モデル**と呼ばれる）の解釈とは違った現象が起こっている可能性も、現時点では完全に否定することはできない。しかし、説明がつかない例外的な事例がある中で、最も蓋然性の高いモデルを組み立て、その正しさを観測によって検証していくのが自然科学、特に太陽地球系科学の方法である。その意味で、近地球磁気中性線モデルは、現在のところ最も有力なモデルと言える。

第4章で紹介したように、太陽表面で起こるフレアは、磁場のねじれなどに蓄えられた磁気エネルギーの解放に伴って発生すると考えられている。一方、サブストームは、磁気圏尾部への磁場エネルギーの蓄積と、その解放によって起こる。したがって、両者は、スケールの違いこそあれ、物理的に互いに似た現象であると見なされている。しかし、観測上の制約に関して、この二つの現象には一長一短がある。すなわち、太陽フレアはその全体像を見ることができるが、現象が起こっている現場での観測、すなわち「その場観測」はできない。一方、磁気圏で発生するサブストームは、観測衛星によってその場観測が可能であるが、その反面、全体像を把握することが難しい。今後、それぞれの利点を生かした比較を行うことによって、理解が

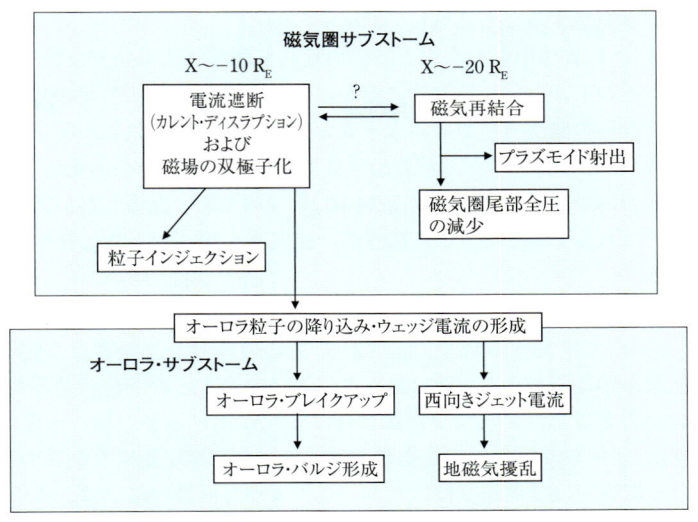

第7章 磁気圏サブストームと磁気嵐 | 149

```
                    磁気圏サブストーム
        X〜-10 R_E              X〜-20 R_E
        ┌─────────┐    ?    ┌─────────┐
        │電流遮断  │ ←───→ │磁気再結合│
        │(カレント・│         └────┬────┘
        │ディスラプ │              │
        │ション)   │              ↓
        │および    │         ┌─────────┐
        │磁場の双極│         │プラズモイド射出│
        │子化     │         └─────────┘
        └────┬────┘              
             │              ┌─────────┐
             │              │磁気圏尾部全圧│
             ↓              │の減少    │
        ┌─────────┐         └─────────┘
        │粒子インジェクション│
        └─────────┘

        ┌──────────────────────────────┐
        │オーロラ粒子の降り込み・ウェッジ電流の形成│
        └──────────────────────────────┘
                    オーロラ・サブストーム
        ┌─────────┐         ┌─────────┐
        │オーロラ・ │         │西向きジェット電流│
        │ブレイクアップ│       └────┬────┘
        └────┬────┘              ↓
             ↓               ┌─────────┐
        ┌─────────┐          │地磁気擾乱│
        │オーロラ・バルジ形成│  └─────────┘
        └─────────┘
```

図7-13 サブストームの概念図。矢印は現象間の因果関係を示している。「?」は，現在も関連が研究されていることを表す。

いっそう促進されることが期待される。

　本章第1節から第3節までに紹介した諸現象と，それらの相互の関係についての概念図を図7-13に示す。ここ数十年の研究によって，サブストームの全体像については，ほぼ把握できた感がある。しかし，現在も図中の各現象のより詳しい機構についての研究が進められているので，それらの進展によっては，全体像について何らかの変更を迫られることも無いとは言えない。

7.4　磁気嵐

地球を取り巻く環電流が起こす地磁気変動

　電磁気学が発展をとげた19世紀後半になると地磁気への関心が高まり，世界各地に地磁気観測所が設置され観測網が整えられた。組織的な観測の結果，しばしば地磁気の水平成分が世界的な規模で減衰することが分かり，磁気嵐と呼ばれるようになった（1864年　フンボルト）。20世紀初頭に短波通信が発明され，日常的に電波が利用されるようになると，人々は，磁気嵐に伴って，数日間にわたる全世界規模

の通信障害[13] が発生することに気付いた。

　地磁気の変化は，世界中に分布する多くの地磁気観測所において監視されている。それらの観測所の中から，中低緯度に互いに離れて分布する4箇所の観測所が特に指定され，それらの観測所における水平成分の変化から，磁気嵐の発生と規模を知るための指数，Dstインデックスが算出されている[14]。日本の柿岡地磁気観測所も，その4観測所の内の一つである。図7-14は，第5章3節に登場した**バスティーユ・イベント**と呼ばれるCMEによる衝撃波が，磁気圏を襲ったときに発生した磁気嵐の記録である。

　前述のようにオーロラ・サブストームも磁気嵐と同じように磁場変化を伴うが，前者は1～2時間で消長する現象（図7-2）であるのに対し，後者は，図7-14のように，いったん起こると元の状態に戻るのに数日を要するのが普通である。磁気嵐の磁場変化の大きさは，オーロラ活動に伴う変化に比べると一般に小さい。一方，その広がりは，オーロラ活動による変化が通常極域の夜側に限定されるのに対して，磁気嵐の方は影響がほぼ地球全体に及ぶ。このような両者の違いは，オーロラ活動に伴う磁場変化が地表の上空約100 kmの電離圏を流れるオーロラ・ジェット電流によるのに対し，磁気嵐の方は，地球の中心から4～6 R_E 離れた宇宙空間で地球を取り巻いて流れる**環電流**（リング・カレント）が強くなることによるからである。

　磁気嵐が地球半径の少なくとも数倍の半径を持つ電流が変化することによって起こることは，1910年代の研究の初期段階から推測され，その後の観測衛星による磁場測定によって確かめられた。環電流の原因としては，図7-15(A)のように，地球をその半径でぐるりと回るイオン[15]によって作られることがまず考えられる。しかし，強い地球磁場の周りを大きな半径で回るイオンのエネルギーは100 MeV程度が必要で，そのような粒子があったとしても，必要とされる電流が作られるほどの粒子密度は存在しない。

　次に，同図(B)は，地磁気強度が地球に近づくほど大きいことから生じるイオンのドリフト運動[16]を模式的に表している。一様な磁場中で荷電粒子は磁場に垂直な面内で等速円運動を行うが，磁場強度に傾きがあると，磁場の強いところでは回転半径が小さくなるため，回転の中心がずれる。このようなイオンの運動は，図のように北から見て時計回りの電流を作ることができるが，その環電流への寄与は，

---

13) 第9章1節参照。
14) Dstは，disturbanceから取られた名前。4観測所の磁場の1時間平均値に機器間補正，日変化補正を行って平均を取る。単位は(nT)。より多くの観測所のデータを用い，より時間分解能の高い指数（SYM指数）も併用される。詳しくは，京都大学附属地磁気世界資料解析センターのホームページ参照。
15) 磁場が存在するときの荷電粒子の運動については，付録B「12. ローレンツ力とサイクロトロン運動」を参照。
16) 回転の中心が磁力線を横切る方向に移動する運動。

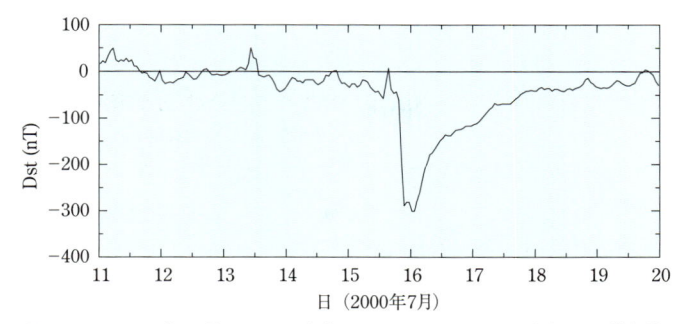

第7章 磁気圏サブストームと磁気嵐 | 151

図7-14 2000年7月14日に発生したCMEによって発生した磁気嵐の記録。衝撃波の到達とほぼ同時に，地磁気の水平成分の減少が始まった。縦軸のDstについては本文参照。[8]

次の同図 (C) の寄与に比べると小さいことが知られている。

その (C) は，本章第1節に述べた磁気中性面電流の機構と同様，ジャイロ運動をするイオンの密度差がもたらす電流である（図脚注参照）。イオンの密度は，約$4 R_E$より遠くでは，地球に近づくほど高くなる。したがって，同図 (C) に示すように時計回り（西回り）の電流が流れるが，一方，$2～3 R_E$の距離では，地球に近づくほどイオン密度は減少するので，逆に反時計回り（東回り）の電流が流れる。しかし，前者が後者より強いため，全体として電流の向きは時計回りとなる。その結果，環電流が強まると低緯度の地表においては地磁気が減少する。図7-14に示すように，磁気嵐において，Dst指数が負に大きく変化する原因は，このような環電流の特性による。

磁気嵐の地磁気水平成分の全地球的な減少は，このような環電流が強まることによって実現されるわけだが，その環電流を増強するためには磁気圏深部へのイオンの新たな供給がなければならない。それに寄与する現象としては，磁気圏対流[17]の勢いの増大と，サブストーム開始時に起きる粒子の注入（図7-9）が考えられる。惑星間空間磁場が長時間南向き成分を持つと，磁気圏境界面の太陽に面した部分で惑星間空間磁場と地磁気との磁気再結合が起こる。再結合された昼間側の磁力線が太陽風によって磁気圏尾部に運ばれ，そこに蓄積して尾部の磁気エネルギーが増大する（図6-5）。その結果，磁気圏対流の勢いが増すが，それと共にサブストームも頻繁に発生するようになる。したがって，環電流を増大させると考えられる二つの原因のうち，いずれがより強く磁気嵐の開始に寄与しているかを判断することが困難である。そのため今日に至っても，磁気嵐の直接的な原因の究明は，磁気圏科学の主要な研究テーマの一つとなっている。

---

17) 第6章2節，同3節参照。

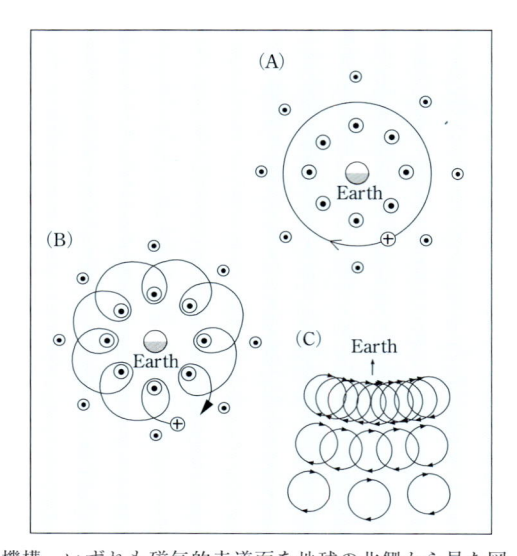

図 7-15 環電流の機構。いずれも磁気的赤道面を地球の北側から見た図。丸に中ポツの記号は，紙面上向きの磁場を表す（図 (C) では煩雑さを避けて省略）。(A) 地球半径の数倍のジャイロ半径で回転するイオン（付録 B「ローレンツ力とサイクロトロン運動」参照）。このような回転をするには 100 MeV 以上のエネルギーが必要なため，必要な電流を作るだけの粒子密度が得られない。(B) 地球に近づくほど，磁場が強くなってジャイロ半径が短くなるため，イオンは円運動しながら時計回りにドリフトしていく。しかし，このような運動による環電流への寄与は小さい。(C) 環電流に寄与するイオンの粒子密度は，地球中心から $3 \sim 4\,R_E$ の距離にピークがある。磁気的赤道面上のある点でイオンの動きを見ると，それより内側のイオンは西向きに，外側のイオンは東向きに運動する。その点が粒子密度のピークより外側にある場合は内側に行くほど密度が高くなるので，西向きに運動するイオンの数が，東向きに運動するイオンの数より多い。そのため，西向き，つまり時計回りの環電流が出来る。考えている点が粒子密度のピークより内側にあるときは，逆の事情が成り立って，反時計回りの環電流になる。結果的にはピークの外側の時計回りの電流の方が強く，この機構が環電流を流す上で主要な役割を果たしている。

　環電流の増大に寄与する粒子の種類についても，大変興味深い事実が観測されている。環電流を作る主要なイオンは，太陽風起源と考えられる陽子（H^+）だが，それに混じって粒子数にして 1 パーセントから数パーセントの酸素イオンが含まれる。太陽風中の酸素イオンの割合は極めて微量だから，それらは地球起源のイオンであると考えられる。特に磁気嵐になると酸素イオンが占める割合が増し，エネルギー密度にすると酸素イオンが陽子を上回ることもある。一方，太陽活動の極大期や，地磁気が激しく擾乱するときは，高緯度地方の大気から磁力線に沿って流出する酸素イオンが増加することが観測されている。それらの酸素イオンが，尾部の磁気的赤道面近くにあるプラズマ・シートに集まり，磁気圏対流によって地球近傍に運ばれて環電流の構成粒子となっていると考えられる。地球近辺の宇宙空間は，太

陽風の影響だけではなく，地球自体の大気からの影響も受ける複雑な環境であることが，このことからも窺える。

磁気嵐の人間生活への影響

　本章第2節に取り上げたように，サブストームのときに電離圏に流れるオーロラ・ジェット電流の影響によって，大規模な停電が起こることがある。特に，磁気嵐のときは，強まった環電流の影響でオーロラ・オーバルが拡大するので，サブストームの影響が人口密集地帯のある中緯度地方へと及ぶ。

　また，磁気嵐時には磁気圏対流の増大と頻繁なサブストームの発生によって，極域電離圏を流れる電流が増大する。その際，発生するジュール熱が電離圏に与える擾乱（電離圏嵐[18]）が中低緯度にまで伝播して，短波通信障害を引き起こす。電離圏を突き抜ける電波を用いて宇宙通信が行われる今日であっても，電離圏による電波の反射を利用した短波通信は船舶・航空通信などで，幅広く活用されている。そのため，磁気嵐・電離圏嵐の発生とその規模を知ることは，地磁気観測所の重要な役割の一つになっている。

　最後に図7-14のDstの変化を，もう一度よく見てみよう。7月15日15時30分に小さいが急激な増加があるのに気付くだろう。グラフ上では，ごく小さな変化だが，これは太陽風の衝撃波が磁気圏境界を押し込んで地磁気を圧縮したことによる変化である。磁気圏境界面は，通常は昼間側で地球中心から $10\,R_E$ 程度の距離にあるが（図7-1），このときは静止衛星の軌道（半径 $6.6\,R_E$）の内側にまで押し込まれた。その結果，米国の静止気象衛星のGOES8は，一時的に磁気シース[19]の高密度のプラズマにさらされたことが分かっている。このような人工衛星を取り巻くプラズマ環境の急変は，搭載する電子機器に様々な障害をもたらす可能性がある。また，地球を取り巻く**放射線帯**では，磁気嵐の開始時にいったん急減した高エネルギー電子が回復期に入ると逆に増大し，磁気嵐前の数倍から数十倍の粒子密度に達するという現象が起こる[20]。これらの現象は，人類の宇宙活動の安全性を保証する**宇宙天気予報**の主要な課題として，研究が続けられている。

---

18) 第9章1節，図9-6参照。
19) 図6-1, -2, -10参照。
20) 第9章，図9-4参照。

コラム：プラズマの可視化

　本章第3節に触れたように，磁気圏の研究では現象が起こっているその場まで人工衛星が飛んでいって様々な物理量を観測し，得られたデータを基にそこで何が起こっているかを推測したり，原因を考えたりすることが多い。このような方法は，詳しいデータが得られる反面，現象の全体像を把握することが困難な場合が少なからずある。そのため，少し離れたところから望遠鏡で見るような感じでプラズマを「見る」ことができたら大いに役立つと考えられ，そのような試みがすでに行われている。

　例えば，環電流を形成しているプラズマの様相を観測したいと思っても，密度の低い磁気圏のプラズマを直接光学的に観測することは，現在の最先端の技術をもってしても不可能である。しかし，**電荷交換反応**と呼ばれる反応を利用して「見る」ことができるようになった。

　環電流とその周辺には，**ジオコロナ**と呼ばれる低エネルギーの中性水素原子が分布している。図Aに示すように，磁力線に巻きついて運動する高いエネルギーを持ったイオン（主として，H^+およびO^+）が，ジオコロナの水素原子（H）と出会うと，水素原子からイオンの方に電子が乗り移ることがある。このように，粒子間で電荷だけが移動する反応を電荷交換反応と呼んでいる。反応に伴う運動量の変化がほとんどないため，反応

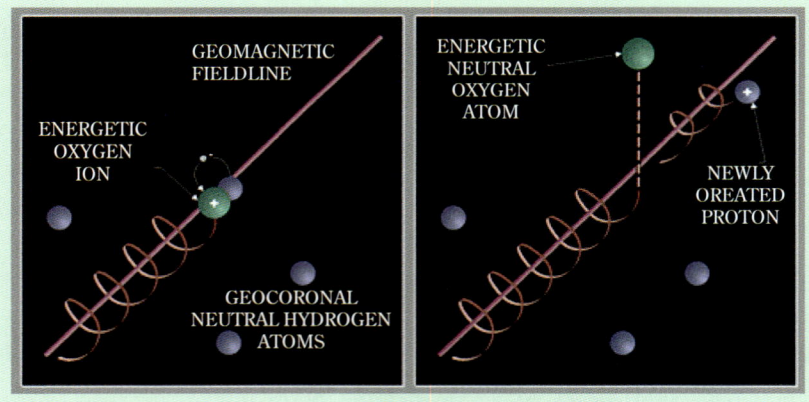

図A　電荷交換反応の概念図。（左）磁力線に沿って運動してきた高エネルギーの酸素イオンが，中性水素原子と電子のやり取りをして，中性化する。（右）水素原子から電子を得て中性となった酸素原子は運動エネルギーを保持したまま，磁力線の影響から脱して直線運動を行う。[9]

後は，エネルギーの低い陽子（H^+）とエネルギーの高い原子（HもしくはO）が生成される。このエネルギーの高い原子は電気的に中性であるため，磁場の影響を受けずに，直線運動（重力の影響を受けるので，より正確には弾道飛行）を行う。これらが，物を見るときの光の役割を果たす。つまり，その飛来方向から元のH^+やO^+の分布を知ることができるのである。

図Bは，環電流を構成するイオンが電荷交換反応を起こして生成される数keVから数百keVのエネルギーを持った水素原子や酸素原子などを捕らえ，その飛来方向から環電流粒子の2次元分布を求めた最初の図である。このような観測技術が進歩して時間分解能が上がってくると，環電流に急激な変化が起きる様子を文字通り目の当たりにすることができるだろう。

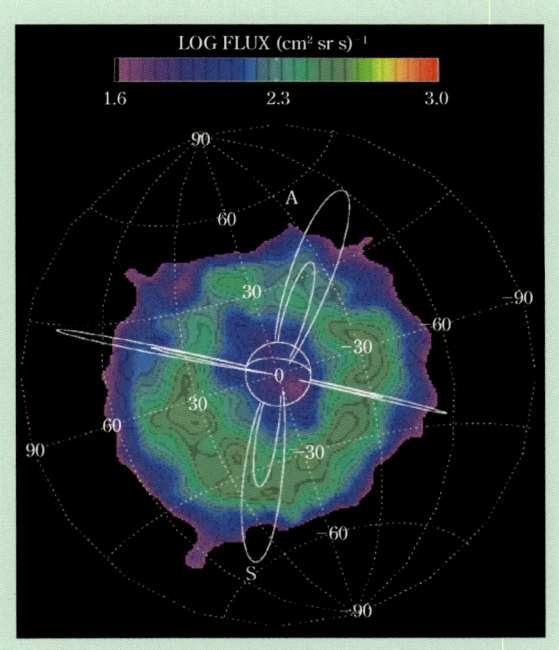

図B 観測衛星「イメージ」に搭載された観測器で得られた高速中性粒子（ENA）の空間分布。北極上空5 R_Eから見た図。白い線で描かれた円は地球を表す。地方時にして6時間ごとに，各2本の磁力線が描かれている（画面上方が真夜中，時計回りに夕方，真昼，朝方）。得られた分布は環電流の構造を強く反映している。[9]

参照文献 (資料)

［1］ 情報・システム研究機構 / 国立極地研究所および NHK　提供。
［2］ Akasofu, S. -I., Polar and magnetospheric substorms, D. Reidel, Dordrecht, The Netherlands, 1968.
［3］ The Johns Hopkins University/Applied Physics Laboratory のホームページより
　　　<http://sd-www.jhuapl.edu/Aurora/polar_movies/UVI_polar_movies.html>
［4］ 津田浩之氏　撮影。
［5］ データは NASA のホームページより
　　　<http://cdaweb.gsfc.nasa.gov/cdaweb/istp_public/>
［6］ データは宇宙航空研究開発機構 / 宇宙科学研究所のホームページより
　　　<http://www.darts.isas.jaxa.jp/spdb/geotail/mkascii.html>
［7］ 宇宙航空研究開発機構 / 宇宙科学研究所　提供。
［8］ データは京都大学大学院理学研究科附属地磁気世界資料解析センターのホームページより <http://wdc.kugi.kyoto-u.ac.jp/index-j.html>
［9］ Southwest Research Institute のホームページより
　　　<http://pluto.space.swri.edu/image/glossary/charge_exchange.html>
　　　<http://pluto.space.swri.edu/image/glossary/ring_current2.html>

8章

太陽と地球大気・地球環境

　我々の生活環境は，大気によって直接大きな影響を受けている。気温，風，降水といった気象条件によって，服装や冷暖房を調整し，かぜや熱中症などの病気になりやすくなり，農作物の収穫量や価格が変動し，台風などの災害を被るというように，大気は，我々の暮らしに常時，直接に影響を与えている。**気候**とは気象条件の長期的な平均状態のことであるが，いまその変動が大きな社会問題になっている。さらに，以下のような環境要因も，人類の生存にとって気象条件に劣らず重要である。その一つは，**大気質** (Air quality)，つまり大気汚染の度合いである。大気中で一酸化炭素，**窒素酸化物**，**オキシダント**（オゾンなど酸化性物質の総称），**硫黄酸化物**，あるいは酸性雨をもたらす硫酸や硝酸などの有害物質の濃度が高くなると，ぜんそくや肺がんなど呼吸器系の病気が増加したり，農作物や森林の生育が悪くなったりする。またこれらの物質は，気候変動の一因にもなっている。もう一つは，大気を透過して地表に到達する，太陽からの紫外線や宇宙からの放射線（**宇宙線**）の強度である。これらは，オゾンなどの大気成分の量や太陽活動により変化し，皮膚がんの発生など人の健康や生態系に影響するだけではなく，実は大気の大規模構造を決定するほどの重要性を持っている。

　本章では，太陽放射がどのようにして大気の温度構造を決定し，電離圏（電離層）や**オゾン層**を形成しているのか，そのメカニズムを説明する。さらに，気候変動，オゾン層の破壊といった大気環境問題に対し，大気物質と太陽活動がどのように影響しているのか，紹介する。

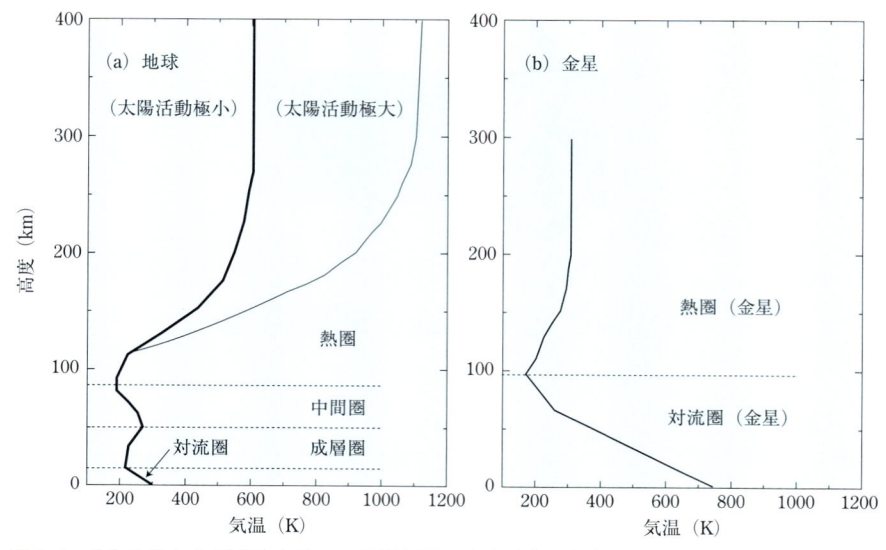

図 8-1 (a) 地球および (b) 金星での昼間気温の高度分布。大気区分の境界をそれぞれ点線で示す。地球熱圏での気温は，太陽活動極大期（細実線）と極小期（実線）で大きく異なる。

8.1　地球大気の温度構造

成層圏・熱圏の形成

　図 8-1 は，地球（左）と金星（右）での気温の高度変化を示す。地球では，地表から高度と共に気温が下がっていくことがよく知られているが，それは高度約 10 km までの**対流圏**での特徴である。より高い高度では，約 10〜50 km の**成層圏**では逆に高度と共に気温が上がり，50〜80 km までの**中間圏**では再び気温が下がり，高度 80 km 以上の**熱圏**ではどんどん気温が上がっていく，というように複雑な変化を示す。

　一方金星では，地表付近の気温が地球に比べ著しく高いことの他，高度約 90 km まで気温が高度と共に下がっていく対流圏が続き，その上はすぐ熱圏となっており温度構造にも大きな違いがある。成層圏と中間圏の存在は，地球大気の大きな特徴であることが分かる。（ただし金星では，硫酸の雲の発生という地球とは異なる定義により，高度約 70 km から約 100 km の範囲を中間圏あるいは成層圏と呼んでいる。）

　どちらの惑星でも地面近くで気温が高いのは，地面が日射（主に可視光）を吸収して温度が上がり，それが地面に接する空気を暖めるからである。それでは，熱圏

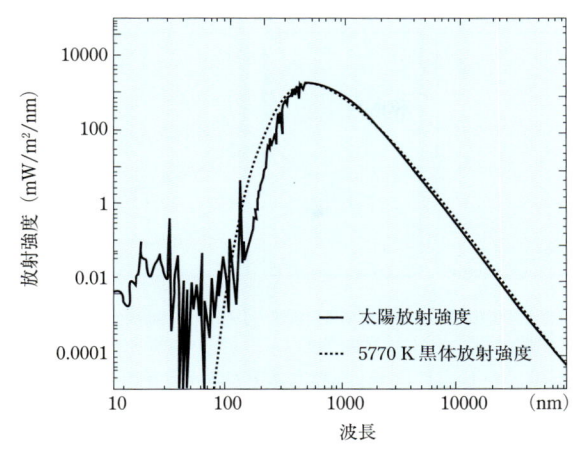

図 8-2　太陽活動極小期における太陽からの光強度スペクトル[1]

および地球の成層圏ではどうして気温が高度と共に上昇するのだろうか？　それには，太陽からの紫外線が大きな役割を果たしている．図 8-2 に示すように，太陽からは，可視光線の他に，波長が 380 nm より短い紫外線，さらに 200 nm よりも短い**極端紫外線**も弱いながら放射されている[1]．成層圏は波長 200～300 nm の紫外線が大気中のオゾン分子等によって強く吸収されることで，熱圏は極端紫外線やさらに波長の短い X 線が酸素分子等によって強く吸収されることで，吸収された紫外線および X 線のエネルギーにより大気が加熱されて，それぞれ形成されている．

　まず熱圏について詳しく調べてみよう．図 8-3 (a) は，高度 100～200 km での酸素分子密度の高度分布を示す．高度が下がるほど空気が濃くなり，それと共に酸素分子数も多くなる．図 8-3 (b) は波長 150 nm の極端紫外線が，大気中の酸素分子により吸収されて，高度が下がるほど弱まっていく様子を示している．酸素分子密度がまだあまり高くない 120 km より上の高度で，すでにこの波長の紫外線の大部分が吸収されていることが分かる．図 8-3 (c) は，各高度での波長 150 nm の極端紫外線の吸収量を示し，高度 130 km 付近がピークとなっている．この吸収された紫外線のエネルギーは最終的に熱エネルギーに変わり大気を加熱するが，図 8-3 (c) のピークは，図 8-1 の熱圏気温分布には現れない．これは，空気が薄い（密度が小さい）高い高度ほど同じ熱エネルギー量でも気温上昇が大きくなるからで，鍋に水を入れて火にかけたときに，同じ火力なら水が少ないほど早く温度が上がるのと同じ理由である．つまり，各高度での紫外線吸収による気温の上昇率（大気加熱

---

1)　第 1 章 3 節，第 3 章 4 節参照．

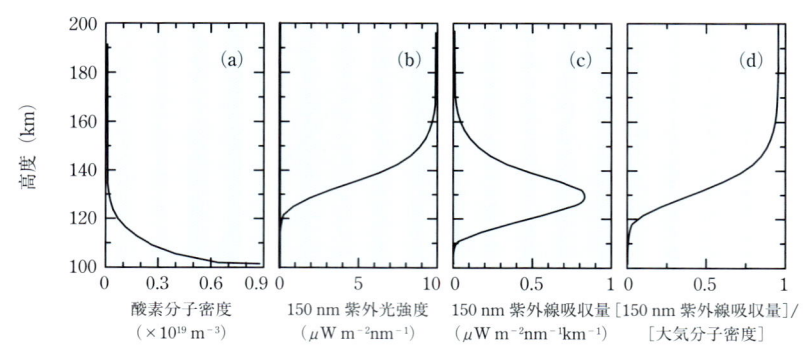

図 8-3 高度 100〜200 km における (a) 地球大気中の酸素分子密度，(b) 波長 150 nm の紫外光の単位面積・波長あたりの強度，(c) 高度 1 km ごとの波長 150 nm 紫外光の吸収量，(d) 各高度で吸収された波長 150 nm 紫外光のエネルギーを大気分子密度で割った値（相対値で示してある）。

率）は，吸収されたエネルギーをその高度での大気密度で割ったものに比例することになる。図 8-3 (d) は，吸収された紫外線エネルギー量を大気密度で割った値の高度変化であり，酸素による極端紫外光の吸収では，高度と共にこの値が増加し 150 km 以上でほぼ一定になる。これは，図 8-1 に示した熱圏の気温分布の特徴とよく対応しており，熱圏上部で温度がほぼ一定になる理由の一つである。

　成層圏についても同様のことがいえる。図 8-4 (a) は，地表〜高度 70 km でのオゾン分子密度の高度分布を示している。本章第 4 節で述べるように，オゾン分子は高度約 20 km にピークを持ち，オゾン層と呼ばれている。図 8-4 (b) は，波長 250 nm の紫外線がオゾン分子によりそれぞれ吸収される様子を示している。やはり，オゾン層のピークよりずっと高い，高度 40 km で紫外線の大部分が吸収されている。図 8-4 (c) および図 8-4 (d) は，各高度で吸収される 250 nm の紫外線のエネルギー量とそれを大気密度で割った値の高度変化を示す。オゾンの 250 nm の紫外線吸収のピークは高度約 40〜45 km に現れるが，それによる大気加熱率はより高い，高度約 50 km にピークを持ち，この高度が最も強く加熱されることを示す。図 8-1 (a) と比べてみると，この高度は成層圏と中間圏の境目となっている気温の極大と対応している。

　このように，成層圏と熱圏の気温上昇は，それぞれオゾンと酸素分子が紫外線を吸収することで生じる地球大気の特徴である。よく成層圏にオゾン層があるという言い方をするが，因果関係から言うと逆で，地球大気中では豊富な酸素分子 (O_2) から作られたオゾン (O_3) 層があるから，成層圏が出来たということになる。極端紫外線は，酸素分子以外に窒素分子や二酸化炭素分子にも吸収されるので，図 8-1 (b) に示すように酸素の無い金星や火星でも熱圏は存在する。しかし，酸素分子が

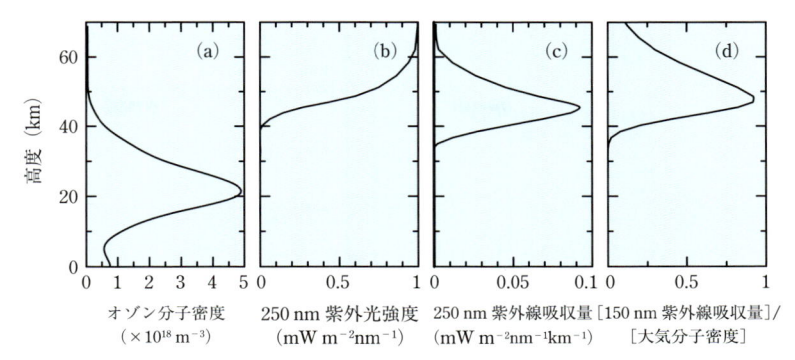

第 8 章　太陽と地球大気・地球環境 | 161

図 8-4　高度 0～70 km における (a) 地球大気中のオゾン分子密度, (b) 波長 250 nm の紫外光の単位面積・波長あたりの強度, (c) 高度 1 km ごとの波長 250 nm 紫外光の吸収量, (d) 各高度で吸収された波長 250 nm 紫外光のエネルギーを大気分子密度で割った値 (相対値).

縦軸：高度 (km)
横軸：
(a) オゾン分子密度 ($\times 10^{18}$ m^{-3})
(b) 250 nm 紫外光強度 (mW m^{-2}nm^{-1})
(c) 250 nm 紫外線吸収量 (mW m^{-2}nm^{-1}km^{-1})
(d) [150 nm 紫外線吸収量]／[大気分子密度]

　少なくオゾン層を持たないこれらの惑星では，対流圏と熱圏の中間に気温がピークを持つ大気領域，つまり（地球と同じ意味での）成層圏および中間圏は存在しない．

　オゾンや酸素分子などによる紫外線の吸収は，今見てきたように大気の温度構造の決定に主要な役割を果たしており，地上の気象にも大きな影響を与えている可能性がある．たとえば，オゾン量の変化は，気温分布に変化をもたらし，大気循環に影響したり，雲が出来る領域である対流圏の高度範囲を変えたりすると考えられる．また，オゾンや酸素分子は，エネルギーの強い紫外線を上空で吸収し地表まで到達しないようにすることで，地表に住む生命を守っていることもよく知られている．地球の歴史の中で，生物による光合成で大気中に酸素が増えて，それからオゾン層がつくられ十分な量となった 4～6 億年前まで地表には動物も植物も生物は存在しなかった．これは，それまでは，遺伝子を作る DNA（デオキシリボ核酸）分子を壊してしまうような 300 nm より波長の短い紫外線が地表に届いていたためだと考えられている．オゾン層の形成の仕組み，およびオゾン層の人的要因による破壊については本章第 4 節で議論する．

電離圏の形成

　情報とそれをもたらす通信手段が経済など人間活動の成否を左右することは，古くから知られていた．無線電信が実現したとき，地球表面が曲面を描いているにもかかわらず，かなりの遠方まで電信が可能であることに人々は驚いた．理由は分からないまま，1901 年にマルコーニがヨーロッパ＝アメリカ間の遠距離通信に成功し，1912 年のタイタニック号遭難時に SOS 通信が行われるなど，20 世紀初頭には

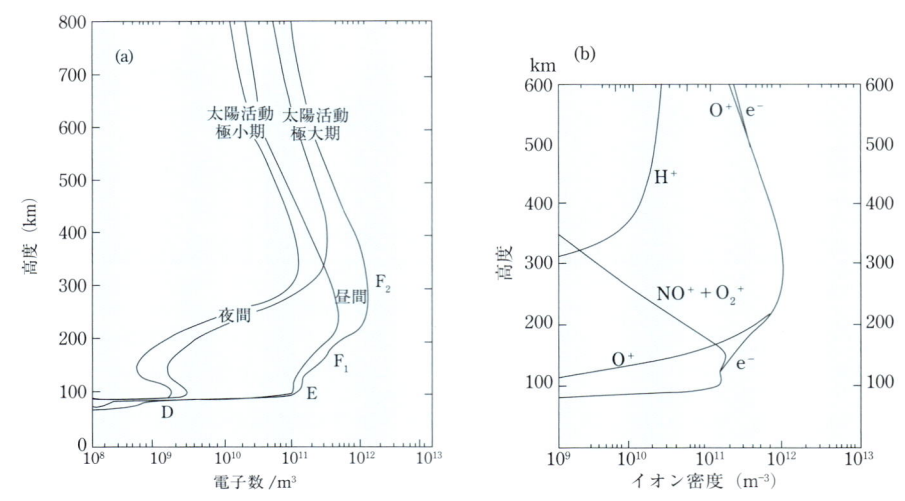

図 8-5 (a) 昼間および夜間における電離圏での電子密度の高度分布．D, E, F1, F2 は電離圏各領域の名称．電離を引き起こす極端紫外線強度は太陽活動により大きく変化するので，太陽活動の極大期と極小期で電子密度も大きく変化する．(b) 電離圏での NO^+, O^+, O_2^+, H^+ の各イオンおよび電子密度 (e^-) の昼の高度分布（太陽活動極大期）．[1]

無線通信は広く社会で利用されるようになった．一方，遠距離通信が可能である理由の科学的な解明は，1924 年のイギリスのアップルトンとバーネット，およびアメリカのブライトとチューブによる**電離圏**の発見をもたらし，その後の超高層大気研究への先駆けとなった．

熱圏で起こる酸素分子や窒素分子などによる極端紫外線や X 線の吸収は，これらの分子やそれが解離して出来た酸素原子や窒素原子から電子をはぎ取って（電離），酸素や窒素の陽イオン（O_2^+, N_2^+, NO^+, O^+, N^+）と電子を作りだす．それが，電離圏におけるプラズマ・電離大気形成の主な成因である．中間圏および熱圏と電離圏は，ほぼ同じ高度約 50 km 以上の領域を気温と電離度という異なる視点から名づけたものである．この高度領域では電離度，つまり大気全体に占める電離したイオン（プラズマ）の割合はまだ低いが，高度 100 km で 1 億分の 1（昼間），300 km では数千分の 1 というように高度と共にどんどん増加していく．電離していない普通の大気（中性大気）としての性質と電離大気としての性質を，併せ持つ領域ということができる．

図 8-5 (a) に電離圏の電子密度の高度分布を示す．電離圏での電子密度は，高度方向に極大あるいは段差状の構造を持つ．電離圏は，下から **D 領域**（高度約 60～90 km，昼のみに現れる），**E 領域**（約 90～150 km），**F 領域**（約 150 km 以上，電子密度のピークは約 300 km，昼は F1 領域と F2 領域に分かれる）と分類されている．かつて

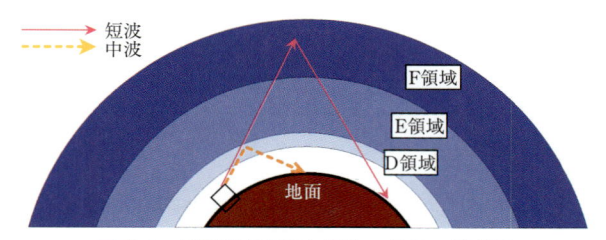

図8-6 電離圏各領域と電波の伝播の模式図

はD〜Fの各領域はそれぞれ層状になっていると考えられ，D層〜F層とよばれていた。同様に，電離圏全体も電離層と呼ばれ，現在でも一般には電離層の方が通りが良い。電離圏は，図8-6に示すように電磁波（長波〜短波）を反射する働きがあり，人工衛星や海底ケーブル網が発達する前には，遠距離通信を行うためにこの働きが利用されていた。電離圏の電子密度が大きいほど波長の短い電磁波が反射されるので，ある波長の電磁波は，その波長を反射できるまで電子密度（図8-5 (a) 参照）が大きくなった高度で反射される。AMラジオ放送に用いられる波長の長い中波（MF）は，D〜E領域で反射・吸収されるためあまり遠方には伝わらないが，より高度の高いF領域で反射される短波（HF）は，遠距離通信や国際ラジオ放送に用いられる[2]。ただし，太陽からの極端紫外線が入ってこない夜間には，電離圏のイオンと電子が再結合して電子密度が下がり，特にDおよびE領域ではそれが著しく（D領域は消失する），中波も高度の高いF領域で反射されるようになる。夜間にしばしば中国や韓国のAMラジオ放送が日本でも聞こえるのは，このためである。なお，FMラジオやテレビ放送，携帯電話に用いられる超短波（VHF）や極超短波（UHF）は電離圏で反射されないため，タワーや山の上など高いところに設置した中継局や通信・放送衛星を用いないと，ごく近距離にしか伝わらない。

　これら電離圏の層的な（あるいは段差状の）構造はなぜできるのだろうか？　図8-7に模式的に示したように，陽イオンおよび電子のもととなる酸素分子，窒素分子は高度が低いほど多い。一方，これら分子を電離させる紫外線の強度は高度が下がると急激に弱くなっていく。陽イオン（電子）ができる量は，酸素分子，窒素分子の量と紫外線強度をかけたものに比例することになる。高度が高すぎると原料となる分子の量が少なく，低すぎると紫外線量が少なくなるため，イオンの生成は少なく，両方ともそれなりの量が存在する中間の高度で生成が最大となり，電離圏の層的な構造が形成されることになる。D〜F領域と複数の構造が出来るのは，図8-5 (b) に示すように，D領域はNO^+，E領域はO_2^+，F領域はO^+と，各高度で電離する主な物質およびその電離を起こす紫外線の波長が異なるためである。その

---

[2] 第1章2節（表）参照。

図 8-7 電離圏形成の模式図

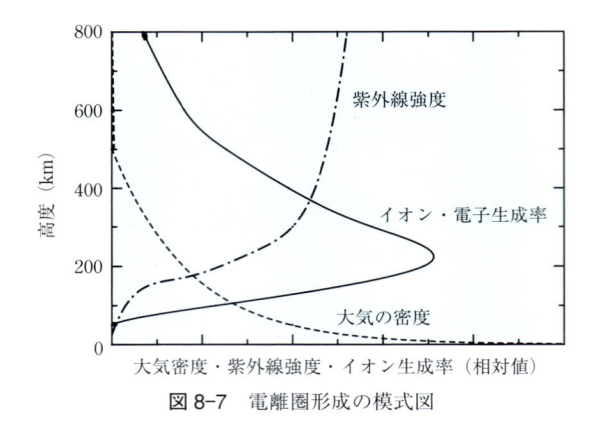

　他，高度 100 km 付近にはナトリウムやマグネシウム，鉄などの金属イオンもわずかながら存在することが知られている．このナトリウムの起源は海水中の塩（塩化ナトリウム）ではないかという説もあったが，現在これらは，地球大気圏に突入した微小天体が，この高度域で大気摩擦により加熱され蒸発することで供給されていると考えられている．この加熱の際に起こる発光が，流星いわゆる流れ星である．

　電離圏の電子やイオンの密度は，太陽活動により大きく変動する．図 8-5 (a) には，昼と夜，および太陽活動極大期と極小期での電子密度の違いも示してある．その他，太陽フレア[3]など太陽面爆発現象やそれに伴う磁気嵐[4]，その他の太陽や地球磁気圏および電離圏で起こる様々な現象によって電離圏の電子・イオン密度は大きく変化する．地球科学的な現象としては興味深いものであるが，通信など実用面ではこの不安定性はやっかいなものである．そのためもあって，現在遠距離通信は海底ケーブルなどの使用が主流となり，短波通信は船舶・航空機通信などを除き，ほとんど使用されなくなっている（短波で送ることのできる情報量に限りがあることも使われなくなった大きな理由である）．

8.2　地球の熱収支と気温

　地熱や人工熱の影響は大部分の地域では小さく，地表は太陽からの主に可視光線の入射により加熱される．地球公転軌道上で 1 秒間に太陽光に垂直な 1 m^2 の面積に入射するエネルギーを太陽定数とよび，その値は約 1.37 kW/m^2 である[5]．太陽

---

[3]　第 4 章 3 節参照．
[4]　第 7 章 4 節参照．
[5]　第 3 章 3 節図 3-16 参照．

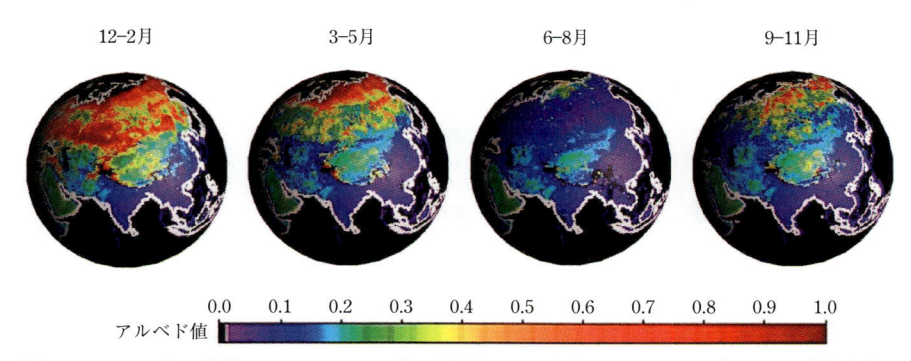

図 8-8 MISR人工衛星センサで，2004年に観測された地表アルベドの分布とその季節変化。アルベド値は，カラーバーで表してあり，アルベドが高い場所を赤で示す。[2]（一部改訂）（Image credit: NASA/GSFC/LaRC/JPL, MISR Team. These data were obtained from the NASA Langley Research Center Atmospheric Science Data Center.）

定数は地球の緯度によっては変化しないが，太陽光による地表加熱は地面に垂直に近い角度で太陽光が入射する赤道付近で大きく，太陽光が斜めにあたる極地域では小さくなる。太陽天頂角を χ とすると，単位面積当たり入射する太陽光の密度は $\cos\chi$ 倍となるからである。地表は入射してくる太陽光をすべて受け取るわけではなく，雲や地表（そこに生える植物表面を含む）および海面で反射された分は，地表を温めるのには使われない。この太陽光を反射する割合を**アルベド**（反射能）と呼ぶが，気象・気候に大きな影響を与えるので，現在人工衛星などから精密に測定されている。図8-8に，人工衛星から観測された地表アルベドの分布と季節変化を示す。12～2月・3～5月にヨーロッパからシベリアにかけてアルベドが高く，ほとんど1に近いのは，雪氷で覆われ反射率が上がったからである。このように極域ではアルベドが高く，太陽天頂角が大きいことと相まって地表加熱は小さくなる。また，アラビアやタクラマカンなどの砂漠でも，白っぽい砂が地表を覆っているので季節によらずアルベドがやや高いことが分かる。アルベドを決定するのは地表状態だけではない。雲が発生するとそこでのアルベドは非常に高くなる。気候が変動して，地表の雪氷で覆われる地域や砂漠の面積あるいは雲の覆う面積が変化すると，アルベドが変わり地表が吸収する日射のエネルギーが変わるので，さらに気候を変化させることになる。また，反射されずに地面に吸収された太陽光のエネルギーの一部は，地表からの水の蒸発熱（潜熱）として使われ，その場での地表の温度上昇には直接は使われない（水蒸気が凝結して雲・降水となる場所で大気加熱に使われる）。

　地球が太陽光により加熱されるだけであれば，地表の温度はどんどん上昇していってしまう。地球が今のような温度を維持しているのは，受け取った熱と同じだけの熱を宇宙空間に逃がし，釣り合いが成り立っているためである。地球はほぼ真空の宇宙空間に浮かんでいるので，伝導や対流で熱が逃げていくことはなく，**地球**

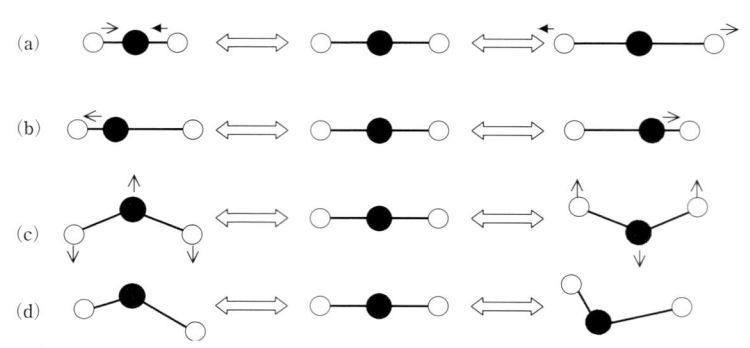

図 8-9 (a)〜(c) 二酸化炭素分子の様々な振動運動モード。真ん中の黒丸が炭素原子，両側の白丸が酸素原子を示す。実際には，(a)〜(c) の振動モードが組み合わされることで，(d) のように複雑な振動を行っている。

放射つまり地表からの黒体放射[6]で主に遠赤外線を放射することでのみ熱を宇宙空間に逃がしている。この放射で逃げる熱エネルギーは地表の絶対温度の4乗に比例し (**ステファン＝ボルツマンの法則**)，温度が上がるにつれ急激に大きくなる。太陽光によって与えられる熱と地球から逃げていく熱が釣り合う状態を**放射平衡**といい，それが成り立つように地表の温度が決まっている。地球全体として放射平衡にあっても，個々の場所では必ずしもそれは成り立たない。もし，個々の場所でも放射平衡が成立すれば，太陽光による地表加熱の緯度差によって，赤道付近では今よりずっと高温になり，逆に極域ではずっと低温になるはずである。しかし実際には，緯度による地表温度の差によって大気および海洋の大循環が駆動されるため，熱が赤道から極に向かい輸送される。その結果，南北の温度差が緩和され，赤道付近では入射する熱が放射で逃げる熱を上回り，極付近では逆に入射する熱より放射で逃げる熱の方が大きくなっている。

　地表から出る遠赤外線がすべてそのまま宇宙空間に逃げるわけではない。大気中の水蒸気，**二酸化炭素**，**メタン**などのいわゆる**温室効果気体**と呼ばれる分子は地表から逃げる遠赤外線をよく吸収する。それは，これらの分子が分子内部に電気的な正負の極性 (双極子モーメント) を持つため，電磁波である赤外線により電気的な力を受け，図 8-9 に示すような様々な振動運動および回転運動を起こすからである。この振動・回転運動は，分子の衝突を介し分子全体の直進的運動 (並進運動) のエネルギーに変換される。すなわち，熱に変化して気温上昇を引き起こす[7]。同時に，分子の熱運動の一部はこのような振動・回転運動を通じ，赤外線放射を引き起こすことで逆に大気を冷却する (放射冷却)。吸収する赤外線と放射される赤外線の大小で，大気が加熱されるか冷却されるかが決まる。図 8-10 は，この赤外放射と温室

---

6) 第1章3節，付録B「17. 黒体放射」参照。
7) 付録B「7. 温度とは何か」参照。

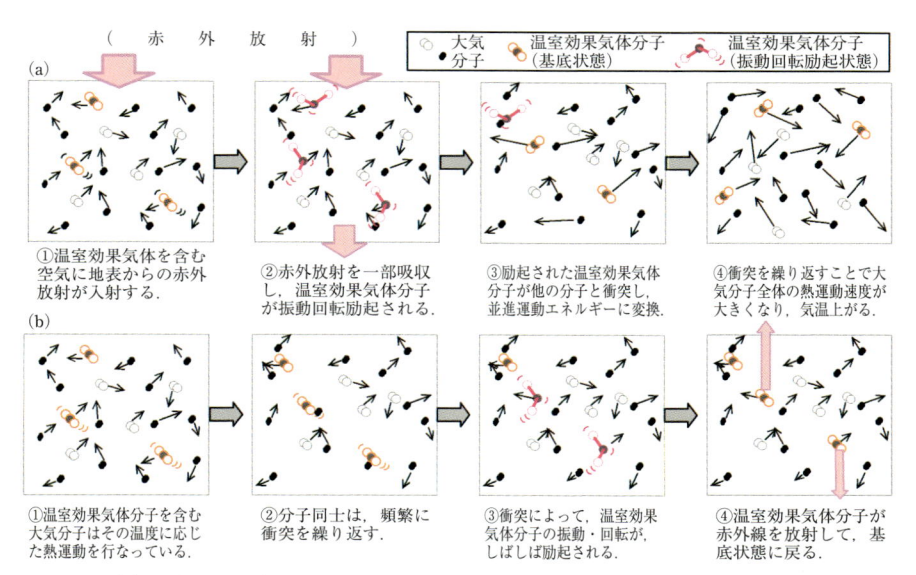

(赤外放射)　　　大気分子　温室効果気体分子（基底状態）　温室効果気体分子（振動回転励起状態）

(a)
①温室効果気体を含む空気に地表からの赤外放射が入射する．
②赤外放射を一部吸収し，温室効果気体分子が振動回転励起される．
③励起された温室効果気体分子が他の分子と衝突し，並進運動エネルギーに変換．
④衝突を繰り返すことで大気分子全体の熱運動速度が大きくなり，気温上がる．

(b)
①温室効果気体分子を含む大気分子はその温度に応じた熱運動を行なっている．
②分子同士は，頻繁に衝突を繰り返す．
③衝突によって，温室効果気体分子の振動・回転が，しばしば励起される．
④温室効果気体分子が赤外線を放射して，基底状態に戻る．

図 8-10 (a) 地表からの赤外放射を大気中の温室効果気体が吸収することによる大気が加熱される過程，および (b) 大気から気温に応じた赤外放射が，宇宙空間および地表に向かい放射される過程の模式図。各分子からの矢印の長さは，分子熱運動速度，つまり分子の運動エネルギーの大きさを示し，全体として大きいほど温度が高い。

効果気体分子および大気分子全体の運動との関係を概念的に示したものである．

　図 8-11 は，サハラ砂漠付近の北アフリカ上空で，人工衛星によって測定された地球から放射される赤外線強度と波長（波数）の関係を示したものである．点線は，各温度での黒体放射強度を波長に対し示したものである．地表からは，そのときの地表温度である約 320 K (47℃) に対応する一番上の点線で示した強度の赤外線が放射されていたと考えられる．大気による吸収がなければ，どの波長でもその強度の赤外線放射が観測されるはずであるが，波長 8〜9 μm および 10〜12 μm の大気の窓とよばれる波長域を除き，宇宙に向かう赤外線の強度はずっと小さくなっている．それは，波長 15 μm 付近は二酸化炭素，7 μm 以下および 20 μm 以上は水蒸気，9.6 μm 付近はオゾン，7.7 μm 付近はメタンというように，それぞれの波長域に対応する分子が赤外線を吸収しているからである．放射平衡は，実線で示すような宇宙空間に逃げる熱エネルギー（の総和）が，太陽から受け取るエネルギー（の総和）に釣り合う状態である．大気に吸収され弱まった放射が釣り合うということは，元の地表からの放射がより強いこと，つまり地表温度がより高いことを意味する．図 8-12 (a) と 12 (b) は，それを模式的に説明したものである．地球から宇宙空間に出て行く熱エネルギーは太陽から受け取るエネルギーと同じである．大気が無い場合，宇宙空間に出て行く熱エネルギーは地表温度に応じた黒体放射のエネルギー

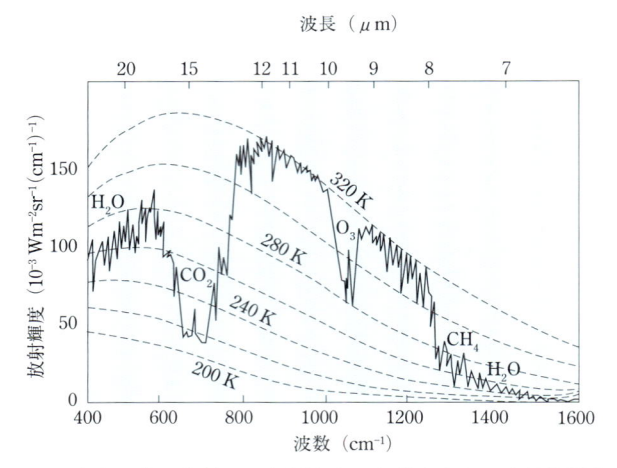

図 8-11 北アフリカ上空で人工衛星により測定された地表からの赤外放射強度の波長分布。横軸は赤外放射の波長および波数（波長の逆数）の両方で示してある。図中の化学式は，その波長域の赤外放射を主に吸収する分子を示している。[3][4]

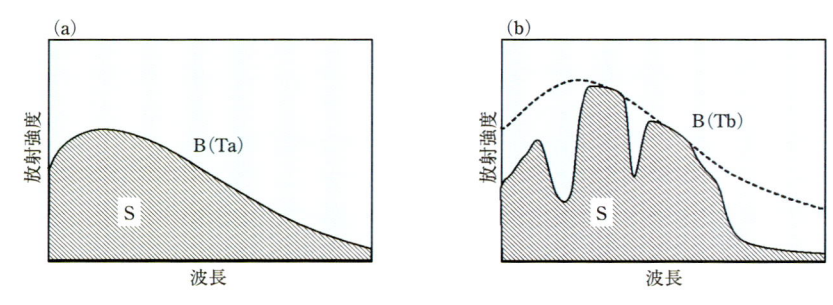

図 8-12 (a) 大気が無い場合は，平均地表温度 T_a に応じた黒体放射 $B(T_a)$ がそのまま宇宙空間に逃げていく。その総和（斜線部の面積 S）が，太陽から地球が受け取るエネルギーに釣り合う。(b) 大気がある場合は，平均地表温度 T_b に応じた黒体放射 $B(T_b)$（点線）から，温室効果気体によって吸収された分だけ弱まった放射（実線）が宇宙空間に逃げていく。その総和（斜線部の面積 S）は，大気の無い場合と同じで太陽から地球が受け取るエネルギーに釣り合うことになるので，T_b は T_a よりずっと大きくなる。

である。大気があるときには，大気による吸収の分だけ地表からの放射より弱まった放射が宇宙空間に逃げていくが，それが太陽から受け取るエネルギーと釣り合う（放射平衡が成り立つ）まで，地表放射が増え，つまり地表の温度が高くなる。これが大気の**温室効果**である。温室効果が無いと地球の地表平均温度は約 $-18°C$ と非常に冷たくなってしまうと計算されており（172 頁コラム参照），我々が快適に暮らしていくためには，温室効果が適度に保たれることが重要である。人間が石油・石

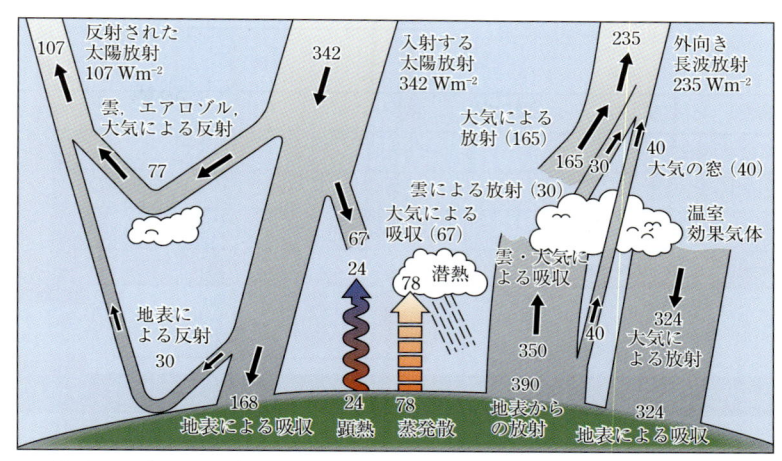

図 8-13 地球のエネルギー収支．入射する太陽放射エネルギー 342 Wm^{-2} は太陽定数約 1370 Wm^{-2} よりずっと小さいが，これは地球の受ける全太陽放射エネルギーを地球の全表面積で割ることで平均したため（（平均太陽放射エネルギー）＝（太陽定数）×（地球の断面積）/（地球の表面積）＝（太陽定数）/4）である．[5] [6]

炭・天然ガスなど化石燃料を使用することで二酸化炭素が，家畜や農業生産を増やすことなどでメタンや一酸化二窒素が，大気中に増加し続けている．これら温室効果気体が増加すると，放射平衡が成り立つために，大気による吸収が増えた分だけ地表温度が上がり地表からの放射が増加することになる．その際に，全地球的な気温上昇など大きな気候変動が引き起こされることが，世界全体の問題として非常に危惧されている．

太陽および宇宙空間・大気・地表のあいだの熱の収支について，大気による太陽放射の吸収や散乱など，より多くの過程を取り入れて模式的に示した図 8-13 のような図は，教科書に必ずといって良いほど登場する．この図は，宇宙・太陽，地表，大気のあいだで（主に放射により）やり取りされるエネルギー量を示したものであるが，大気から地表に向けての放射エネルギー量が 324（W/m^2）なのに対し，大気から宇宙空間へ向けての放射エネルギー量が雲からの放射も含め 165＋30＝195（W/m^2）とずっと小さいのは，元来大気からの放射が等方的でどの向きにも同じ強度であることを考えると，一見奇妙に思われる．これも大気の温室効果の一部をなすもので，一言で言えば，大気質量のほとんどを占める対流圏において高度と共に気温が下がっていくためであるが，ほとんどの教科書では説明されていないので，以下概略を説明する．図 8-14 は，大気をいくつかの層に分け，各層からの赤外線放射が地表と宇宙空間にどれだけ届くかを示した模式図である．各層は薄く，層内で温度は一定とみなせるとすると，高度 1～5 の各層から上下に放出される放射強度は同じである．対流圏では，高度が上がるにつれ気温が下がっていく（T1＞T2＞

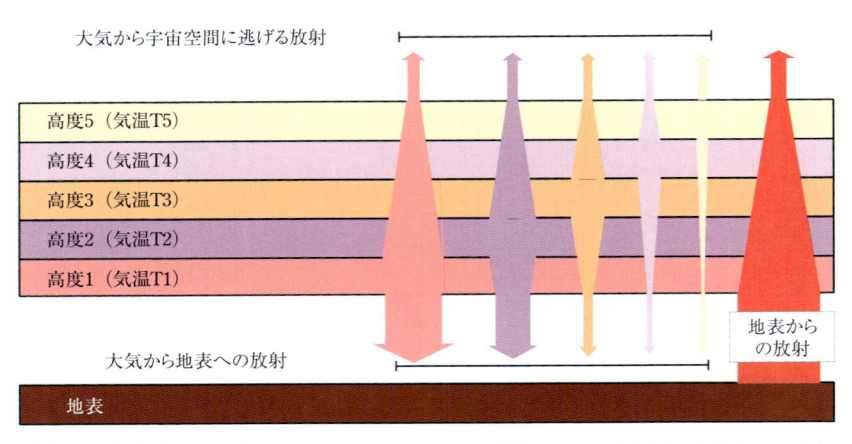

図8-14　各高度の大気層からの赤外放射，および地表からの赤外放射の強度が，大気中でどのように変化していくか示した概念図

T3＞T4＞T5）。ステファン＝ボルツマンの法則により，総エネルギーが気温の4乗に比例した赤外放射が放出されるので，放射の強度は高度1の層からのものが最も大きく，高度が上がるにつれずっと小さくなる。図では，放射強度を矢印の太さで表している。各層は薄いので放射は透過していくが，層内の大気に含まれる温室効果気体によってその一部は吸収されていく。たとえば，高度2の層からの下向き放射は，高度1の層のみにより吸収されるので，地表に到達する放射強度はもとの強度に比べ若干小さくなっただけであるが，上向き放射は層3～5を通過していく間にかなりの部分が吸収され，大気の上端から宇宙空間に放出される強度は元に比べずっと小さくなってしまう。他の高度についても同様である。各層からの放射強度の総和を考えると，大気から地表への放射強度は，大気から宇宙空間への放射強度に比べずっと大きくなることが分かる。これは，繰り返しになるが，主に地表に近いほど気温が高いことが原因である。逆に高度が高いほど気温が下がる理由も，この図でおおよそ理解することができる。対流圏ではオゾンが少ないので，雲や**エアロゾル**（大気浮遊微粒子）によるわずかな吸収を除き太陽放射はほとんど吸収されず，大気は主に地表および他の高度の大気からの放射を吸収することで加熱される。直観的にも分かることであるが，図に示される通り，地表や地表に近い大気層からの放射は高度が高くなるにつれ下の大気層で吸収されるため弱くなり，そのため加熱が弱くなるので高度が上がると気温が下がることになる。しかし対流圏では，対流など空気の上下方向の混合が頻繁に起こるため，ここで説明した放射だけを考えた場合に比べ，実際には気温の高度による差は小さくなっている。

　大気は地表を暖める効果を持つだけではない。雲の他，大気中に浮遊する微粒子（これをエアロゾルという）は，太陽光の散乱を増やし地球のアルベドを上げて地表

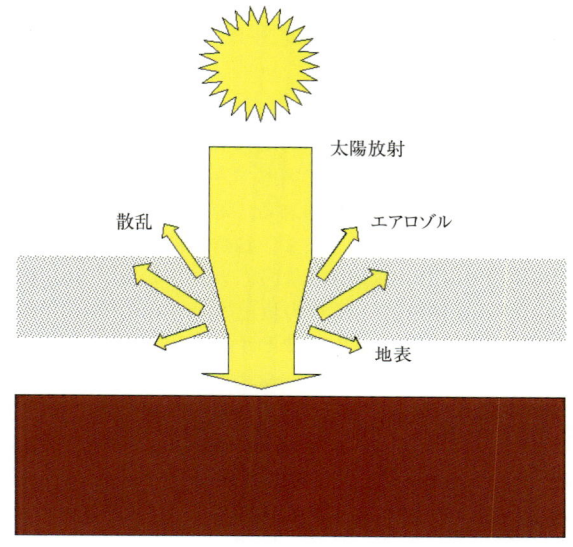

図 8-15　エアロゾルによる散乱で，地表に届く太陽放射が減少する日傘効果の概念図

を冷却する働きがあり，これを**日傘効果**という．図 8-15 は，日傘効果の概念図を示している．地球に小さな小惑星が衝突したために，多量のエアロゾルが長期間大気中に漂い気温が下がったことなどが，中生代末の恐竜の絶滅を引き起こしたという仮説は有名である．また，火山の大規模噴火により成層圏まで噴煙が達すると，噴煙に含まれる硫黄化合物から化学反応により硫酸の液滴（**硫酸エアロゾル**）が多量に形成され，数年程度の長期間世界中を覆うように漂い続けることになる（硫酸エアロゾルは水によく溶けるため対流圏では降雨により大気中に長期間留まることなく除去されるが，降雨が無い成層圏では寿命が長い）．大規模な火山噴火後，日傘効果により地表気温が数℃下がったことが，天保・天明の飢饉など，過去の凶作の引き金になったと考えられている．天明の飢饉の直前，1783 年には浅間山およびアイスランドのラキ火山が大噴火を起こし，天保の大飢饉の前にも 1835 年中米のコセグイナ火山が大噴火したことが知られている．また，硫酸エアロゾルなど水溶性の微粒子は，水蒸気から雲が生成するときの凝結核となり，それが増加すると雲粒子数が増加するために太陽光の反射が増すなどやはり主として気温低下に働き，これをエアロゾルの気候への「間接効果」と呼ぶ．二酸化炭素など温室効果気体の濃度は，戦後 1950 年代以降急速に増加しているが，1960-1970 年代には地球の平均気温は横ばいかむしろ低下傾向にあり，**氷期**[8] が近づいているのではないかという説すら流

---

8)　一般には氷河期の方が通りがよいが，2 つは異なるものである．用語集を参照のこと．

> **コラム：地球の大気の無い場合の放射平衡温度**
>
> ・大気の温室効果が無い場合，地球の平均地表温度がどうなるか，放射平衡の考え方で調べてみよう。関数電卓があれば簡単に求められる。地球は太陽からの放射で温められる。まず，地球軌道上での太陽定数を計算で求めてみよう。太陽からの単位面積・単位時間あたりの放射エネルギー e_{sun} は，太陽を 5800 K の黒体とすると，ステファン＝ボルツマンの法則（$e_{sun} = \sigma T^4$，$\sigma = 5.67 \times 10^{-8}$ $Wm^{-2}K^{-4}$）より，$e_{sun} = \sigma \times (5800)^4 = 6.4 \times 10^7$ W/m^2。太陽からの単位時間当たり全放射エネルギー E_{SUN} は，太陽の半径は 69 万 6000 km なので，太陽表面積 6.1×10^{18} m^2 をかけて，$E_{SUN} = 3.9 \times 10^{26}$ W となる。太陽―地球間の距離 D は 1.5×10^{11} m なので，E_{SUN} を $4\pi D^2$ で割って，地球軌道上での単位面積あたりの太陽放射エネルギーは 1380 W/m^2 となる。実際に測定された地球上での太陽定数は，$S_E = 1370$ W/m^2 とよく一致している。
>
> ・地球を宇宙空間に浮かぶ半径 r_e の球とする。右上図のように半面は太陽放射を受けて加熱され，逆に地球から宇宙に向かい全表面から赤外放射（地球放射）を出して冷却される。放射平衡とは，この両者が釣り合うように地表気温が決まるという考えである。太陽定数は，太陽放射に垂直な単位面積が受けるエネルギーで定義されているの

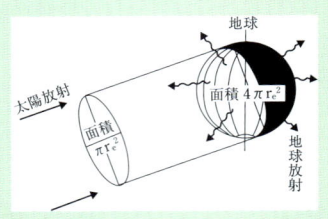

図　太陽から地球に入射する太陽放射と地球から宇宙空間に放出される地球放射の概念図 [5]

布された。これも今では，当時は先進国を中心に硫黄酸化物などによる大気汚染がひどく，硫黄酸化物から硫酸エアロゾルが多量に作られ続け，その日傘効果や間接効果が温室効果の増加を打ち消していたためと考えられている。硫酸エアロゾルは酸性雨の原因物質で，もちろん人間の健康や生態系にとってよくないわけであるが，大気汚染防止対策により空気がきれいになったことが，気候変動を拡大しているというのは皮肉な話ともいえる。

8.3　太陽と気候変動

現在，気候変動が大きな社会的問題となっている。先述したように，気候とは，長期的な大気・海洋の平均的な状態と定義することができる。世界の気象機関はこの「長期」を 30 年とし，気温や降水量など気象に関わる様々な量の 30 年平均を**気候値**とよんでいる。気候は，温室効果だけでなく，様々な要因が複雑に絡み合うこ

で，地球が太陽光を受ける断面積の πr_e^2 をかけて，地球が太陽放射によって受ける全放射エネルギーは $S_E \pi r_e^2$ (W) となる。地球の平均アルベドは約 0.3 である（3 割の太陽光は地表に吸収されず雲や地表・海表に反射される）ので，実際に吸収されるエネルギーは，$0.7 S_E \pi r_e^2$ (W) である。地表を黒体（完全に不透明）であると仮定し，その平均温度を T_E とする。ステファン＝ボルツマン則より，単位面積あたりの地表からの全放射エネルギーは，σT_E^4 である。地球の全地表面積は $4\pi r_e^2$ であるから，地球から放射される全エネルギーは，$4\pi r_e^2 \sigma T_E^4$ となる。したがって，放射平衡が成り立つとき，$0.7 S_E \pi r_e^2 = 4\pi r_e^2 \sigma T_E^4$ であるから，$T_E = (0.7 S_E / 4\sigma)^{1/4} = 255$ K（-18 ℃）となる。

- この結果は，地球に大気がなければ地球の平均気温は -18 ℃ と凍て付く寒さであり，大気による適度な温室効果がなければ，生命が繁栄できる現在の気温にはならないことを示している。地球大気で最も大きな温室効果を持っているのは水蒸気で，大気中の水蒸気量は気温が上がると増加する。事実，昨今の気温上昇に対応して，水蒸気量が増加しているという報告が IPCC（気候変動に関する政府間パネル）でも行われている。気温の上昇による水蒸気の増加が温室効果の増大をもたらし，それがまた気温を上昇させることで，地球の気温がどんどん高くなってしまい，生命が維持できなくなってしまう（暴走温室効果）ことも考えられないわけではない。しかし，かつて地球が形成されたとき，おそらく今よりはるかに高温で，大気に今よりずっと水蒸気も二酸化炭素も多い状態から冷えて海が出来たと考えられることからも，地球と太陽の距離および太陽放射強度から考えても，それほど高温になることはあり得ない。

とで決定されており，太陽も地球の気候を決める上で重要な役割を果たしている。

近代的な温度計により世界の平均気温が推定できるのは過去 140 年間余りの期間に限られ，それ以前の気候は樹木やサンゴの年輪（の幅），および氷河・湖や海などの堆積物や化石，歴史史料などから間接的に推定されている。それによると過去数十万年間地球気温は，今と同様の温暖な時期とずっと寒冷な時期を周期的に繰り返してきたことが分かる。寒冷な時期は氷期，温暖な時期は氷期に比べ短く**間氷期**と呼ばれる。過去の気候を調べるために最も良い資料の一つは，南極やグリーンランドに厚く堆積した氷床である。それを深く掘り進めることで，過去 30 万年余りの期間の氷（下に行くほど古くなる）と，氷中に閉じ込められている気泡中の当時の空気を直接調べることが可能である。図 8-16 は，南極氷床をボーリングして得られた過去の氷に含まれる酸素同位体（普通の酸素原子は陽子 8 個中性子 8 個を持つが，他に陽子 8 個中性子 10 個を持つ酸素原子があり，後者を含む水分子は重いため，気温が低いほど蒸発しにくく氷の中に濃縮される）から推定された気温と，二酸化炭素およびメタンの濃度変化を示している。気温は，10 万年ほどの氷期—間氷期の大きな変化の他，約 2 万年および約 4 万年の周期的変化を繰り返している。この原因，ある

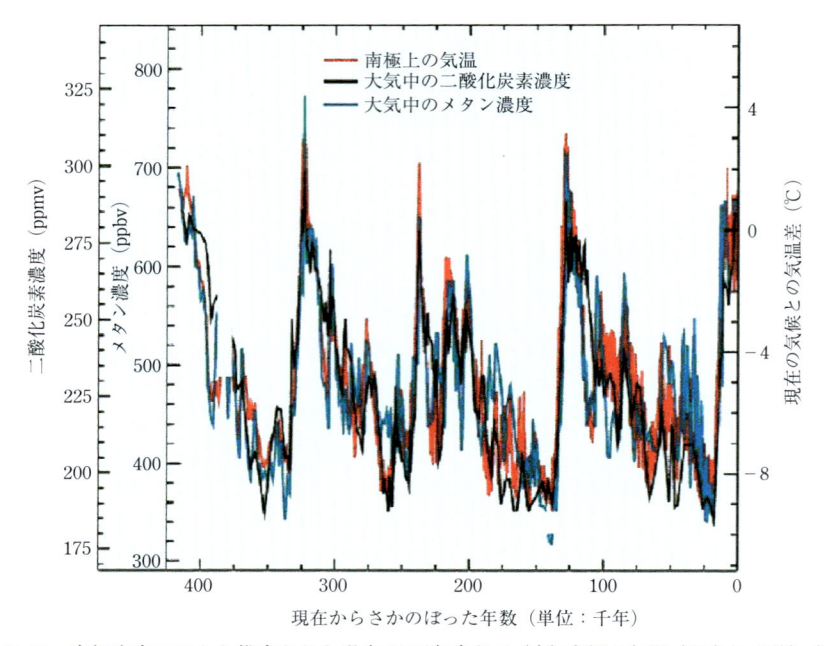

図 8-16 南極氷床コアから推定された過去 40 万年余りの（赤）南極の気温（現在との差），（黒）二酸化炭素濃度，（青）メタン濃度の時間変化 [7]

いはきっかけは，地球の自転および太陽の周りをめぐる公転運動の周期的変化であるという説が，1920～30 年代にセルビアの科学者ミランコビッチによって唱えられた（ミランコビッチサイクル）。地球の自転軸はコマの首振り運動のように揺らいでいる（歳差運動）がこの周期は約 2 万年である。地軸の傾きは現在 23.4°であるが，22.1～24.5°のあいだで約 4 万年の周期で変化している。また，公転軌道の楕円率は約 10 万年と約 40 万年の周期で変化している。これらの周期は，図 8-16 に見られる気温変化の周期とよく一致している。しかし，地球の自転・公転運動の変化はさして大きいものではなく，それに伴う地表に到達する太陽放射強度の変化のみで氷期―間氷期に見られる大きな気温変化は説明できない。

気温変化とほぼ同期して起こっていた二酸化炭素やメタンの濃度変化は，その強い温室効果により気温変化のかなりの部分を説明してくれるかもしれない。化石燃料を使用している現在と異なり，これらの濃度変化は当然自然に起こったものである。二酸化炭素は多量に海水に溶けて炭酸イオン（CO_3^{2-}）や炭酸水素イオン（HCO_3^-）となっている。ぬるいコーラやビールの「気が抜ける」ように，二酸化炭素は水温が高くなると海水に溶けにくくなり大気中に放出され，大気中の濃度が高くなる。二酸化炭素はまた植物により大気から取り込まれ光合成によりブドウ糖・

でんぷんなどの有機物となるが，有機物は菌類・バクテリアなどによる分解で二酸化炭素に戻る。気温上昇により光合成と分解の両方が促進されるので，気温変化が植生・土壌と大気のあいだのやり取りで大気中の二酸化炭素量を増やすかは自明ではないが，おそらく二酸化炭素を増やすと考えられている。メタンの主な自然源は，湿地などの土壌中のバクテリアによる有機物の分解で（草食動物の胃腸内にもメタン産生バクテリアはいる），常温の範囲では温度が高くなると湿地面積が増えバクテリアの活動も活発となるためメタン発生が盛んになる。図8-16に示される二酸化炭素やメタン濃度の増加は，以上のような理由で，太陽と地球の位置関係が変わり地表の吸収する太陽放射が少し増えたことなどをきっかけとして気温の上昇が始まり，二酸化炭素やメタンが増加したためであると解釈できる。これら温室効果気体の増加はさらに気温を上昇させる。気温が上昇すると海からの蒸発も増え，やはり強い温室効果を持つ水蒸気も増加する。逆に，気温の下降が始まると，これらの濃度も減ってさらに気温を下降させるということが起こっていたと考えられる。この場合，温室効果気体は気候変動の原因でなく，正のフィードバック効果を持つ一種のアンプ（増幅器）とみることができる。他にも，地表を覆う雪氷の面積（いったん地表を氷が覆うと，地面が太陽光を吸収せず反射するようになるため，さらに気温が下がる。逆に，気温上昇により氷が融けると，太陽光の吸収が増え気温がさらに上がる。）や，海水循環などの変化も，この気候変動に影響していたと考えられている。現在，約2万年および4万年周期の気候変動は地球の自転・公転運動の変化をきっかけに引き起こされたと考えられているが，約10万年周期の大きな気候変化についてはよく分かっておらず，色々な要因が複合した結果でなければ説明がつかないと思われる。

　太陽活動の変化，つまり太陽からの放射の強さの変動も，地球の気候変化に影響を与えている可能性がある。図8-17 (a) は，過去400年近い期間の太陽黒点数の変化を示したものである。第3章3節に示したように，太陽黒点は太陽活動が活発に起こっている場所で，それが多く現れているときに太陽面爆発現象が頻発し，太陽からの放射も増加する。太陽黒点数は11年周期で増減するが，より長期的な変化もしており，西暦1700年以前のある時期に極端に少なくなっていることが分かる。この太陽黒点がほとんど現れなかった1645～1715年の期間を**マウンダー極小期**と呼んでいる。また，1430～1550年頃も太陽黒点がおそらくほとんど現れなかったと推定されており，**シュペラー極小期**と呼ばれている。これらの時期にあたる1400～1650年頃は図8-17 (b) に示したように，世界的に気温が低く「小氷期」と呼ばれている。ロンドンのテムズ川やオランダの運河など，現代では冬も凍らない川や海が毎年氷結するなど，寒冷な気候であったことが記録されている。また，冷害による凶作と飢饉や病気流行（中世ヨーロッパで流行したペストなど）などが頻発したことも知られている。この小氷期の世界平均気温は，現代より1～1.5℃くらい

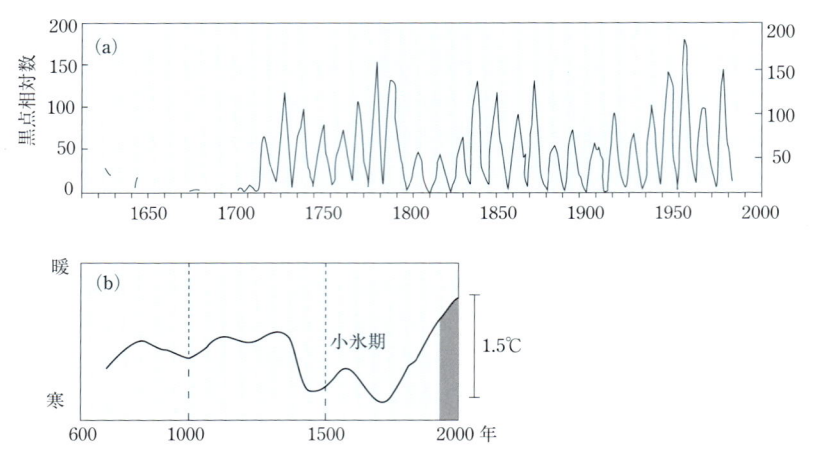

図 8-17 (a) 16世紀からの太陽相対黒点数の経年変化。(b) 過去の史料から復元された気温の変化。横軸はいずれも西暦年である。[5]

低かったと推定されているが，マウンダーおよびシュペラー極小期と結びつけ，太陽活動が弱かったことがこの寒冷な気候の原因という仮説が提唱されている。ただし，他にも大規模火山噴火（成層圏にエアロゾルを供給し，日傘効果により気温を低下させる）の頻発などの要因も挙げられている。

また，太陽活動の11年周期に同期して，様々な気象変化が起こっていることも知られている。図8-18は，太陽活動周期と北半球の平均気温を比較したものであるが，太陽活動周期が11年より短くなると，気温が0.1〜0.2℃とわずかではあるが高くなる傾向があることを示している。また，理由はまだよく分からないが，太陽活動極大期の太陽黒点数が多い（太陽活動が活発な）ほど，太陽活動周期が短くなる傾向があるので，図8-18は太陽活動が活発なほど平均気温が高い傾向がある可能性を示している。

しかし，太陽活動がどういうメカニズムで気象・気候に影響を与えるかについては現在もよく分かっておらず，太陽地球系科学の重要な課題である。図8-19は，太陽の11年周期に伴う太陽の放射強度の変化を示す。紫外線領域では太陽周期変化が大きく，図8-1に示した熱圏の気温や成層圏オゾン量（次節で紹介するように紫外線で生成する）には，明瞭に太陽活動周期の影響が現れる。しかし，地表を加熱する可視光の領域では太陽周期に同期した変化はわずか0.1％ほどであり，それだけで気候変動を説明することは難しく別のメカニズムを考える必要がある。

図8-20(a)は，宇宙線つまり超新星など太陽系外の天体からやってくる高エネルギーの陽子や電子などの量と太陽黒点相対数の関係を，図8-20(b)は，宇宙線量と地球の低層雲量の長期変動を比較したものである。太陽活動の極小期であった

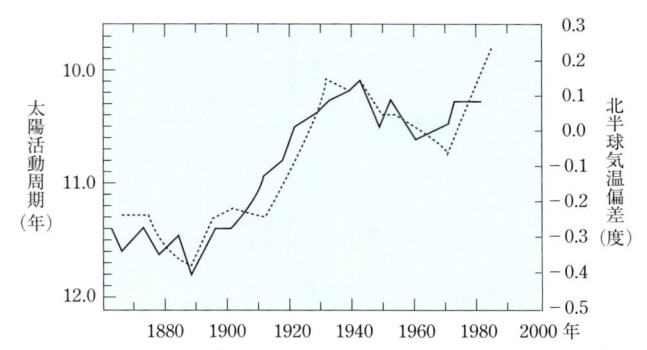

図 8-18 実線：太陽活動周期（年）と，破線：北半球平均気温の偏差（℃）の経年変化 [8] From Reprinted with permission from AAAS.

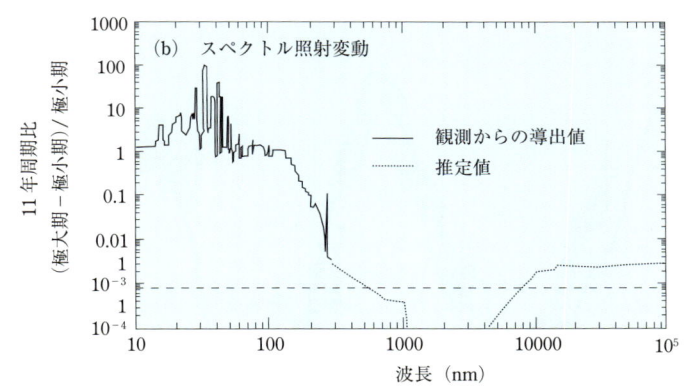

図 8-19 太陽スペクトル強度の太陽 11 年周期による変化。太陽活動極大期と極小期での各波長での太陽放射強度を極小期の強度で割った値で表してある。波長 300 nm 以下の紫外線で太陽活動変化は明瞭で，約 100 nm 以下では 100% 以上の変化がおこる。一方可視光〜赤外線では，変化は測定限界以下とごく小さく（推定値が示してある），全照射量の変化は 10^{-3}，つまり 0.1% 程度である。[1]

1986-87，1996-97 年頃に宇宙線量および雲量は両方とも極大となり，太陽活動が活発な 1990 年頃と 2000 年頃には両方とも極小となっている[9]。雲が多くなると太陽光が地表に届く前に一部が反射され地表気温は低下する傾向があると考えられるので，太陽活動と同期した気温変動が起こっている可能性がある。太陽活動が活発になると宇宙線量が減少する理由は，荷電粒子である宇宙線が太陽系内に入り込む際には，惑星間空間磁場に沿って進むことになり，それによる制限を受けるためであると考えられる。太陽活動が活発でフレア[10]などの太陽面爆発現象が頻発すると

---

9) 第 5 章 2 節参照。
10) 第 3 章 4 節参照。

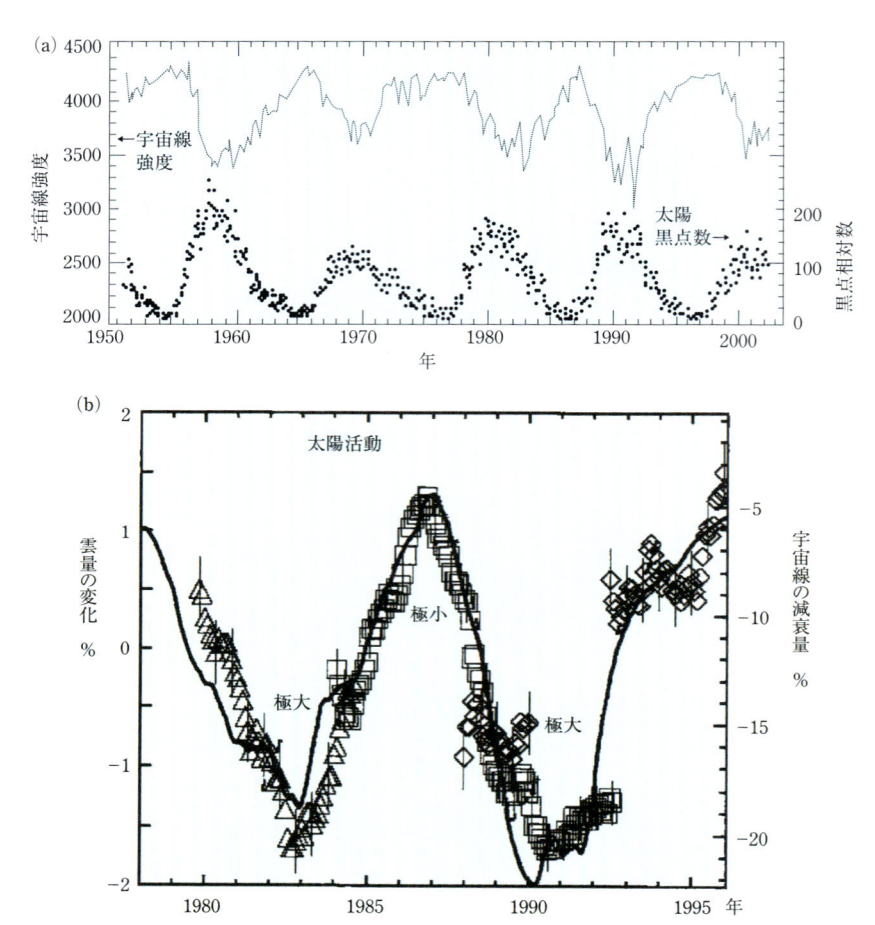

図 8-20 (a) 1950〜2000 年の相対太陽黒点数（点，右縦軸スケール）およびアメリカ中西部コロラド州クライマックスで観測された宇宙線強度（線，左縦軸スケール）の変化 [9]。(b) 宇宙線の減衰量（曲線，右縦軸スケール）と雲量（△・□・ひし形，左縦軸スケール）の年々変動 [10]。1982 年および 1992 年は太陽活動極大期，1987 年は極小期に当たる。

惑星間空間の磁場が頻繁に乱れるため，宇宙線の進路がそれにより曲げられ，地球などが位置する太陽系の内側まで到達する量が少なくなると考えられている。それでは雲量はどうして太陽活動で変化するのだろうか？　宇宙線のような放射線が雲をつくりだせることは，「霧箱」の実験から明らかになっている。「霧箱」は，過飽和状態の水蒸気を含む空気を入れた箱で，タッパーなど気密性のある容器をドライアイスなどで冷やすことで比較的簡単に作ることができる。図 8-21 の写真のように，放射線が霧箱に入ると，放射線の衝突により空気分子が電離・イオン化し，静

第8章 太陽と地球大気・地球環境 | 179

図 8-21 霧箱の中で，放射性元素を含むユークセン石の周りに，放射線の飛跡に沿って出来た「雲」[11]

電気の力で水蒸気を引き寄せるため霧粒が発生する。それにより，放射線を検出しその軌跡を観察できる。それと同じ原理で，太陽活動が不活発になると，地球大気に飛び込んでくる宇宙線が増え，それが大気分子を電離することで，雲粒の発生を促進し，雲量を増やしているのではないかという仮説が立てられる。しかし，確かに大気中で水を凝結させ雲を発生させるには，凝結のきっかけとなる核（雲凝結核）が必要であるが，火山噴気や工場・自動車の排気に含まれる硫黄酸化物等から大気中で作られる硫酸などの微粒子（エアロゾル）が主にその役割を果たしていると考えられており，宇宙線がどれほど実際の大気中で雲形成に影響を与えているか，定量的には全く分かっていない。つまり，図 8-20 (b) に現れた雲量変化が太陽活動に起因しているものかも確認されていないし，その数％の雲量変化が気候変動に影響するかもよく分かっていない。事実，気温にはこのような明瞭な太陽活動との相関は現れない。また，図 8-20 (b) の雲量変化データは，赤外線のみを用いた観測に基づいているが，赤外線だけでなく可視光による観測データも使用すると，このような明瞭な宇宙線と相関した変化は見られないという報告が行われている。また，1995 年以降は，太陽活動と雲量に図 8-20 (b) のような明らかな相関はみられなくなっている。エアロゾルによる雲形成，およびその気候影響については，近年非常に研究が盛んになっているが，宇宙線や他の太陽地球系の電磁気学的な現象と雲などの関わりについての定量的な研究は，まだあまり行われていないのが現状である。

現在社会的問題になっているいわゆる「地球温暖化」は，人間が化石燃料を使用することで二酸化炭素が大気中に増加することから引き起こされている，という考

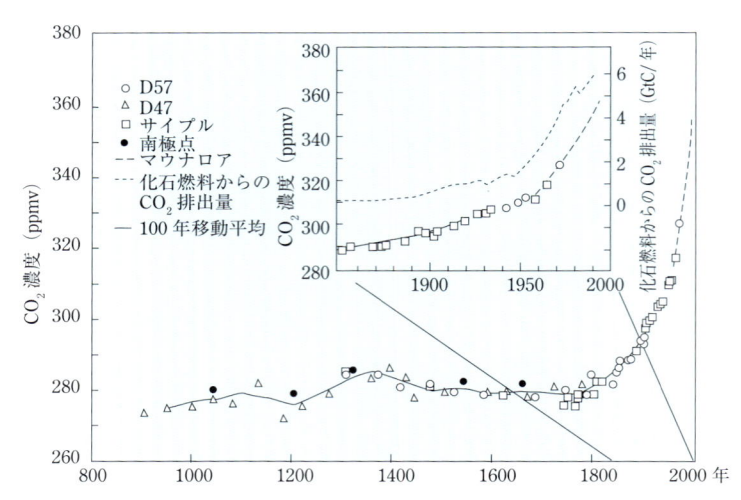

図 8-22 過去 1000 年間の二酸化炭素濃度の変動。特に，この 100 年余りの二酸化炭素濃度（白四角・白丸および破線）と化石燃料からの二酸化炭素排出量推定値（点線）の変化を拡大して示してある。[5][6]

え方が一般的である。図 8-22 は，化石燃料の消費量と二酸化炭素濃度の変化を示したもので，第二次世界大戦後化石燃料の消費が増加した 1950 年代以降，二酸化炭素濃度も増加が激しくなっていることを示す。二酸化炭素以外の温室効果気体であるメタンや一酸化二窒素，フロン類や対流圏オゾンも，同じように 1950 年代以降増加している。二酸化炭素だけが温暖化の原因のようにクローズアップされているが，二酸化炭素の影響は全体の半分程度で，他の温室効果気体の影響も大きいと考えられている。この温室効果気体の増加と図 8-23 に示す 20 世紀の気温の上昇の時間変化は，必ずしも一致していない。温室効果気体の急増が始まる前の 1900～40 年に気温上昇がおこり，その後温室効果気体の増加にもかかわらず 1950～70 年代には気温上昇が停滞し，それ以降気温上昇が顕在化している。この気温上昇は，主に太陽活動の変化によるもので，二酸化炭素など温室効果気体の増加は氷期―間氷期での変化同様，気候変動に随伴して起こったものであるという説を主張している研究者もいる。しかし，1980 年代以降太陽活動が急激に増大しているという証拠はなく，また温室効果気体と化石燃料消費量の時間変化（増加）がよく一致しており，さらに二酸化炭素の増加と同時に酸素の減少も起こっていることから（気温上昇に伴う海からの放出では，二酸化炭素の増加は起こるが酸素の減少は起こらない），近年の温室効果気体の増加は，やはり人間活動によるものと考えられる。IPCC 報告など現在の主流の考え方としては，図 8-23 に示した 20 世紀の気温変化のうち，1900～40 年の気温上昇は太陽活動変化などによる自然の変化であり，自然的な**放射強制力**の変化のみを考慮したシミュレーション（青帯で示す）で再現でき

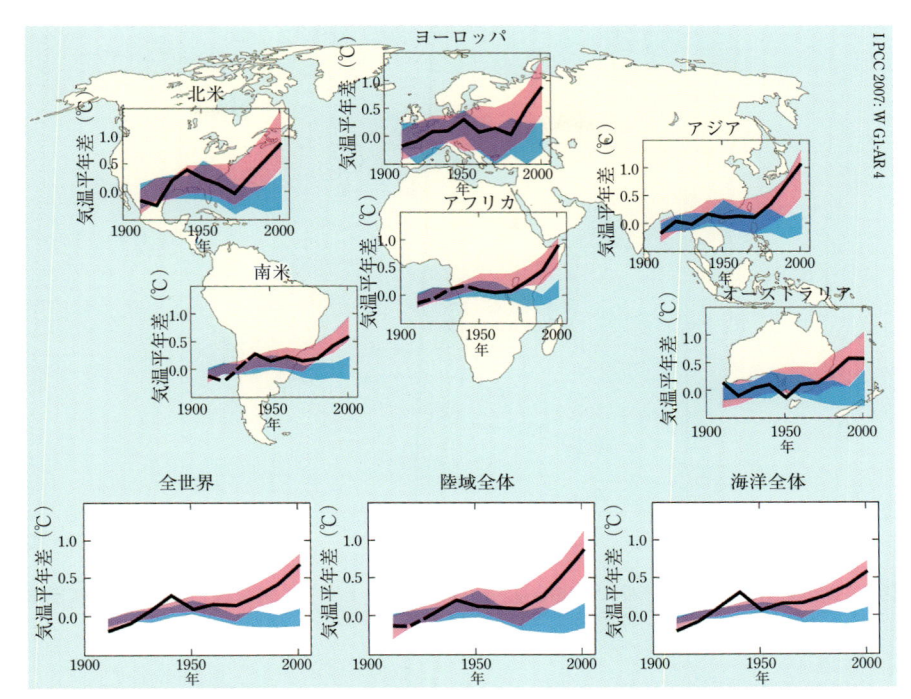

図 8-23 世界各地の 1906〜2005 年期間の 10 年平均気温の変化(黒線)と,太陽活動・火山噴火など自然の変動のみを考慮した場合の気候モデルによる気温変化の推定値(青い帯)および自然＋人間活動による変化を両方考慮した場合の気候モデルによる気温変化の推定値(ピンクの帯)。帯の幅は,モデルによる推定値の範囲(中央 90% 範囲)を示す。[12]

るが,それ以降の気温変化は主に人間活動によるものであるというものである。つまり,1950〜70 年の気温停滞(むしろ下降気味)は,太陽活動の停滞に加え,主に大気汚染に伴う硫酸エアロゾルなどの増加による大気冷却(日傘効果・間接効果)が温室効果気体の増加による気温上昇と拮抗していたためと考えられていて,1970 年代以降の顕著な気温上昇は,温室効果気体増加の加速と先進国を中心とした大気汚染対策による硫酸エアロゾルなどの減少のためであると考えられている。

8.4 オゾン層の形成と破壊

地球大気のオゾン(O_3)の数密度(単位体積あたりの分子数)は,図 8-4 (a) や図 8-24 (破線) に示すように,成層圏で高く,特に下部の高度 18〜25 km (緯度が高いほど低い) の範囲にピークを持つ。これを成層圏オゾン層と呼ぶ。

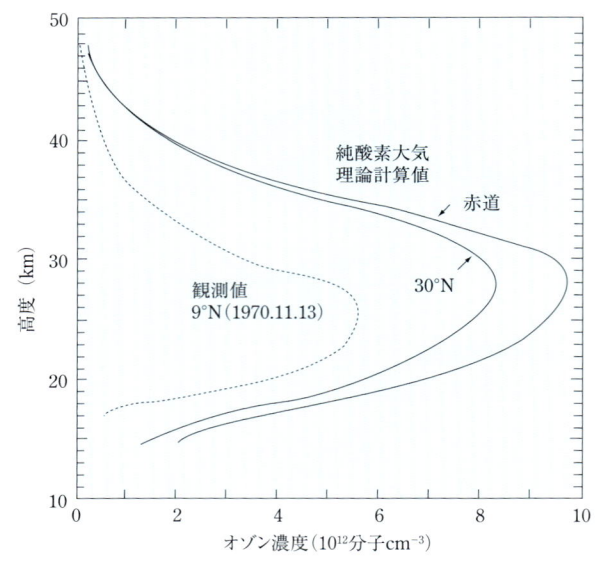

図 8-24 成層圏オゾン数密度の高度分布。破線はパナマ上空での観測値，実線は純酸素理論による赤道および北緯 30 度での計算値。[13]

　成層圏では，オゾンは波長の短い太陽紫外線で酸素分子が解離することで生成する。本章第 1 節で述べた電離圏の形成メカニズムと同様に，オゾンのもとである酸素分子は高度が上がるにつれ密度を急激に減少させ，太陽紫外線は逆に高度が下がるにつれ急激に強度が減少するために，オゾンも層状の高度分布となる。図 8-25 は，太陽紫外線強度，酸素分子数密度，オゾン数密度の高度分布を示したものであるが，図 8-7 と比較するとオゾン層と電離圏の形成メカニズムがよく似ていることが分かる。

　単純化のため大気中の酸素のみを考慮した**純酸素大気理論**では，オゾン層は以下のような一連の化学反応で形成される。これは，この理論を 1930 年に提案したチャップマンの名前を取り，**チャップマン・メカニズム**とも呼ばれる。

- 酸素分子は，波長 240 nm 以下の紫外線（$h\nu$ は光子のエネルギーを示す[11]）で光解離し，酸素原子となる。

    $$O_2 + h\nu \rightarrow O + O \tag{R1}$$

- 酸素原子は，周囲の酸素分子と直ちに結合して，オゾンを生成する。ただし，O と O_2 が衝突しただけでは，O_3 ができてもまたすぐに O と O_2 に分離してし

---

11) 付録 B「18. 光子」参照。

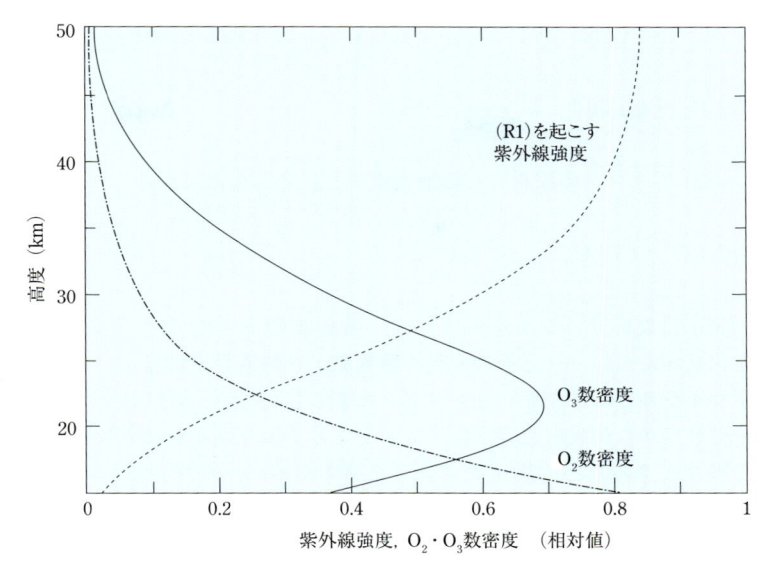

図 8-25 成層圏オゾン層の形成メカニズムの模式図

まう．OとO$_2$が衝突した瞬間に，さらに第3体と呼ばれる周囲の大気分子M（窒素または酸素分子）とさらに衝突したときにのみ，Mを弾き飛ばし，反応前後の運動エネルギーおよび分子内部エネルギーの差の分のエネルギーをそれに渡すことで，エネルギー保存・運動量保存とO$_3$の安定な生成が両立する．

$$O + O_2 + M \rightarrow O_3 + M \tag{R2}$$

また，O$_3$は主に波長200〜300 nmの紫外線を吸収することによりOとO$_2$に光解離するが，ほとんどの場合反応 (R2) により直ちにO$_3$に戻る．

・オゾンは酸素原子との反応によって消滅する．

$$O_3 + O \rightarrow O_2 + O_2 \tag{R3}$$

(R1)〜(R3) の反応とオゾンの光解離のみを考慮して計算すると，オゾン分布は図8-24の実線のように，観測値（点線）より2倍程度多くなってしまう．これは，酸素以外の大気成分によるオゾン破壊反応を考慮しなかったためである．たとえば，冷蔵庫やエアコンの冷媒やスプレーの噴射剤，洗浄剤などとして使用されてきた人工物質**クロロフルオロカーボン**[12] は，オゾン層より低い高度では安定であるが，オゾン層のピークより高い高度約 40 km 以上の上空まで拡散・輸送されると，（オゾン層により吸収され地上には届かない）短波長の太陽紫外線で分解されて塩素原子Cl

---

12) いわゆるフロンガス類．ちなみにフロンは和製英語であり，海外では通じない．

を放出する。この Cl は，オゾン分子と反応して一酸化塩素 ClO となる。

$$Cl + O_3 \rightarrow ClO + O_2 \tag{R4}$$

ClO は，(R2)でオゾンの原料となる酸素原子と反応し塩素に戻る。

$$ClO + O \rightarrow Cl + O_2 \tag{R5}$$

(R4)と(R5)は反応サイクルを形成して，塩素は Cl と ClO を行き来するだけで，自分は変化せずに，オゾンとその原料の酸素原子を酸素分子に戻す。これを**オゾン破壊触媒サイクル**と呼ぶ（図 8-30 のオゾン破壊サイクル①）。クロロフルオロカーボン分子やそれらから生成した塩素原子はオゾン分子よりはるかに少ないにもかかわらず，このサイクル反応で次々とオゾンを壊すために，オゾン量は大きく減少する。このオゾン破壊触媒サイクルを引き起こす物質には，塩素の他に臭素（Br：消火剤のハロンや，薫蒸などに使われる臭化メチルから発生する），一酸化窒素（NO：成層圏では，土壌・窒素肥料から生成する一酸化二窒素から主に生成される）などがある。

1984 年にイギリスのファーマンおよび日本の忠鉢繁によってそれぞれ独立に，南極の春季（9～11 月）に成層圏のオゾン濃度が大きく低下する現象が報告され，後に**オゾンホール現象**と呼ばれるようになった。その後，規模はやや小さいものの北極でも類似のオゾン減少が報告された。この極域での大規模なオゾン減少は専門の科学者も予想していなかったものであり，地上の生物などへの影響が危惧されるほどに顕著なオゾン減少量ともあいまって，各方面に大きな衝撃を与えた。その後もオゾンホールの規模は拡大を続け，クロロフルオロカーボン類の製造が中止された現在も最大規模を保っている。

図 8-26 は，南極の冬から夏にあたる 7 月から 12 月までの南極上空でのオゾン全量（大気上端から地表までのオゾン数密度を高度方向に積算した量）の変化を示す。春，南極上空に太陽光が当たり始める 7 月後半から，南極とその周辺の成層圏下部でオゾン量が減少し始めオゾンホールが形成される。9 月から 10 月にかけて，南極大陸を上回る広い地域で，オゾン全量が約 300 ドブソン単位（DU）から 100～150 DU まで大きく減少する。図 8-27 は，南極昭和基地で打ち上げられた気球により測定されたオゾン濃度の高度分布である。オゾンホールが発達した 1993 年 10 月には，従来オゾン数密度のピークがあった高度 15-20 km 付近で逆にオゾン密度が 0 に近くなっており，著しいオゾン減少は成層圏下部で起こっていることを示す。春の終わりに，オゾンホールも消滅する。しかしそれは，オゾン量が回復して消滅するのではなく，オゾンホールの内側と外側の空気の交流を実質的に遮断していた，**極渦**とよばれる極を同心円状に取り巻く空気の流れがその時期に急に弱まり，オゾ

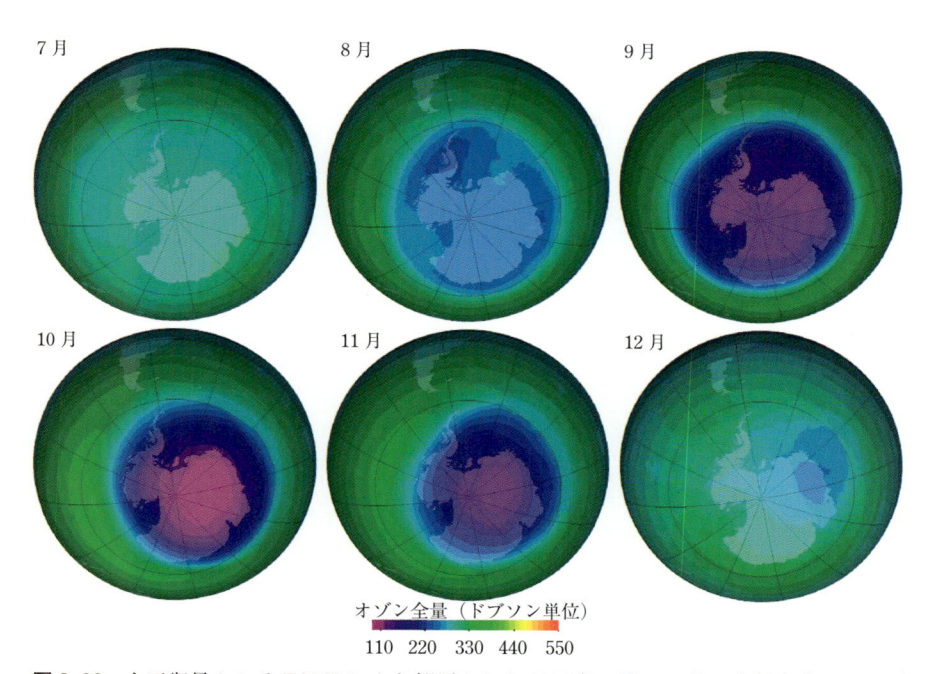

図 8-26　人工衛星センサ TOMS により観測された 2006 年 7 月〜12 月の南極上空でのオゾン全量の変化。オゾン全量の単位は，**ドブソン単位 (DU)**。中緯度の典型値である 300 DU は，その場所の上空，大気上端から地表までの高度範囲に含まれるオゾン分子のみを，すべて 1 気圧の地表まで持ってきたときの厚さが 3 mm になるということを示す。[14]

ンホール内の空気と外の空気が混合することでオゾン濃度の差がなくなるためである。したがってオゾンホールの外の中緯度域では，オゾンホールが消失した後に，その影響によりオゾン量が減少を起こすことになる。したがって，オゾンホール現象はただ南極でのオゾンを減少させるだけではなく，日本など中緯度に住む人々にとっても重大な影響を及ぼし得るものである。成層圏オゾン量の減少は高緯度ほど大きく，1980 年代から 20 年余り，南極域では年平均 0.8%，北極域では 0.5%，中緯度域でも 0.3〜0.4% くらいの割合で成層圏オゾンの減少が進行を続けてきた。このオゾンの減少に伴って，人体に有害な紫外線の増加が始まっているという報告がある。図 8-28 は，ギリシャのテッサロニキ（札幌とほぼ同緯度）でのオゾン全量の変化と晴天日の紫外線強度の変化を比較したものである。オゾン全量が 10 年あたり 4.4% の割合で減少しているのに対応して，オゾンによって吸収される，やや強い生物影響を及ぼす紫外線 (UV-B) の強度は，波長 325 nm では 10 年あたり約

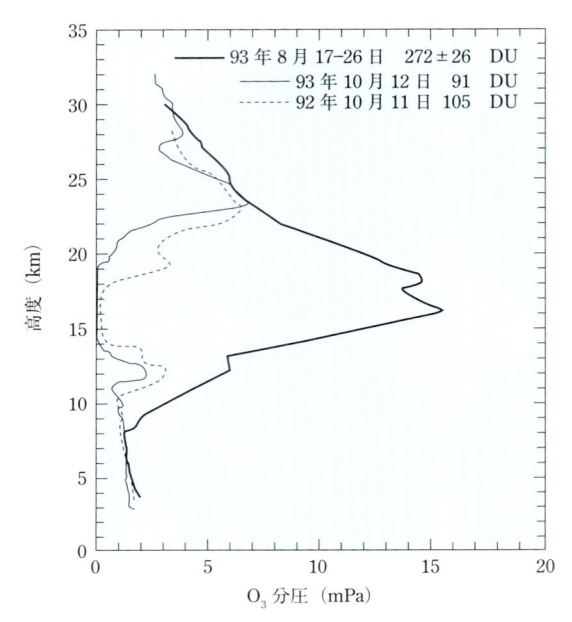

図 8-27 気球により観測された南極上空のオゾン濃度(分圧で示してある)の高度分布。太線は,オゾンホール発生以前の 8 月の高度分布,細線と点線はオゾンホールが発達した 10 月の観測値を示す。観測日のオゾン全量を図中の数値で示す。[3][15]

17%,さらに波長の短い 305 nm では約 25% もの高い割合で増加している[13]。現在,国際条約によってオゾン層に影響を与えるクロロフルオロカーボン類の製造が全廃されその濃度は減少を始めたが,それらには対流圏での寿命が 100 年程と長いものが多く,その影響は長く続く。2010 年頃からオゾン量が回復し始め,21 世紀中にオゾン層は元の状態に戻ると予測されているが,今後も監視が必要である。また,皮膚がんなど,紫外線強度増加の影響もすぐには現れず,紫外線を浴びた人の加齢により今後次第に増加していくものと思われる。皮膚がんの発生率のピークは,2040〜2050 年頃という予測がなされている。

クロロフルオロカーボン(**フロンガス**)が,主に中緯度で生産・使用されているにもかかわらず,なぜ南極上空でオゾンホールが発達するのだろうか? 高度 40 km 付近で,クロロフルオロカーボンが分解して出来た Cl 原子,ClO 分子がオゾン破壊サイクルを引き起こすことを先に述べたが,これらはやがて HCl(塩酸)および $ClONO_2$ という分子に化学変化することでオゾン破壊サイクルを停止するため,そ

---

13) オゾンによる紫外線吸収は強く,オゾン全量と紫外線強度の関係は指数関数で表されるので,オゾン全量の減少に比べ紫外線強度の増加は大きくなる。

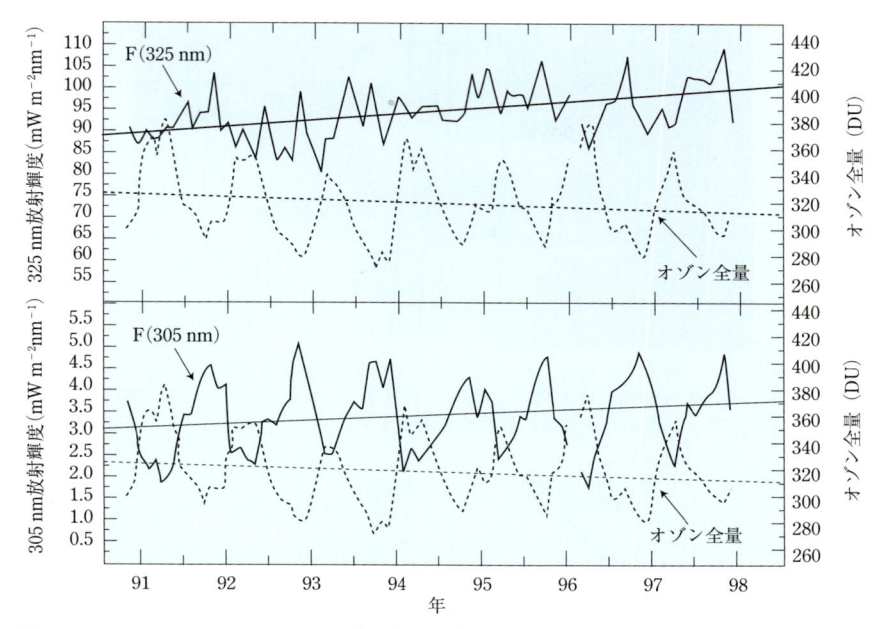

図8-28 ギリシャ，テッサロニキ（北緯40度）でのオゾン全量（点線）の変化と晴天日での波長325 nm（上）および波長305 nm（下）の紫外線強度（実線）の変化の比較。実線および点線の直線は，それぞれ紫外線強度とオゾン全量に回帰直線を当てはめ，平均的な変化率を求めたもの。オゾンと紫外線強度は明瞭な反相関関係を示し，オゾンの比較的小さな減少傾向に対し，紫外線強度はより明確な増加傾向を示している。[16]

の高度域では緯度によらずオゾンホールに見られるような極端に大きなオゾン消失は起こらない。HCl分子およびClONO$_2$分子は，大気の循環によって冬半球側の極域上空の下部成層圏に蓄積していく。極域では，冬季日射が無いために成層圏下部が非常に低温になる。成層圏は乾燥しており通常の雲は発生しないが，極域の冬にはしばしば約−76℃以下まで気温が低下し，図8-29に示すような**極成層圏雲（PSC）**とよばれる雲（エアロゾル粒子）が発生する。微粒子の表面は一種の触媒の役割をし，通常起こらないような化学反応を起こすことがある。PSC粒子の表面では，通常起こらないHCl分子とClONO$_2$分子の反応が起こり比較的高濃度の塩素（Cl$_2$）分子を生成する。春になり極域に日射が当たると塩素分子は光解離してCl原子となり，（R4）の反応でオゾンをO$_2$に変換する。反応して生成したClO分子は，高濃度であるためそれが二つ結合し（ClO）$_2$分子となり，それが光で分解することでCl原子に戻る。それにより，（R4）＋（R5）とは少し異なるオゾン破壊触媒サイクルを形成し（図8-30のオゾン破壊サイクル②），成層圏下部でオゾンの破壊が進行する。これがオゾンホールを引き起こすと考えられている。つまりオゾンホールの形

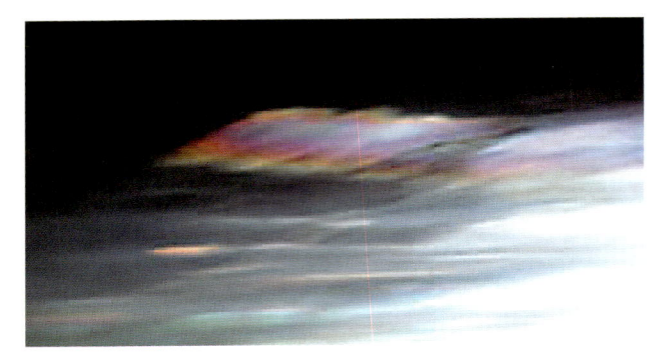

図 8-29 スウェーデン上空に現れた極成層圏雲。通常の対流圏の雲よりずっと高度が高いので，日没後（日出前）もしばらく太陽光を受けてしばしば虹色に光る（**真珠（母）雲**）。夕焼けのようにオレンジ色に見える場合も多い。[17]

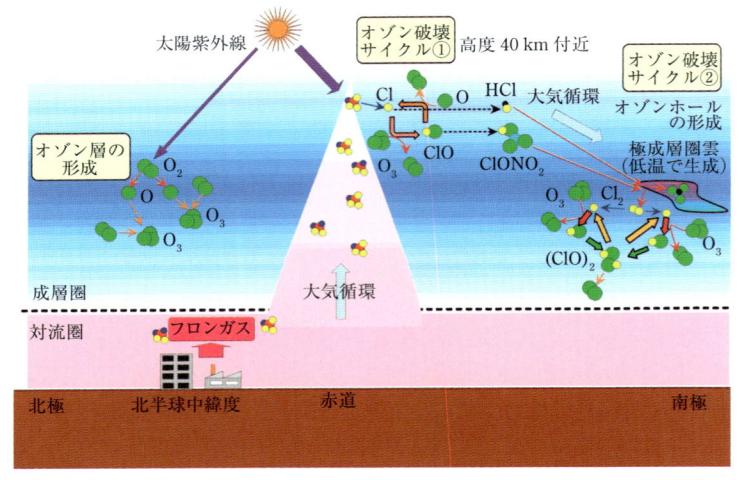

図 8-30 オゾン層の形成，およびクロロフルオロカーボン（フロンガス）から生成した塩素原子がオゾンホールを作るまでを示した概念図。紫の矢印は太陽紫外線，水色の矢印は成層圏の大気循環による大気の動き，それ以外の矢印は化学反応を示す。特に，オゾン破壊サイクルを形成する反応は，太い矢印で示した。

成には低温が必要なため，極域でのみ発生するわけである。北極でオゾンホールがあまり発達しないのは，海に取り囲まれた南極と異なり北極ではロッキー山脈などの地形の影響で極を廻る空気の流れ（極渦）が緯度方向に蛇行し，極域と中緯度での空気のやり取りが南極より起こりやすいため，南極ほど成層圏下部が低温にならず PSC の発生が少ないためである。以上，クロロフルオロカーボンによるオゾンホールの形成までの流れを図 8-30 にまとめた。

コラム：実は悪役：対流圏オゾンの増加

　成層圏オゾン層は，生物に有害な波長の短い紫外線の吸収や，それによる成層圏の形成を通じ，現在の地球環境の形成・維持に不可欠なものである。地表に近い対流圏にも，成層圏に比べ 10 分の 1 程度の量ながらオゾンが存在しているが，その増加は地球環境（人間生活）にとってむしろ有害である。その理由の一つは，オゾンが過酸化物であり，直接オゾン分子が生物に触れると様々な悪影響を引き起こすことである（それを逆手に取りオゾンは殺菌・脱臭・水の浄化に使用される）。人体に対しては，目や喉など粘膜への刺激，呼吸器や心臓の疾患などの要因となると考えられている。また，都市近郊の森林の枯死の原因の一つに挙げられるなど，植物に対しても悪影響があることが知られている。図 A は，オゾン増加により農作物の収穫量が大きく（10～30％）減少するという研究結果を示したものである。もう一つの理由としては，オゾンは強力な温室効果気体であり，その増加が気候変動をもたらすことが挙げられる。産業革命以降の対流圏でのオゾン濃度増加のみによる，地表加熱率の増加量（放射強制力とよばれる）は，全地球平均で，二酸化炭素濃度の増加のみによる地表加熱率増加量の約 3 分の 1（地域によっては 2 分の 1 を超える）と見積もられており，無視することはできない。なお，対流圏のオゾン量は成層圏の 10 分の 1 程度しかなく，対流圏で増加しても成層圏でのオゾン減少の穴埋めにはほとんどならない。

　対流圏では，オゾンは排気ガスなどに含まれる窒素酸化物（NO_x）および一酸化炭素や炭化水素類が太陽光の存在下で一連の化学反応を行うことで生成する。実は，1970 年代ころに大きな社会問題（公害問題）となった**光化学スモッグ**を引き起こすオキシダ

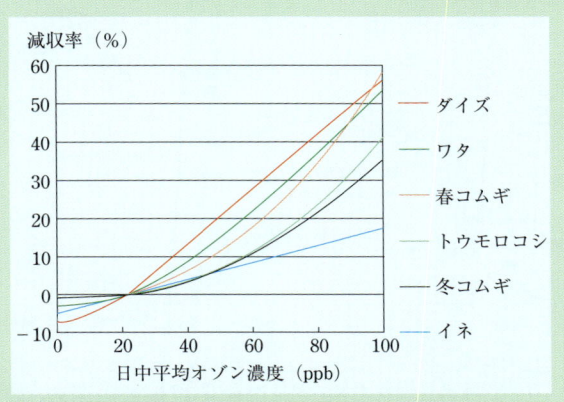

図 A　日中平均オゾン濃度と農作物減収率の関係。[18][19][20] より作成。

ント（大気中の酸化性物質の総称）の大半はオゾンなのである．公害対策として，様々な規制が行われた結果，1980 年代には日本など先進国でのオゾン（オキシダント）濃度は減少し，光化学スモッグの被害もあまり見られなくなった．ところが，図 B の北半球での対流圏オゾンの変化が示すように，大気汚染が少ない非都市域ではオゾン増加傾向は継続している．郊外〜都市域でも，オゾン濃度は 1980 年代後半より再び増加傾向にあり，近年また光化学スモッグの発生頻度も増加してきた．これはかつての公害問題とは異なり，先進国都市域での大気汚染によるその地域でのオゾン生成だけでなく，むしろ自動車等の世界的な普及やアジア域など新興国での産業活動の活発化と排気ガス規制の未整備などにより，地球全体（少なくとも北半球全体）で対流圏オゾンの生成が増加しつつあるためであると考えられている．日本でも，他の大気汚染指標はおおむね環境基準を達成しているにもかかわらず，オキシダント（オゾン）のみは悪化傾向を示し，日本のほとんど全地域で環境基準を超過する状況に至っている．2007年には，光化学スモッグ発生件数や健康被害者数が最近 20 年で最悪となっている．その一因として，日本のすぐ風上に位置する中国・韓国での活発な産業活動の影響がとりざたされている．2007 年 5 月に，九州北部で光化学スモッグ注意報が発令され，環境省により中国からの汚染大気の輸送がその原因である可能性が高いとの発表がなされた．このような越境（国境を越えた）大気汚染は，国際協力なしには解決しない問題であり，そのため十分な科学的根拠に基づく議論が必要である．今後，さらに対流圏オゾンに関する研究の発展と，それに基づく対策の立案・実行が期待される．

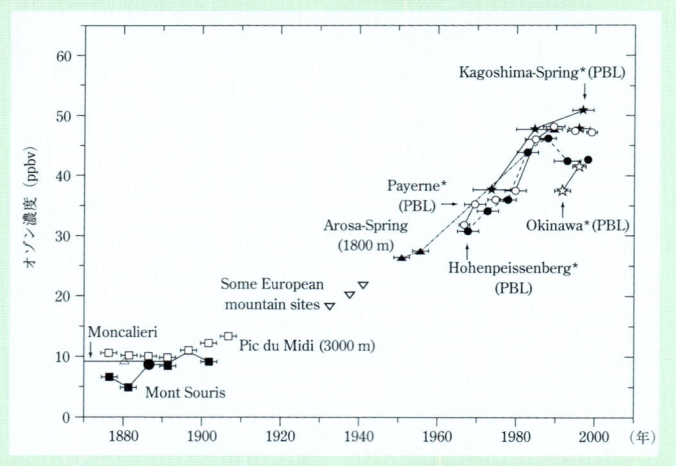

図 B 19 世紀末〜20 世紀における，北半球中〜高緯度の各地点での，春季の地表付近のオゾン濃度の変化 [21]．PBL とは，惑星境界層のことで，地表で生じた乱流によりよく混合されている地表から高度約 1500 m までの高度領域をさす．

参照文献（資料）

[1] A. ブレッケ著，奥澤隆志・田口聡訳，「超高層大気物理学」，愛智出版，2003。
[2] アメリカ航空宇宙局（NASA）ラングレー研究所ホームページ
 <http://eosweb.larc.nasa.gov/HPDOCS/misr/misr_html/global_seasonal_albedo.html>
[3] D. Jacob 著，近藤豊訳，「大気化学入門」，東京大学出版会，2002。
[4] Hanel, R. A., B. J. Conrath, V. G. Kunde, C. Prabharata, I. Revah, V. Salomonson, and G. Wolford, The Nimbus 4 infrared spectroscopy experiment 1. Calibrated thermal emission spectra, *Journal of Geophysical Research, 77*, 2629, 1972.
[5] 小倉義光著，「一般気象学（第2版）」，東京大学出版会，1999。
[6] IPCC, Climate Change 1995: The Science of Climate Change: *Contribution of Working Group I to the Second Assessment Report of the Intergovernmental Panel on Climate Change,* edited by Houghton, J. T., L. G. Meiro Filho, B. A. Callander, N. Harris, A. Kattenburg, and K. Maskell, Cambridge University Press, 1996.
[7] 気象庁ホームページ <http://www.data.kishou.go.jp/climate/cpdinfo/20th/box3.htm>
 および IPCC, Climate Change 2001: The Scientific Basis: *Contribution of Working Group I to the Third Assessment Report of the Intergovernmental Panel on Climate Change,* edited by Houghton, J. T., Y. Ding, D. J. Griggs, M. Noguer, P. J. van der Linden, X. Dai, K. Maskell, C. A. Johnston., Cambridge University Press, 2001.
[8] 名古屋大学太陽地球環境研究所ホームページ
 <http://stesun5.stelab.nagoya-u.ac.jp/study/sub8.htm>
 および
 Friis-Christensen, E. and K. Lassen, Length of the Solar Cycle: An Indicator of Solar Activity Closely Associated with Climate, *Science, 254,* 698, 1991.
[9] 東京大学大学院理学系研究科地球惑星科学専攻ホームページ
 <http://www.eps.s.u-tokyo.ac.jp/jp/guidance/space/terasawa.html>
[10] 名古屋大学太陽地球環境研究所ホームページ
 <http://stesun5.stelab.nagoya-u.ac.jp/study/sub8.htm>
 および
 Svensmark, H., Influence of Cosmic Rays on Earth's Climate, *Physical Review Letters,* 81, 5027, 1998.
[11] サイエンスの森ホームページ
 <http://sciwood.com/kiribako1.html>
[12] IPCC, Climate Change 2007 − The Physical Science Basis: *Contribution of Working Group I to the Fourth Assessment Report of the Intergovernmental Panel on Climate Change, 2007,* edited by Solomon, S., D. Qin, M. Manning, Z. Chen, M. Marquis, K. B. Averyt, M. Tignor and H. L. Miller, Cambridge University Press, 2007.
[13] Seinfeld, J. H. and S. N. Pandis, *Atmospheric Chemistry and Physics*, John Wilet and Sons, inc., 1997.

[14] アメリカ航空宇宙局（NASA）ゴダード宇宙飛行センターの Visible Earth ホームページ <http://visibleearth.nasa.gov/view_rec.php?id=138> から作成

[15] United Nations Environmental Programme/World Meteorological Organization (UNEP/WMO), Scientific assessment of ozone depletion: 1994, *Global Ozone Research and Monitoring Project Report No. 37.*, 1995.

[16] UNEP/WMO, Scientific assessment of ozone depletion: 1998, *Global Ozone Research and Monitoring Project Report No. 41*, 1999.

[17] 入江仁士，北極成層圏における雲粒の重力落下とオゾン層，国立環境研究所ニュース，*23*, 11, 2004。

[18] Lesser, V. M., J. O. Rawlings, S. E. Spruill and M. C. Somerville, Ozone Effects on Agricultural Crops: Statistical Methodologies and Estimated Dose-Response Relationships, *Crop Science, 30*, 145, 1990.

[19] L. Skarby, G. Sellden, L. Mortensen, J. Bender, M. Jones, L. de Temmerman, A. Wenzel and J. Fuhrer, Responses of cereals exposed to air pollutants in open-top chambers, in *Effects of air pollution on agricultural crops in Europe. Results of the European Open-Top Chamber ProjectCEC Air Pollution Research Report 46*, edited by H. J. Jager, M. Unsworth, L. de Temmermann and P. Mathy, Editors, 241, 1993.

[20] Kobayashi, K., K. Okada, M., and Nouchi, I., Effects of ozone on dry matter partitioning and yield of Japanese cultivars of rice (Oryza sativa L.), *Agriculture, Ecosystems and Environment, 53*, 109, 1995.

[21] 秋元肇，「オゾン」（秋元肇，河村公隆，中澤高清，鷲田伸明編「対流圏大気の科学と地球環境」より），学会出版センター，2002。

9章

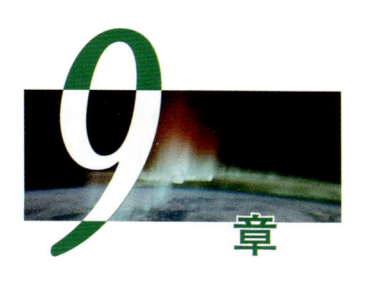

宇宙空間と人間

　ここまで読み進められて来た読者は，ただ真空が広がっているだけと思われがちな宇宙空間で，実は様々な現象が起こっていることを理解されたであろう。この分野は，その初期段階では，現象に対する自然科学的な興味を動機として研究がされてきた。しかし，人類の宇宙利用が盛んになるにつれて，宇宙についての研究が自然科学の域を越えて，技術的な面や経済的な面でも必要とされるようになってきた。本章では，宇宙における諸現象がどのように人類の活動に関わり，そこにどのような問題があるのかを紹介する。

9.1　宇宙空間の利用・宇宙天気

進む宇宙空間利用

　宇宙空間を人間の生活に積極的に利用・活用する考えは，宇宙開発の初期の1960年代からあった。それからおよそ半世紀が経ち，宇宙から地上の雲や台風を観測する気象衛星（「ひまわり」衛星シリーズなど）や，電波を中継して地球の裏側の国と交信を行う通信衛星（インテルサット，インマルサット衛星シリーズなど），テレビ画像や音声を電波にのせて広域に配信する放送衛星（BSやCS）など，半世紀前にはアイデアに過ぎなかったものが，今や我々の生活に浸透してきている。これらの他にも，自動車や航空機の位置測定や，災害による地形の変化や赤潮の発生状況を観測する災害監視，農作物の作柄を世界的に調査するリモートセンシングなど，利用の幅がさらに広がりつつある。今後の計画としては，宇宙空間にインターネットを展開しようとするスペースインターネット計画が各国で推進されている。わが国でも，技術試験衛星シリーズを運用した，情報分野への衛星事業の展開が進んでい

る。

　これらは，地表にいる人同士の通信であったり，地表の様子を調べるための衛星利用だが，宇宙環境そのものを利用する試みもなされている。宇宙環境は，高真空環境，無重力環境，放射線環境，磁場・プラズマ環境，などの用語で特徴付けられるように，地上の環境とは極めて異なった環境である。スペースシャトルや国際宇宙ステーション（ISS）では，こうした環境を利用して様々な宇宙実験が実施されている。また，無重力環境を利用した製品生産の試みも始まっていて，創薬や新素材開発などの分野から期待が寄せられている。今後，さらに多くの宇宙の利用が考案されていくだろう。

　しかし，宇宙の放射線環境と磁場・プラズマ環境には，人間にはもちろん機器類にとっても，地表には無い厳しさがある。こうした環境で，材料がどのように劣化していくか，電子部品の異常がどのようなメカニズムで発生するのか，といった数多くの解明されなければならない課題がある。

宇宙天気

　宇宙空間の利用が進むにつれ，**宇宙天気**という考え方が説かれだした。地上での天気（気象現象）が我々の暮らしと深く関わっているのと同様，宇宙にも我々の暮らしに関わる天気，「宇宙天気」があるというのである。

コラム：宇宙空間は「無重力」？

　スペースシャトル内で宇宙飛行士などが宙に浮いている映像を見るので，しばしば宇宙空間では重力は働かないと誤解されることがある。「無重力」状態になるのは，重力が働かないからではなく，重力が遠心力によって打ち消されているからである。

　地表においては，我々の体を支えているのは地面や床の垂直抗力である。すなわち体に働く重力を垂直抗力が打ち消している。ではなぜ地表では，空中で手から離れたボールは落ち，人工衛星中では落ちないか，それは，地表では地面や床に接触して始めて重力を打ち消す垂直抗力が働くのに対し，人工衛星の中では常に全ての物体に，その質量に比例した遠心力が働くからである。地表にいる我々にも地球の自転による遠心力が働くが，その効果は，もっとも強い赤道上においても，重力の0.3％にすぎない。地表で人工衛星内部と同じように重力を打ち消すだけの遠心力を得ようとすると，地表すれすれを約7.9 km/sの速度で飛行しなければならない。この速度を第一宇宙速度と言う。（注：「重力」なる語は，万有引力と自転による遠心力との合力の意味で用いられることがあるが，ここでは便宜上，地球と物体との間に働く万有引力の意味で用いている）

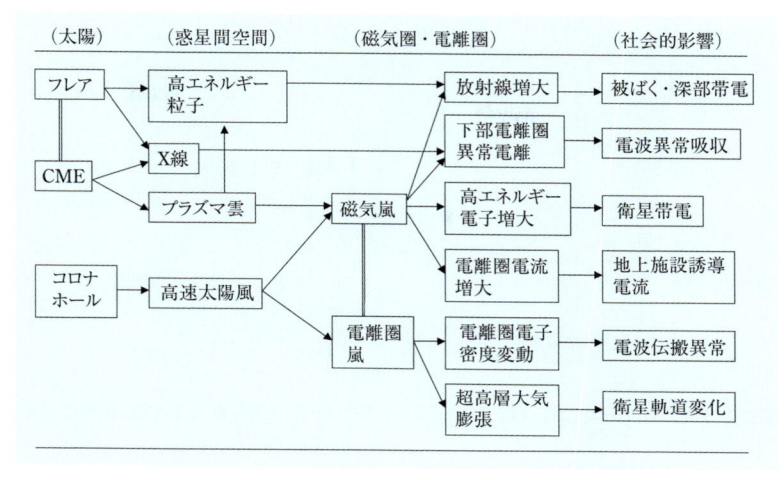

図9-1 太陽から地球に至る環境変動とその関連

　ここに言う宇宙天気とは，主に太陽の周期的な変動や突発的なエネルギーの解放に起因して，惑星空間から地球大気までの各領域にもたらされる変動や擾乱のことを指す．

　図9-1に宇宙天気に関係する事項をまとめた．図の左の4列には，太陽で起こる現象と，それに起因して惑星間空間や磁気圏・電離圏に生ずる現象が列記されている．矢印は，それらのあいだの因果関係を示している．また，同図右端の列には，それらの宇宙天気がもたらす社会的影響の代表例を挙げた．以下に，致命的な事故に繋がる可能性がある**衛星帯電**と**超高層大気膨張**について簡単に説明する．

(1) 衛星帯電

　近年ますます通信・放送，その他の分野における人工衛星への依存度が高まってきたため，衛星帯電は宇宙天気に関わる大きな問題の一つになってきている．

　人工衛星は宇宙空間のプラズマに囲まれているため，周辺の電子が衛星表面から流入して負に帯電する傾向がある．太陽の紫外線が当たる部分は光電効果によって光電子が放出されるため帯電が抑えられるが，日陰の部分では周辺の電子温度[1]程度にまで帯電する．たとえば，人工衛星の周囲の電子温度が1 keVであると，衛星は周囲のプラズマに対して-1 kVの高電圧にまで帯電する[2]．特に磁気嵐やサブストームのときに，夜側の静止軌道付近で電子の直撃を受けると，数キロボルト程度まで瞬時に帯電する．衛星全体が同じように帯電すると問題は無いが，衛星の各

---
1) 付録B「6. 温度とは何か」参照．
2) 付録B「9. 電子ボルト」参照．

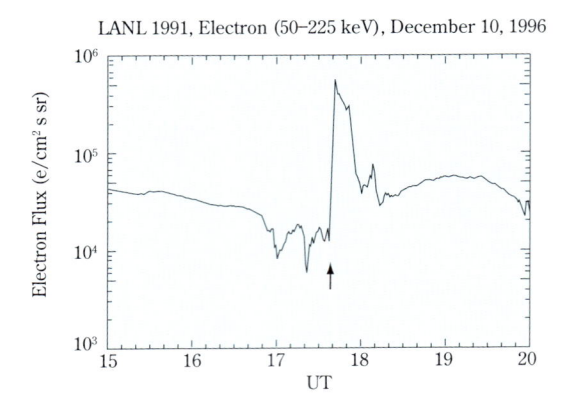

図 9-2 サブストームに伴う電子束の増大の例（矢印）（観測衛星 LANL1991 による）

部で非均一に帯電が発生するため，部位間に電位差が生じ，これを解消するべく放電が起こる。この放電によって発生した電磁ノイズは，衛星の異常動作を起こすことがある。

米国の統計によると，宇宙環境に起因する衛星障害の半数以上が，帯電による障害である。代表的な衛星全損事故は，1973年のDSCS II衛星，1982年のGOES-4衛星，1991年のMARECS-A衛星，1997年のINSAT-2D衛星などがある。これらの事故は，いずれも衛星が活発なオーロラ活動に伴う電子の直撃を受けた直後に発生した。

静止軌道での電子束増加の一例を図9-2に示そう。これは，第7章2節で紹介した1996年12月10日のサブストームの際に観測された事例である。サブストームに伴う磁場変化のために，普段は静止軌道外にあるプラズマシートの電子が加速され，静止軌道の内側まで注入[3]されたと考えられている。

サブストームや磁気嵐のとき以外でも，地球を取り巻く**放射線帯**を通過するとき，人工衛星は強い放射線にさらされる。放射線帯は，1958年にヴァン・アレンが率いるチームによって発見された[4]。その領域は，地上1000 kmから数万 kmの広い領域にわたり，地上3000 km付近を中心に分布する内帯と，約2万 kmを中心に分布する外帯とに分かれている。内帯の主成分は，高エネルギーの陽子（> 50 MeV）で，外帯の主成分は高エネルギーの電子（> 1 MeV）である。内帯と外帯のあいだの，地上約9000 kmから約1万5000 kmには，放射線粒子がほとんど存在しないスロット（間隙の意味）とよばれる領域がある。

図9-3は，ヴァン・アレン帯の模式図である。人類が様々な目的で利用する静止

---
[3] 第7章2節参照。
[4] 発見者に因んでヴァン・アレン帯と呼ばれる。

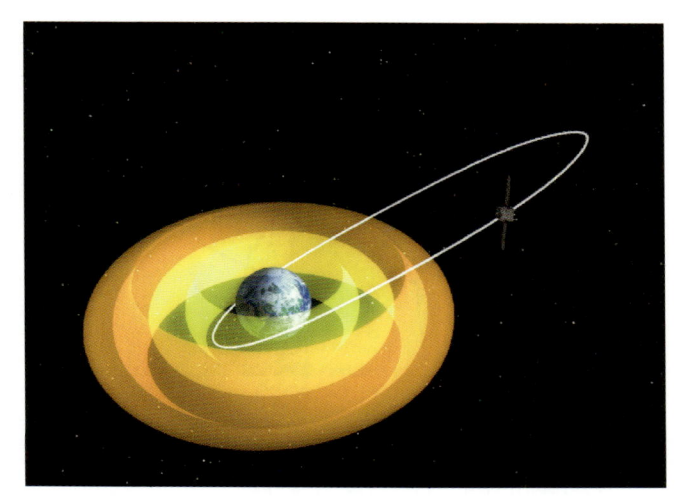

図 9-3 放射線内帯の概略図。磁気赤道上に内帯と外帯の 2 重構造がある。白線は，静止衛星遷移軌道（静止衛星を打ち上げるときに一時的に使う軌道）の例。

軌道は，地球半径の約 6.6 倍の半径を有し[5]，外帯のさらに外側に位置する。しかし，打ち上げ時に衛星は，いったん，細長い楕円形の遷移軌道に投入される。この軌道は，図に白線で示したように，ヴァン・アレン帯を横切らなければならない。

このヴァン・アレン帯の外帯でも，磁気嵐の発生に伴って高エネルギー電子増大の事例がしばしば発生する。図 9-4 に，磁気嵐直前（実線），および磁気嵐発生直後（○），磁気嵐発生 30 時間後（＋）の電子束[6]の強さの観測例を示した。横軸は，地球の中心からの距離（1 R_E ＝地球の半径）である。この観測例のように，ヴァン・アレン帯外帯電子は磁気嵐が起こるといったんほとんどが消失し，その後，磁気嵐が回復するに従い，磁気嵐前の数倍から数十倍まで増加する。電子増加のメカニズムはまだ解明されていないが，何らかの電子加速・加熱が起こっていると考えられている。ヴァン・アレン帯電子が磁気嵐の影響で増大すると，そこを飛翔する人工衛星の故障や劣化の危険性が増大する。

このような，静止軌道への電子注入や，外帯電子の増加を予報することは，宇宙天気予報の主要な課題の一つになっている。

以上は，磁気嵐に伴って磁気圏内部で起こる粒子加速が原因の放射線だが，太陽フレアに伴って発生する**衝撃波**によって作られる非常に高いエネルギーの陽子も，

---

[5] 付録 B「4. 静止衛星の軌道半径」参照。
[6] 束：ある断面を通過する粒子の数を表す。単位面積，単位立体角，単位時間あたりのカウント数を用いる。フラックスとも言う。

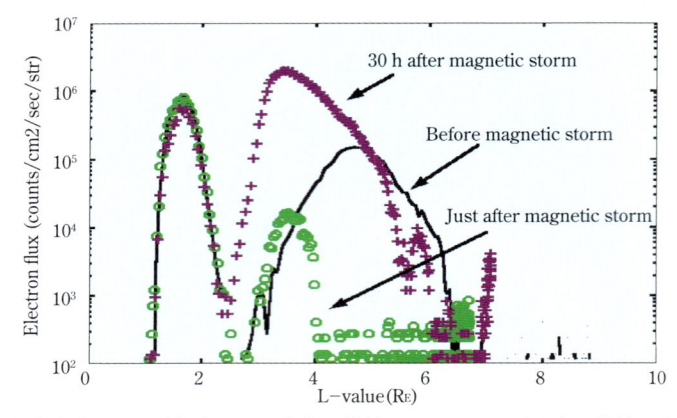

図 9-4 放射線内帯電子の磁気嵐による変化。縦軸が 400 keV の電子束。横軸は地球中心からの距離（地球の半径を 1 R_E としている）。磁気嵐の開始後数時間で，外帯電子は非常に少なくなる（緑の○）が，30 時間後（紫色の＋）には，磁気嵐直前（実線）の 10 倍以上になった。同時に，ピークの位置が地球に近づいている。

人工衛星や宇宙飛行士にとって大きな脅威となる[7]。それらの粒子は，高エネルギーであるが故に磁気圏深部まで達するからである。高エネルギー陽子は，粒子単独で半導体メモリに損傷を与えることがあり，その損傷による障害事例は**シングル・イベント**と呼ばれる。このような障害に対する対策としては，半導体デバイスにエラーの自己検出・自己復旧回路を持たせるなどの方法が考えられる。宇宙飛行士への影響については，次節で述べよう。

(2) 超高層大気膨張

磁気嵐や強いサブストームによって磁気圏から極域にエネルギーが流入すると，熱圏大気に乱れが生じ，それが低緯度まで伝わって広範囲の熱圏大気の擾乱が起こる。その結果，熱圏大気が加熱されて膨張する現象を超高層大気膨張と言う。これが起こると，人工衛星に大気によるブレーキがかかり，姿勢制御や軌道維持に問題が生じる。たとえば，科学衛星「あすか」[8]は，2000 年 7 月のバスティーユ・イベント[9]の際に起こった大気膨張によってスピン状態に陥り，翌年 3 月に大気圏に落下した。

熱圏大気の擾乱は，同時に，電離圏の電子密度の乱れの原因になる。F 領域による電波の反射を利用した短波通信は船舶無線や航空機管制に盛んに使われている

---

[7] 第 5 章 3 節（図 5-16）参照
[8] 「あすか」は X 線望遠鏡を搭載した天文衛星として活躍し，数々の成果を X 線天文学にもたらした。この事故の時点では，すでに当初予定された運用期間を遥かに上回って運用されていた。
[9] 第 5 章 3 節，第 7 章 4 節参照。

コラム：宇宙天気予報（2007年7月15日）

「600 km/秒の高速太陽風がやってきました．南向き磁場の影響[注1]で，活発なオーロラ活動も発生しています．予想よりも立派な高速太陽風[注2]がやって来ました．太陽風は，今朝，15日3時（世界時14日18時）までは，400〜470 km/秒の間を変化していて，やや高速といった状態でした．しかし，その後，どんどん速度を上げて行き，現在600 km/秒にまで達しています．かなり高速の太陽風です．
（中略）
　速度の上昇も重要ですが，それに先立って，太陽風の磁場が長時間南を向いていました．−6 nTくらいの強さで，ほぼ半日，11時間続いています．この影響で，磁気圏では活発なオーロラ活動が発生しています．
（中略）
　600 km/秒にまで速度が上がった太陽風ですが，高速風自体はそれほど長く続かないと思います．それは，太陽風磁場の強さが，既に4 nTに弱まっていることと，発生源と見られるコロナホール[注3]の規模などから考えてです．明日には速度はもう下がり始めるのではないでしょうか．」
（後略）〈http://swc.nict.go.jp/〉より．

注1） 惑星間空間磁場が南向きの成分を持つ時，磁気圏前面で磁気再結合が起こって，太陽風から磁気圏へのエネルギー流入量が増加する（第6章2節参照）．
注2） 惑星間空間磁場の南向き成分と太陽風の速度の積が，磁気圏へのエネルギー流入量をコントロールしていることが経験的に知られている．
注3） 太陽コロナの極端紫外線または軟X線画像において，黒く見える部分（第5章1節参照）．高速の太陽風が噴き出している．

が，F領域の電子密度の乱れは，通信に最適な周波数や電波の到達距離を変え，通信障害を来たすことがある[10]．

　近年普及が進むGPSは，複数個の低高度衛星からの電波を受信して，その到来時間の差から位置を割り出す．したがって，衛星—地上間の電波の通り道である電離圏の擾乱は，大きな測位誤差を生じる原因となる．非常に大きな場合は，誤差が100 mにも及ぶことがある．

　また，太陽フレアの発生が，直接，電離圏に影響を与え，数分から数十分間，短波通信が不通になることがある．これは，発見者の名前をとって**デリンジャー現象**と呼ばれていて，フレアによって急増した太陽X線によって，電離圏下層に位置するD領域の電子密度が急増し，短波が吸収されるために起こる．D領域は高度

10） 第8章1節（図8-6）参照．

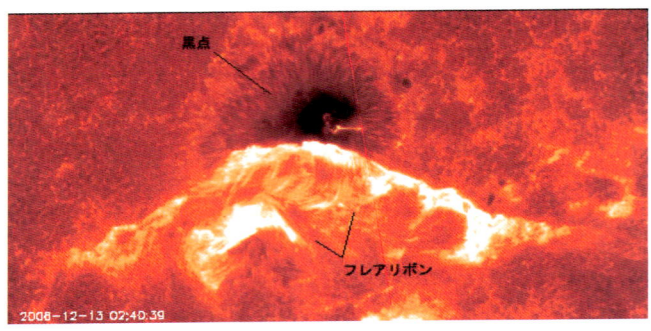

図 9-5　太陽観測衛星「ひので」が捉えた太陽フレア（2006 年 12 月 13 日 02：40：39 UT）

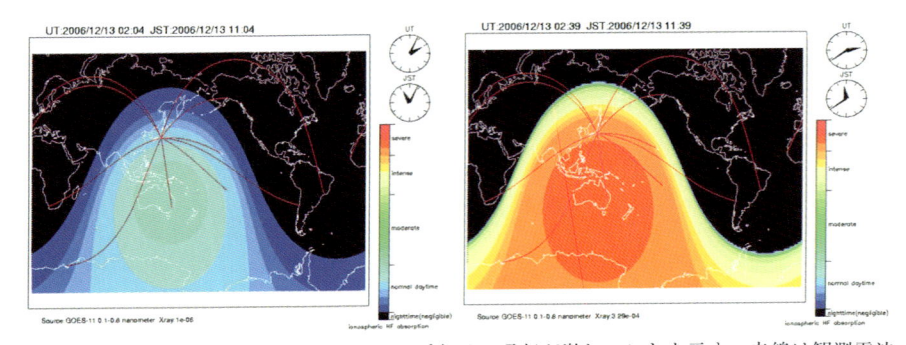

図 9-6　短波吸収の度合いを示すマップ。暖色は，吸収が激しいことを示す。赤線は観測電波の伝播経路。（左）2006 年 12 月 13 日 02：04 UT　通常の日照によって現れる D 領域による吸収。（右）同日 02：39 UT　図 9-5 のフレアによって発生したデリンジャー現象。各図の下には静止軌道上の観測衛星「GOES」の X 線モニターの結果が表示されている。これによると，右図の時点では左図の約 330 倍の強さの X 線が観測された。(NICT)

が低いため，中性大気の密度が高く，電波によって電子が振動しても大気の原子との衝突によってエネルギーが吸収されてしまうのである[11]。図 9-5，図 9-6 に，太陽観測衛星「ひので」が撮影した太陽フレアと，それによって発生したデリンジャー現象の分布図を示そう。フレアの発生によって飛来した X 線が，オーストラリアから東南アジア一帯に強いデリンジャー現象を引き起こしたことが分かる。

宇宙天気予報

　太陽活動の影響によって発生する宇宙環境の変動と，その社会的影響の一部を上に紹介した。様々な宇宙利用関連事業者（あるいは機関）に対して，このような宇宙

---

11)　F 領域，D 領域については第 8 章 1 節参照。

天気による障害が発生する危険があることを事前に知らせるのが，**宇宙天気予報**である．

日本では，電波や宇宙利用のユーザーに対して，独立行政法人・情報通信研究機構の宇宙天気予報センターが警報発令の業務を行っている．ここでは，世界の宇宙環境監視ネットワークと協力して24時間態勢で太陽監視，太陽風計測，静止軌道や周回軌道での宇宙放射線計測，電離層定常監視などを実施すると共に，それらのデータを基に宇宙環境数値モデルを運用して宇宙天気情報を発信している．199ページのコラムは，2007年7月15日に報じられた予報からの抜粋である．

9.2 宇宙航行に伴う放射線被曝

前節では，人工衛星や通信への宇宙環境の影響を説明したが，ここでは，宇宙環境の人体への影響を中心に説明しよう．

宇宙空間には放射線粒子が飛び交っているが，地球は地球磁気圏と大気という二重のバリアの内にあり，人類はその二つのバリアで守られた一種の「揺りかご」の中で生活している．しかし，その中から一歩外に出ると，宇宙放射線にさらされ，その影響を人体は受けることになる．これを宇宙放射線被曝という．宇宙放射線とは，高エネルギー（数 MeV 以上）で光速に近い速度で飛ぶ電子，陽子，および重イオンなどの荷電粒子，ならびに中性子，X線等の電磁波である．たとえば，宇宙飛行士は，暗闇の中で**ライト・フラッシュ (LF)** と呼ばれる発光現象を体験することが多い．LFは，まぶたを閉じているか開けているかに関わらず見え，色は無く，直線状あるいは星状に見える．宇宙飛行士の脳の視覚野もしくは網膜が，宇宙放射線の照射を受けたことによると考えられている．

1961年のユーリ・ガガーリンの初飛行以来，日本人6人を含む約500人の宇宙飛行士が，宇宙滞在を経験した（2005年現在）．米国のアポロ計画では，1969〜1972年のあいだに12名の宇宙飛行士が1〜3日間，月面に滞在した．現在では，国際宇宙ステーション (ISS) に宇宙飛行士が交代しながら恒常的に長期滞在している（2000年11月より）．ISSの軌道高度400 km まで人類の長期生活空間が拡大しつつあると言えるだろう．

今後20年以内に，再度の月面滞在，および初の火星滞在を実現すべく，新たな宇宙開発計画が進められている．しかし，ここで大きな問題になってくるのは，宇宙飛行士の宇宙放射線被曝である．月も火星も，地球のような磁気バリアを持っていない．さらに，月には大気もない．火星には地球の約100分の1気圧の大気があるので，火星は太陽系の中で地球に次いで2番目に放射線被曝上安全な惑星といわれている．しかし，月への片道約3日間に比べ，火星には片道6〜10ヶ月かかるの

> **コラム：放射能と放射線**
>
> 　高速で飛来する電子やイオン，および高エネルギーの電磁波であるX線またはγ線を「放射線」と呼ぶ。放射線の強度には，物理的な吸収線量であるGy（グレイ）と人体への生物学的影響の強さを表すSv（シーベルト）がある。古くはR（レントゲン）やrem（レム）などの単位が用いられたが，国際単位系（SI）には採用されていない。
>
> 　放射能は，放射性物質が放射線を出す能力，またはその能力をもつ物質を指す。放射能の量を表す単位として，Bq（ベクレル）がある。1 Bqは，1秒間に1個の割合で原子核が崩壊して放射線を出す放射能である。例えば，「日本における輸入食品中の放射能濃度の暫定限度は370 Bq/kg」などのように，放射能を表すのに用いられる。かつては，大量の放射能を表すのに，Ci（キュリー）が用いられたが，国際単位系（SI）には採用されていない。1 Ciは，ラジウム約1 gの放射能に相当し，例えば「チェルノブイリ原発の事故当時，原子炉の中にあった燃料の全放射能はおよそ1800万キュリーにのぼる」などと使われていた。SI単位系との換算率は1 Ci＝3.7×10^{10} Bqである。昔の大量の放射能の記録などを調べるときに，必要になる場合がある。

で，その間の宇宙船内での放射線被曝を考慮しなければならない。

宇宙放射線の生物への影響

　放射線が物質や生物に及ぼす影響について考えるには，被曝の程度を客観的に知る指標を定める必要がある。それには，まず物理的に計測できる線量を定義しなければならない。放射線粒子は，物質を透過する際に，物質の原子を電離する電離効果や，物質の原子核と相互作用して原子核に変位等を及ぼす非電離効果によって運動エネルギーを失う。これが被曝量の目安になる。すなわち，物質の単位質量あたりの吸収エネルギー（J/kg）を**吸収線量**と言い，単位はGy（グレイ）を用いる。単位時間当たりの吸収線量を**吸収線量率**といい，単位はmGy/day等を使う。

　放射線の生物への影響は，同じ吸収線量でも放射線粒子の種類によって異なる。また身体の全身か部分かでも異なる。このような生物への影響の違いを加味するために，**放射線荷重係数**と**組織荷重係数**の二つの係数が用いられる。

　放射線荷重係数は，放射線の種類ごとに，この係数と吸収線量の積が同じ数値であれば同じ生物学的影響を与えるように定められる（図9-7）。その積を**等価線量**と言い，単位はシーベルト（Sv）で表す。

　一方，組織荷重係数は，人の臓器（組織）ごとの主に癌発症（白血病を含む）の危険性を表し，生殖腺 0.2，骨髄（赤色）0.12，肺 0.12 等と，これらの係数の総和が1になるように定められている。臓器ごとに求めた等価線量と組織荷重係数との積を

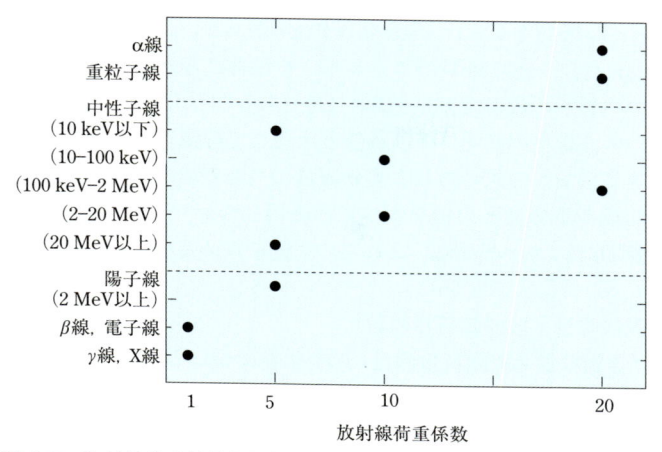

図 9-7 放射線荷重係数と放射線粒子の種類とエネルギーの関係図 [1]

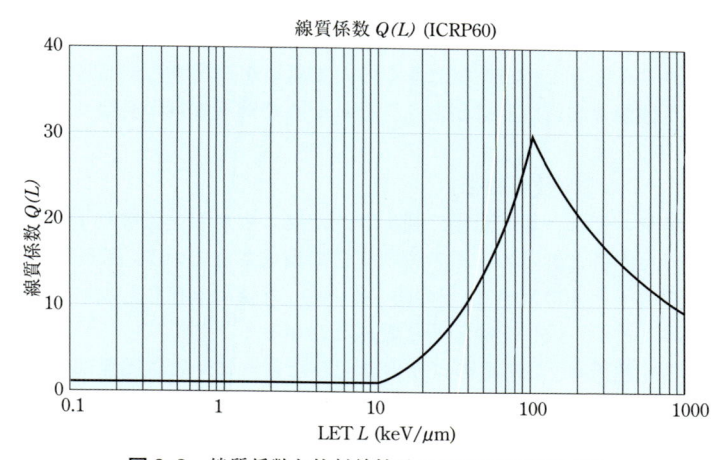

図 9-8 線質係数と放射線粒子の LET の関係図 [2]

すべての臓器について足し合わせたものを**実効線量**（単位：Sv）という。実効線量は，主に白血病を含む癌の危険性を表す尺度として用いられる。

なお，宇宙船内での被曝の場合，宇宙飛行士の身体に入射する粒子を種類とエネルギーごとにすべて把握することは困難であることから，放射線の種類ごとに放射線荷重係数をかける代わりに**線質係数**が通常使用される。線質係数は，図 9-8 に示した **LET** (Linear Energy Transfer：単位 keV/μm) の関数で与えられる。LET とは，放射線が身体を通過する際に，粒子 1 ヶ当たりが飛程 1 単位長さ当たりに与えるエネルギーで，計測器によって測定することができる。図 9-8 の LET の関数には，

100 keV/μm に特徴的なピーク（線質係数が 30）がある。これは 100 keV～2 MeV の中性子が 1 μm 当たり 100 keV のエネルギーを生体に与えること，およびそのエネルギー範囲の中性子の放射線荷重係数が 20 であること（図 9-7）を反映している。

　線質係数と吸収線量の積を，等価線量と区別して**線量当量**（単位は同じく Sv）と呼ぶ。また，等価線量から求められる実効線量に当たる量として，臓器ごとに求めた線量当量と組織荷重係数との積をすべての臓器について足し合わせた量を定義し，**実効線量当量**（単位：Sv）と呼ぶ。これらの線量を求める式を以下にまとめて示す。

等価線量 = 吸収線量 × 放射線荷重係数
実効線量 =（等価線量 × 組織荷重係数）の全組織についての和
線量当量 = 吸収線量 × 線質係数
実効線量当量 =（線量当量 × 組織荷重係数）の全組織についての和

宇宙放射線の種類

　国際宇宙ステーション（ISS）など多くの人工衛星が飛翔する低高度軌道には，以下に述べる 4 種類の宇宙放射線があり，それぞれに防護対策が必要である。

(1) ヴァン・アレン帯（放射線帯）
　ヴァン・アレン帯は，地球磁場に捕捉された高エネルギー荷電粒子が定常的に存在する領域で，内帯と外帯の二重の帯状構造で構成されている（図 9-3）。内帯には 5 MeV 以下の電子と 400 MeV 以下の陽子があり，外帯には存在しない高エネルギーの陽子があることから内帯を陽子帯と呼ぶことがある。
　放射線内帯の粒子は，207 頁のコラムに記したように，磁気圏深部の強い磁場に捕らえられて放射線帯に留まっている。ある程度以上のエネルギーを持った粒子は，磁場によって曲げられる曲率が小さいため，磁気圏外に飛び出してしまって，放射線帯に留まっていることはできない。そのため，放射線内帯粒子のエネルギーには上述のような上限がある。しかし，逆に言うと，上限値以下のエネルギーを持った粒子は，磁気圏外から放射線内帯に侵入できないことを意味している。ではなぜ，高濃度の放射線がそこにあるのか。これには，次のようなやや複雑な過程が関与していると考えられている。すなわち，極めてエネルギーの高い銀河宇宙線（次項 (2) 参照）が地球大気に飛び込み，大気原子との相互作用によって 2 次中性子を発生させる。これを**アルベド中性子**と言う。その中性子が崩壊して陽子と電子になり，地磁気に捕捉されてヴァン・アレン帯を形成すると考えられている。
　図 9-9 に，内帯陽子の粒子束密度の高度分布（地球近傍）を示す。左は日本付近，右は南米付近をそれぞれ通る子午面の断面図である。

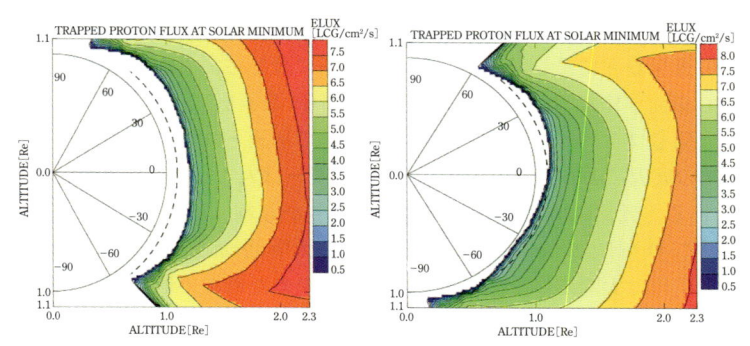

図 9-9 （左）経度 135 度（日本上空），および（右）経度 315 度（南米上空）の子午面における放射線内帯内帯の陽子束分布（0.1-400 MeV）。破線は ISS の軌道高度を示す。（NASA-AP-8 モデル [3]）（注★：左右の図はカラーコードの示す値が異なっている。）

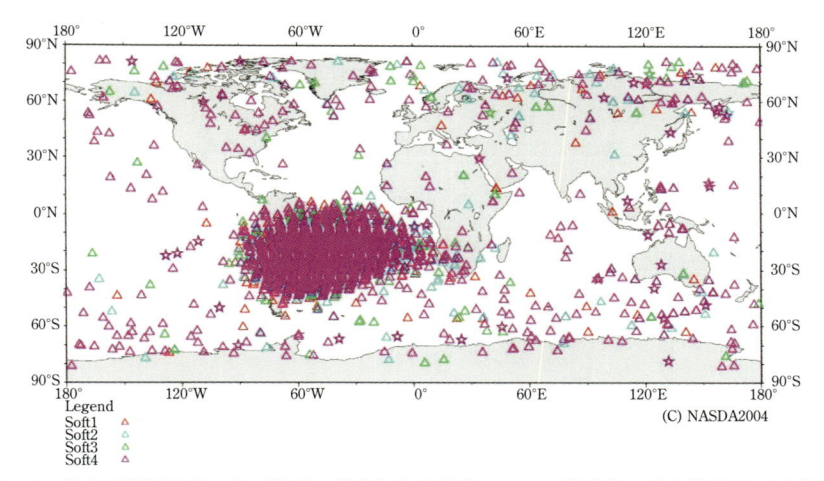

図 9-10 低高度周回軌道の人工衛星に搭載した半導体メモリの誤動作の発生場所（△印）[4]。（測定期間：2003 年 2 月 1 日から 2003 年 10 月 24 日）

　ブラジル上空（図 9-9 右）を見ると，放射線帯が局所的に低空まで下降した領域がある。これは，**南大西洋異常**（South Atlantic Anomaly：**SAA**）と呼ばれ，地磁気双極子が約 450 km ほど日本に近づく，つまりブラジルから遠ざかる方向に偏心しているためと考えられている。SAA は地磁気の永年変化で経度 0.2 度 / 年（平均値）で西に移動し，約 2000 年で地球を一周する。図中に破線で示したように，ISS はブラジル上空で SAA を通る。したがって ISS は，少なくとも SAA 通過中は放射線帯粒子に対する防護対策をとる必要がある。実際，図 9-10 に示すように，低高度衛星に搭載された半導体メモリの誤動作発生箇所の分布は，SAA に偏在している。

(2) 銀河宇宙線

超新星の爆発などによって生成され，太陽系に飛び込んできた放射線を銀河宇宙線と言う。銀河宇宙線は，銀河系の中を通過中に電子をすべてもぎ取られた結果，原子番号と同じプラスの電荷を持ち，銀河磁場で加速されて光速に近い速度を持っている。他の成因による宇宙線に比べてエネルギーは大きく，その範囲は約 10^7 eV〜10^{21} eV である。元素組成は，83％が陽子，13％が α 線，3％が電子，残りの1％が重イオン（C, O など）である。銀河宇宙線は，太陽活動の11年周期変動の影響を受け，極大期には太陽磁場擾乱等による遮蔽効果のために，地球周辺に侵入する宇宙線の量が最小になる。極小期では逆に宇宙線量が最大になる[12]。銀河宇宙線は，**シングル・イベント**の原因となると同時に，人工衛星壁面等の原子と反応して，中性子を含む大量の**二次宇宙線**を生成する可能性がある。

(3) 太陽宇宙線

太陽宇宙線は，太陽フレアや CME の発生に伴って突発的に飛来する放射線である[13]。組成やエネルギースペクトルは，太陽フレアごとに異なるが，平均組成は銀河宇宙線の組成とほぼ同じである。太陽フレアは太陽活動の11年周期のうち極大期の7年間に多く，特に大型のフレアは極大期のピークおよびピークから3〜4年後までの黒点減少期に多く発生する。フレア発生時には，太陽フレアの宇宙線が増加し，通常時の十数倍から数十倍程度の線量を被曝することがある。太陽宇宙線の大部分を占める成分である陽子の放射線荷重係数は，電子の約5倍である（図9-7）。したがって，太陽宇宙線による放射線被曝は，人体に大きな影響を与える可能性がある。

(4) 二次宇宙線

前述，(1)-(3)の宇宙線を**一次宇宙線**と呼ぶのに対し，一次宇宙線が宇宙船の船壁や大気原子の原子核と相互作用して，新たに生成する中性子ならびに荷電粒子を，二次宇宙線と言う。中性子は，電気的に中性であるため人体の奥深くまで侵入し，生物学的影響度を表す放射線荷重係数が，電子の約20倍と大きい（図9-7）。そのため，二次中性子による被曝は，宇宙飛行士の全被曝量の5〜30％を占める。ISS の米国実験棟内で測定した低エネルギー（15 MeV 以下）中性子の実効線量率を図9-11に示す。ブラジル上空で，実効線量率が特異的に高くなっているが，これは図9-9で紹介した南大西洋異常域の高エネルギー陽子が船壁にぶつかって生じた二次中性子線によるものである。なお，ISS の高度では，宇宙船内部で発生する二次中性子の線量は，大気による二次中性子の線量より約1桁大きい。

---

[12] 第5章2節，第8章3節（図8-20）参照。
[13] 第5章3節（図5-16）参照。

宇宙放射線による被曝

図 9-11 に示した ISS 内における中性子線実効線量当量の 1 日あたりの平均値は，94 μSv/day である。全放射線種では，その約 10 倍の被曝量が推定され，静穏時に平均 1 mSv/day の実効線量当量が計測されている。一方，地上で受ける自然放射線には，宇宙線の他に，地殻成分のウランやトリウムからのガンマ線，および食物から体内に入るカリウム（^{40}K）や，石材や温泉から放出されるラドンガスなどが原子核崩壊によって放射する放射線（α 線，β 線，γ 線）がある。α 線と β 線は，それ

コラム：磁気圏深部における荷電粒子の運動

磁気圏深部，つまり地球近傍の地磁気は双極子磁場に近い。赤道面付近では磁力線の間隔が広く，極に行くに従って閉じてくる。今，そのような磁場に近い形として，下図左のような中心軸（一点鎖線）に向かって収束してくる下向きの磁場があったとしよう。その中で，中心軸に垂直な面内でジャイロ運動をしている正の荷電粒子には，磁場に垂直な方向にローレンツ力を受けるが，その力には中心軸方向上向きの成分がある。従って，粒子は，中心軸に垂直な面から離れて紙面上向きに螺旋運動をするようになる。螺旋運動をしながら画面下方に向かってきた粒子は，磁力線の間隔が狭まるにつれて中心線に垂直な面内での円運動になって，同じように上向きの螺旋運動をして返って行く。地球磁場の場合は，両極付近で磁力線の間隔が狭くなっているので，下図右のように両極間で粒子は磁力線に沿って往復運動を繰り返すことになる。さらに第 6 章に述べたように，正の荷電粒子は北極上空から見て時計回りに「ドリフト」していく。従って，放射線内帯の荷電粒子は，磁力線の回りの回転運動（ジャイロ運動[注]），磁力線に沿った往復運動，および地球の周りを回るドリフト運動の 3 種類の周期的な運動をしながら，一定の場所に閉じ込められているのである。

注） 付録 B「11. ローレンツ力とサイクロトロン運動」参照。

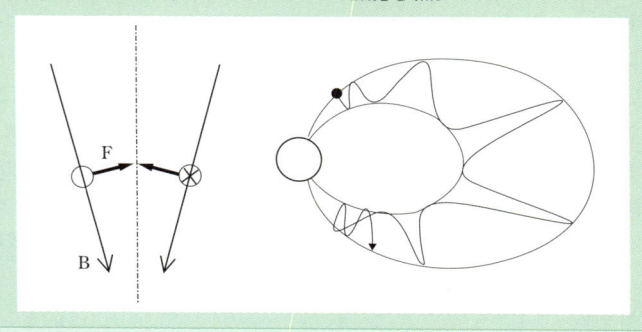

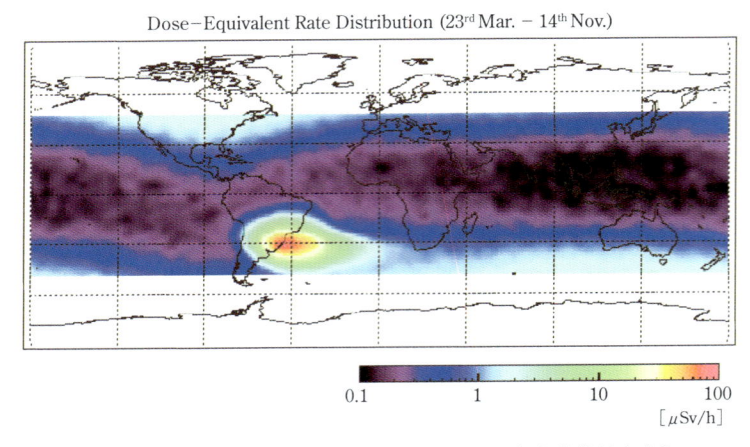

Dose−Equivalent Rate Distribution (23rd Mar. − 14th Nov.)

0.1　　　1　　　10　　　100
[μSv/h]

図 9-11　ISS 船内中性子（0.025 eV〜15 MeV）実効線量率 [5]

ぞれ高エネルギーのヘリウム原子核と電子。γ線は X 線より波長の短い電磁波[14]である。β線とγ線は放射線荷重係数（図 9-7）が 1 と小さいが，透過性が強く，特にγ線の被曝を防ぐには厚いコンクリート壁による遮蔽が必要である。α線は放射線荷重係数が 20 と大きいが，紙一枚程度で遮蔽できる。ただし，放射性物質を体内に取り込んだ場合は，α線が最も大きな影響を与える。これらの自然放射線の地上での実効線量は，高度や地質によって異なるが，年間で約 2.4 mSv，1 日平均では 6.6 μSv/day である。したがって，ISS 内の宇宙放射線による人体への影響は，地上に比べて約 100 倍程度の大きさだと言える。

　放射線被曝には，**確定的影響**と，**確率的影響**がある。確定的影響とは，ある放射線被曝量のしきい値を超えると，目の水晶体や皮膚が白内障や皮膚紅斑等になることなどを指す。各臓器ごとのしきい値が，被曝線量の限度値（**組織別等価線量制限値**）として定められている。一方，発癌にはしきい値が無く，被曝線量に応じてその発生確率が高くなるので，確率的影響と言われる。宇宙飛行士に対しては，生涯にわたって癌で死亡する確率の宇宙放射線による増加分が 3% 以下になるように，生涯実効線量制限値を，男性，女性別，および年齢別に定めている。（このリスクは，男性の致死がんの自然リスクの 1/5，女性の致死がんの自然リスクの 1/6 である。）30 歳以上の**生涯実効線量制限値**では，男性の方が女性より 1 割程度制限値が高く，年長者の方が若年者より制限値が高い。宇宙飛行士は，個人放射線線量計を常時着用して，飛行中に被曝した実効線量の積算がこれらの制限値を超えないように，宇宙船に搭乗する回数を制限されている。なお，これらの制限値は，広島や長崎の被曝者のデー

---

14)　第 1 章 2 節参照。

タを根拠にして算出されている．

宇宙放射線被曝への対処

　放射線内帯の放射線は比較的安定的に存在するので，SAA 領域の中心部を通過するときは船外活動を行わない等によって対処する．銀河宇宙線に対しては，まだ現実的な対処方法が無く，常時ある放射線（バックグランド放射線）として被曝線量を計算に含ませるに留まっている．したがって，宇宙天気予報の主たる対象となる放射線は，変動幅が大きく，人体等への影響も大きい太陽放射線である．太陽フレア等による被曝が予想される場合には，船外活動をしている宇宙飛行士は船内に戻り，船内の最も遮蔽厚の厚いところや，水や食料で囲まれたところ，または中性子遮蔽用の発泡ポリエチレンで囲まれた場所（ISS では，ロシアモジュールや米国実験棟の仮眠室）に避難して被曝を最小限に抑えなければならない．このような対策を講じた上で，個人放射線線量計を常時着用して，放射線被曝制限値を守れば，数ヶ月程度を複数回は滞在することが可能である．また将来，月面や火星に滞在するときには，地下壕や放射線遮蔽シェルター（ストーム・シェルター）などを建設し，避難場所を確保することが必要である．

参照文献（資料）

[1]　放射線医学総合研究所ホームページ
　　 <http://www.nirs.go.jp/research/division/radiological_protection/qa-01.shtml#01>
[2]　米国放射線防護測定評議会（NCRP98，NCRP132），および国際放射線防護委員会勧告（ICRP60）．
[3]　D. M. Sawyer, J. I. Vette, AP-8 Trapped Proton Environment for Solar Maximum and Solar Minimum, NSSDC/WDC-A-R&S 76-06, NASA/Goddard Space Flight Center, 1976.
[4]　Y. Kimoto, N. Nemoto, H. Matsumoto, K. Ueno, T. Goka, T. Omodaka, "Space Radiation Environment and Its Effects on Satellite: Analysis of the First Data from TEDA on Board ADEOS-II", IEEE trans. on Nuclear Science, Vol. 52, No. 5, Oct. 2005.
[5]　越石英樹，松本晴久，古賀清一，五家建夫，「国際宇宙ステーション内部の低エネルギー中性子環境評価」，信学技報，SANE2003-79，（2003-11），pp. 11-14，2003．

第 III 部

地球内部電磁気

　第 II 部に詳説した「太陽地球環境」は，太陽がつくりだす惑星間環境と地球がつくりだす地磁気との共同作業によってもたらされるものである。そこで生起する様々な現象は，あくまで現在の地磁気をその成立条件とする。しかし，歴史的に見て，地磁気は決して恒久的に不変の存在ではない。第 III 部では，地磁気自体の歴史的変遷，固体地球の電気的性質，地磁気ダイナモの謎，等を解説する。

10章

地球の磁場

　地球の重要な性質の一つに，磁場を持つことが挙げられる。地球磁場は磁石の指北性として我々の生活でも意識できるが，太陽風から地球を守るなど，地球環境の形成に大きく影響を及ぼしている。本章では，地球磁場とその変動の基本的な性質について述べる。

10.1　地磁気の性質

　磁針が北を指すことは広く知られている。しかし，実は磁針のさす方向（**磁北**）は地理的な北（真北）からずれている。磁北と真北のあいだの角を**偏角**と呼び，わが国では5°〜10°の西偏となっている。通常，磁針は水平面内のみで動くように作られているので気がつかないが[1]，磁針を重心で支えてやると，水平面から傾いて止まる。磁針を重心で支え，鉛直面内で回転できるように支えてやると，わが国ではN極を下にして40°〜60°傾く（図10-1）。この傾きを**伏角**と言う。磁針がこのようにふるまうのは，地球が磁場を持っているからである。磁針は磁場と平行に向く性質があるので，偏角は磁場が真北となす角（東偏を正），伏角は磁場が水平面となす角（下向きを正）であるともいえる。偏角，伏角と磁場の強さ（全磁力）を合わせて**地磁気三成分**と呼ぶ（図10-2）。

　偏角と伏角の世界的な分布（図10-3）には，次の二つの特徴がある。1) ±30°を越える偏角は高緯度地域でのみ現れる。つまりほとんどのところで磁石はほぼ北を指す。2) 伏角は赤道付近でほぼ0°，つまり磁場はほぼ水平で，北へ行くほど下向

---

[1] 日本で一般に用いられる方位磁針の場合，磁針がN極を下に傾くのを防ぐために磁針の支点は重心よりやや北よりに置かれている。したがって，日本で使うように作られたコンパスを，南半球に持っていくとS極が下がり，ケースに引っかかって使用できないことがある。

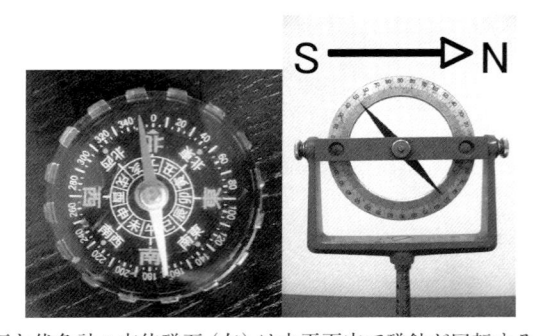

図 10-1 方位磁石と伏角計：方位磁石（左）は水平面内で磁針が回転するように作られている。磁針のN極がさす方位が磁北である。磁北と真北のなす角を偏角と呼び，日本付近では数度西振りとなっている。伏角計（右）は垂直面内で自由に回転するように作ってある。右が磁北になるように置くと，日本では磁針は40～60°下向きを指して止まる。この角度を伏角と呼ぶ。

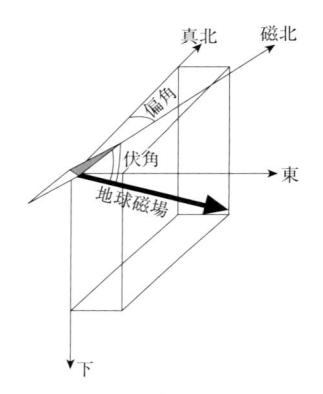

図 10-2 地磁気の偏角と伏角

き，南へ行くほど上向きになり，高緯度では±90°に近づいている。この地球磁場の分布の特徴は，地球の中心に自転軸と平行に置いた棒磁石（双極子）の作る磁場（図10-4）によく似ている。双極子を自転軸から11°傾けるともう少し近似が良くなり，それだけで地磁気の約85％が説明できる。地磁気の伏角が±90°になる地点は，双極子が傾いているなどのため，地理的な北極点・南極点とは異なっており，**磁北極・磁南極**と呼ばれている。**双極子磁場**は，地球深部の液体金属からなる**外核**に環状の電流が流れることでつくりだされている[2]。

　もう少し細かく見ると，実際の地球磁場は双極子磁場よりも複雑で，その違いは全磁力の20％になる場所もある。この差は**非双極子磁場**と呼ばれ，地磁気の生成

---

2) 地球磁場の起源については第12章を参照。

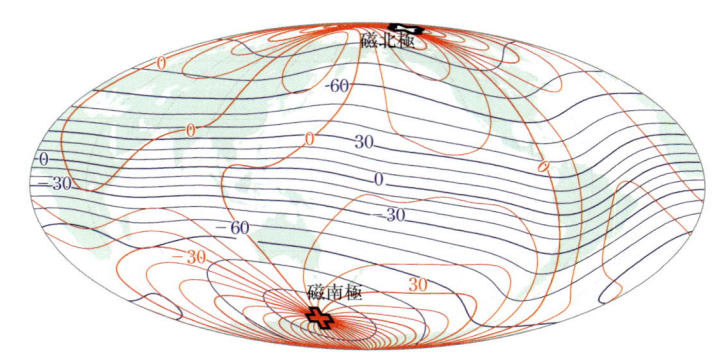

図 10-3 伏角と偏角の世界的な分布。等偏角線を赤で，等伏角線を青で示した。細線の間隔は 10°，太線の間隔は 30°。磁北極，磁南極は，地磁気の両極で，つまり，磁石が真下と真上を指す点である。[1]

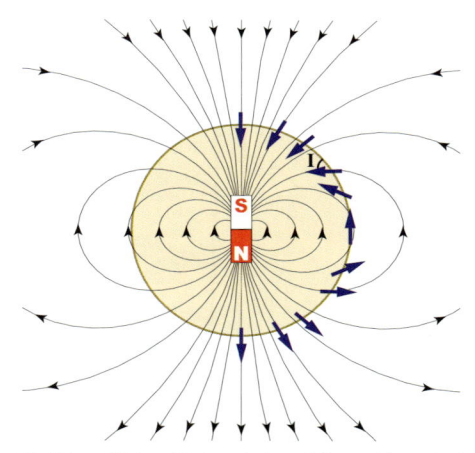

図 10-4 双極子による地磁気の分布。地球の中心に地軸に平行に棒磁石があると考えたときに発生する磁場。伏角 I が緯度に関係しているのが見てとれる。

が単純でないことを示している。図 10-5 は 1945 年の非双極子磁場の分布を示した地図で，大陸程度の非双極子磁場の大きな領域（しばしば地磁気の"目玉"と称される）が 6 個程度あることが見て取れる。

10.2 磁気異常と古地磁気

より細かく地磁気の分布を調べると，数十 km 以下の規模で周囲と地磁気強度の異なる領域が随所に見られる（図 10-6a は九州地域の例である）。このような領域は

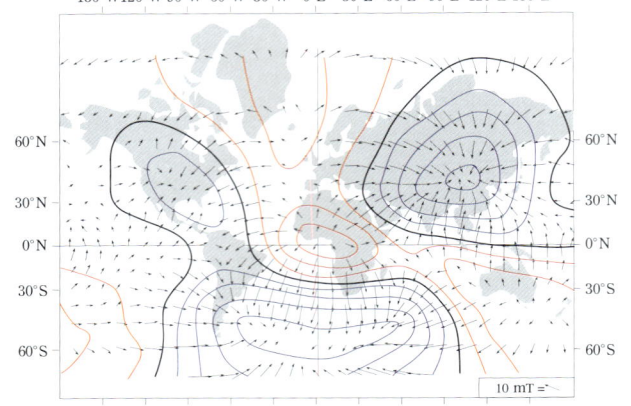

図 10-5 1945 年の非双極子磁場の分布。地球磁場の測定値から双極子磁場をベクトル的に引算することで得られる。コンターは鉛直成分を表し，赤・青の色はそれぞれ上向き・下向きを示す。コンターの間隔は $2\mu\mathrm{T}$ である[3]。また，矢印は水平成分を表す。[2]

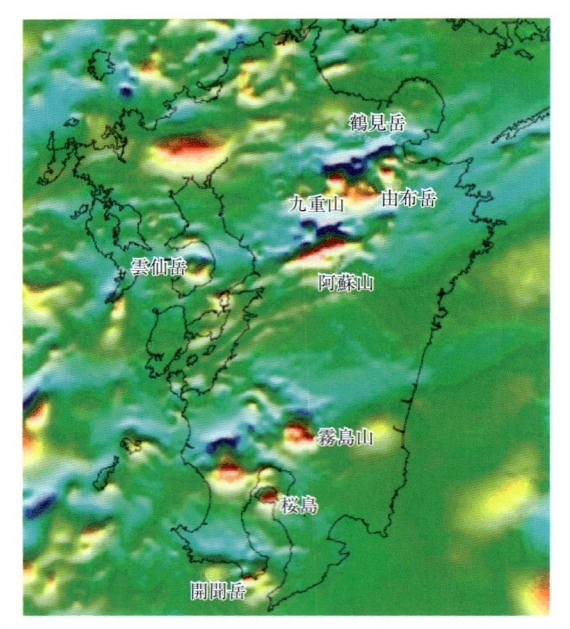

図 10-6a 九州地域の上空で測定された磁気異常。赤い部分が正の磁気異常，青い部分が負の磁気異常を示している。九重，阿蘇，雲仙，霧島，桜島などの活火山に対応して正負の磁気異常の組がある。これらは，b 図のように火山体が現在の地磁気の方向に磁化していると考えると説明できる。[9]

---

[3] T（テスラ）は磁場の単位。付録 B「11. 電流間に働く力と磁場」参照。

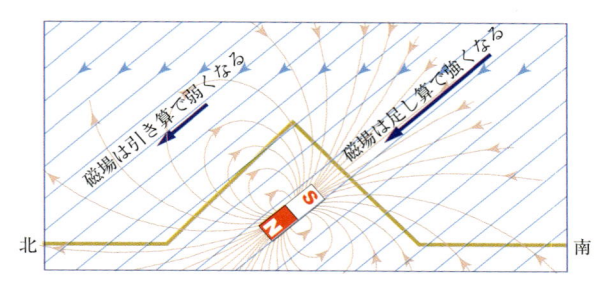

図 10-6b　火山体（茶線で地形を示している）は，現在の地球磁場（青線）と平行に磁化しており，赤線で示した磁場を出す．図から分かるように，周辺で地磁気の強度を測ると，山体の北側では双方が打ち消し合って弱くなり（負の磁気異常）南側では強め合って強くなる（正の磁気異常）．その結果，火山体の南北には図 10-6a に見られるような正負の磁気異常の対が出来る．

磁気異常と呼ばれ，周囲より磁場の強いところを正の磁気異常，弱いところを負の磁気異常という．大規模な非双極子磁場が，外核を流れる電流が起源であるのに対して，磁気異常は地殻の岩石が磁石となって磁場を発することに由来する．

　地殻の岩石の主要な成分の一つである鉄は，しばしば磁鉄鉱（Fe_3O_4）や赤鉄鉱（Fe_2O_3）などの磁性を持った鉱物を生じ，それらは磁性粒子として岩石中に散らばって存在している．磁性鉱物は 700 ℃ 以上の高温では磁性を失う．これを冷却すると，ある温度で磁性を持つのだが，その際に地球磁場と平行な弱い磁石となる（図 10-7）．岩石が磁性を獲得することを「磁化する」と呼び，獲得された磁性を**残留磁化**と呼ぶ．残留磁化を獲得した岩石は，弱いとは言え磁石なのだから，それ自体が周りに磁場をつくりだす．このため地球磁場が乱されるわけだ．図 10-6a を見ると，火山のある地域で正と負の磁気異常が赤と青の対をなしているのがよく分かる．これは，図 10-6b のように火山体が現在の地磁気の方向に磁化していることから，山体の北側で負の，南側で正の磁気異常が生じるためである．磁化の強さは岩石により様々だが，典型的には数百 nT（ナノテスラ）の磁気異常を発生させる．地球の磁場は 2〜5 万 nT だから，地殻の岩石の作る磁気異常は地磁気の数百分の 1 程度を占めている．

　磁気異常は地下の岩石の状態を知る一つの手段として用いられる．たとえば，火山の地下でマグマが上昇して温度が上がれば，岩石は磁化を失う．そうすると，磁気異常は小さくなる．それで，地表での磁気異常の変化から，地下のマグマの動きの情報を得ることができる（図 10-8）．また，後述するように，海洋底の玄武岩の作る磁気異常は，海洋底の年代を教えてくれる．

　こうして獲得された残留磁化は一般に極めて安定で，数万年，数億年と地質時代を経ても変化しない．それで，岩石の磁化を測ることによって，岩石形成当時の磁場（古地磁気）を知ることができる．いわば，地球磁場の化石が岩石中に残ってい

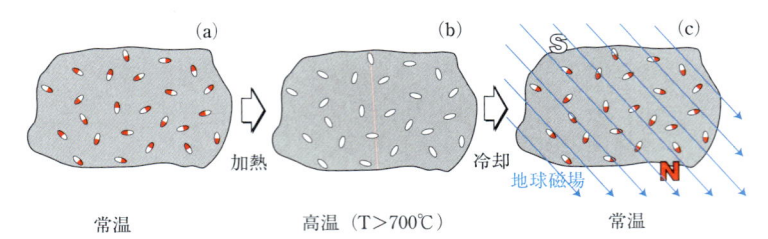

図 10-7 熱残留磁化の獲得の様子を示す模式図。岩石中には磁性鉱物粒子が多数含まれている。それぞれの粒子の方位がバラバラのときは (a) のように岩石全体としては磁化を持たない。岩石を加熱すると，磁性粒子はいったん磁化を失う (b)。冷却時にはそれぞれの粒子はそのときの磁場の方向に近い方を選んで磁石になる (c)。このようにして，火山岩は生成時の地球磁場方位を記録する。マグマから火山岩が出来る場合には，マグマから磁性粒子が析出した (b) の状態から，冷却して (c) の状態になり，磁化を獲得する。

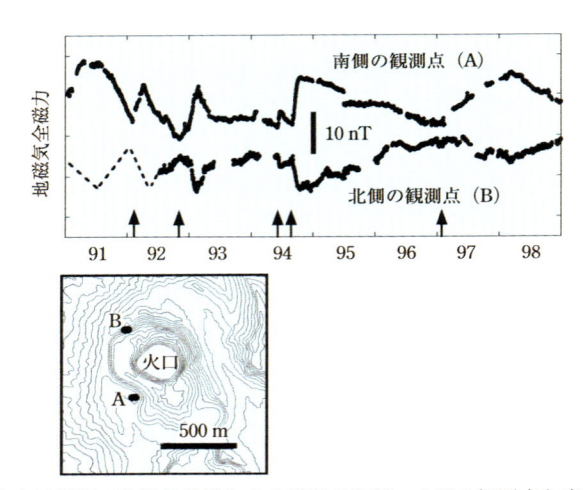

図 10-8 阿蘇山火口周辺の地磁気異常と火山活動の関係。北側の観測点と南側の観測点の全磁力が逆向きに変化しているのが見られる。これは，図 10-6b に示した火山体の磁化が変動していることに対応する。矢印で示した火山活動が活発な時期には，正負の磁気異常の差は小さくなっている。マグマの上昇で火山体の温度が上昇し，磁化が減少したためである。（京都大学地球熱学研究施設の観測による）

るわけだ。上記のように岩石が高温から冷却する際に獲得される**熱残留磁化**の他に，泥に含まれている磁性鉱物粒子が，地球磁場の方向に整列して堆積することによって生じる**堆積残留磁化**も観測されていて，かなり幅広い種類の岩石から古地磁気を知ることができる。地球磁場の系統的な観測が始まったのは 15 世紀であるが，それ以前の地球磁場の変動を以下のように述べることができるのは，このような岩石の性質に負っている。

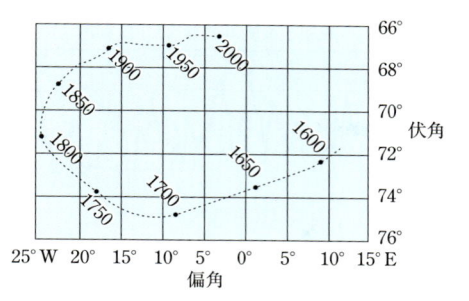

図 10-9　ロンドンでの過去 450 年間の地磁気方位の変化。縦軸は伏角，横軸は偏角，図中の数字は西暦年代を示している。19 世紀はじめには偏角は西偏 25°と大きく，方位磁石は北というより北北西を向いていた。[3]

10.3　過去の地磁気変動

　地球の磁場は様々な周期で変動している。数年以下の短い周期の変動は，一般に振幅が小さく，起源を地球外部に持っている[4]。一方，数十年を越える周期の変動は地球内部に起源があって，振幅も，大きいものでは地磁気強度そのものに匹敵する。これら長周期の地磁気変動は**地磁気永年変化**，**地磁気逆転**，**極移動**の三つに分類される。

　磁石が鉄を引きつける性質は古代から知られていた。一方，指北性については 11 世紀には明確な記述が中国の文献に見られ，西洋の文献にも 12 世紀には現れる。指北性が広く知られるようになったのは 15 世紀頃で，航海に利用されるようになった。大航海時代は方位磁石の利用のたまものである。磁場方位の定点観測も 16 世紀にはロンドンで始まっている。その後のロンドンでの方位の変動をまとめると図 10-9 のようになる。この図から，16 世紀末から現在までのあいだに，偏角は 40°，伏角は 10°程度の範囲で変動していることが見てとれる。古地磁気を用いると，もっと古い時代の地磁気の変動を知ることができて，地磁気方位は平均の周り 20°程度の範囲を，数百年から数万年の周期で活発に変動していることが分かっている。このような地磁気の変動を地磁気永年変化と呼んでいる。過去 500 年間の非双極子磁場の分布の研究から，図 10-5 の"目玉"のいくつかが西方に動いていて，永年変化の原因の一部を担っていることが明らかにされている。この西方移動や双極子の変動の様子から，永年変化は，地磁気を生成している外核の流体中の電流の変動が原因でおこると考えられている。この永年変化による変動を数万年程度にわたって平均すれば非双極子磁場は打ち消され，地球磁場は地球の中心に南北に置いた双極子

---
4)　第 7 章 2 節，4 節参照。

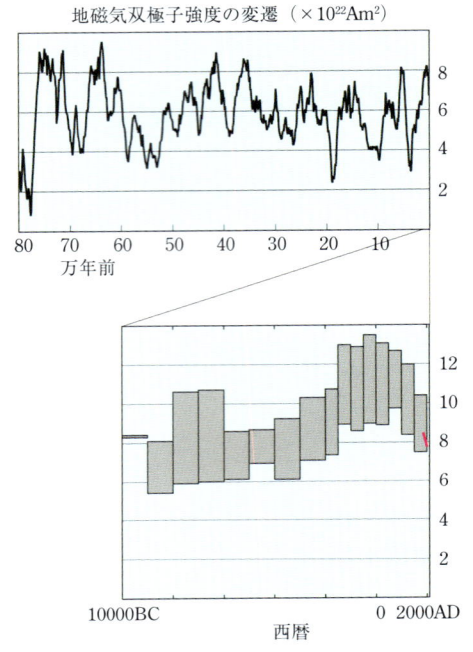

地磁気双極子強度の変遷（×10²²Am²）

図 10-10 過去 80 万年間の地球磁場強度変動の歴史。上図は海洋底の堆積物の古地磁気測定から推定された過去 80 万年間の古地磁気強度変動，下図は火成岩の古地磁気測定から得られた過去 1 万年の古地磁気強度変動である。下図右端の短い赤線は磁場の直接測定による記録である。地磁気強度は数万年から十万年程度の周期で変動している。現在は比較的強い時期に当たるが，ここ 100 年では 5.5% 程度弱くなっている。[4][5] Reprinted by permission from Macmillan Publishers Ltd: *Nature* 399:249-52, ©1999.

による磁場にほぼ等しいことが知られている。この事実は，地磁気の双極子の発生が地球の自転と密接に関係があることを示している。

地磁気の方位に対して全磁力はもう少し長い周期で変動している。図 10-10 は，過去 80 万年間の地磁気強度の変動である。この図から，地磁気強度が数万年から十万年程度の周期で変動しているのが見てとれる。現在の磁場は過去 80 万年間でも強い時期に当たるが，最近は減少傾向にあり，過去 100 年で 5.5% 減少している。

地磁気の変動の中でも地磁気の逆転は特筆すべき現象である。地磁気は数十万年から数百万年に一度逆転してきた。つまり，磁針の S 極が北を指す，すなわち，北極側に N 極があった時代があったことが分かっていて，その時代を**逆磁極期**と呼んでいる。一方，北極側に S 極がある現在の状態（図 10-4 の状態）は**正磁極期**と呼ばれる。それぞれの磁極期では磁極はほぼいつでも地理極の近くにあり，磁場の逆転は数千年程度の短時間で完了する。したがって，明確な境界で区切られた磁極

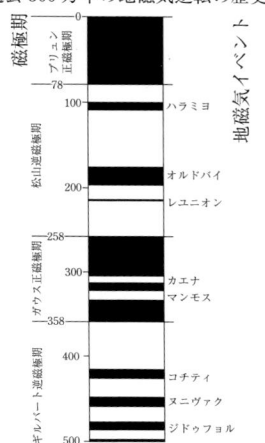

図 10-11 過去500万年間の地磁気逆転表。黒い部分は正磁極，白い部分は逆磁極の時代を示している。数字の単位は万年。磁極期には地磁気研究に貢献した初期の研究者の名前がつけられている。松山逆磁極期は，逆帯磁した岩石がある程度以上古いものにしかないことをはじめて報告した松山基範 (1884-1958) にちなんで名付けられた。磁極期中の短い逆転期を地磁気イベントと呼び，はじめて報告された地名をつけるのが慣例となっている。地磁気の逆転は数十万年に一回程度の頻度で起きるが，周期性は認められない。[6]

期が定義できるのである。図10-11は過去500万年間の地磁気逆転の様子を示したもので，頻繁に地磁気が逆転しているが，逆転に明白な周期性は無いのが見てとれる[5]。

　図10-4から，伏角が緯度に関係があることは見てとれるが，その関係が tan (伏角) = 2 tan (緯度) であることが，双極子磁場の理論から導ける。この緯度と伏角の関係を古地磁気に適用すると，岩石が生成した緯度を知ることができる。緯度は赤道からの角距離（距離を角度で測ったもの）だから，90°から緯度を引くと，極までの角距離も分かる。一方，偏角から，北極のあった方向を知ることができるので，その方向に伏角から計算される角距離だけ進んだところとして，当時の北極の相対位置（**古地磁気極**）を計算することができる。過去数億年間の岩石の測定結果によれば，古地磁気極もこの時間スケールでは，活発に移動していることが分かっており，その軌跡（**極移動曲線**：図10-12）が描かれている。

---

5) 地磁気の逆転については第12章参照。

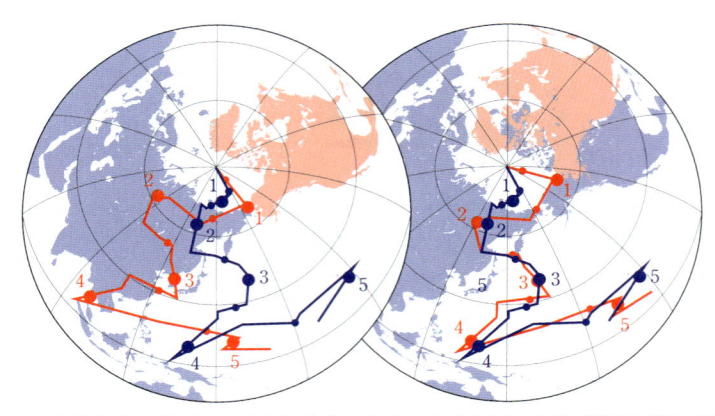

図 10-12 極移動曲線。岩石の古地磁気方位から求めた磁北極の位置（逆磁極期は磁南極の位置）を時代ごとに平均し，年代順につないだものが極移動曲線である。赤線が北米の岩石から，青線はヨーロッパの岩石から得られた極移動曲線を示している。数字は億年前を表している。現在の両大陸の位置関係でプロットすると左図になるが，右図のように38°西へ北米大陸を移動してから極の位置を計算してプロットすると右図のように二つの極移動曲線は一致する。この事実は，2億年前以前には大西洋が閉じていたことを示している。[7]

10.4 古地磁気の利用法

　過去の地磁気の逆転の記録を用いると，岩石の年代を推定することができる。また，岩石が磁北の方位を記憶していることを利用すると，地塊の運動やその原因となる力の研究（テクトニクス）に役立つ。このように，古地磁気は地球科学の他の分野の発展に欠かせないツールを提供している。

　地磁気の逆転を含むほど十分長い時間（数十万年以上）かかって堆積した地層の古地磁気を，下位から上位へと測定していくと，岩石が生成した年代の地磁気の極性に従って，磁化の極性が変化する。こうして得られた磁化の逆転のパターンを図10-11のような地磁気逆転表に当てはめることで，地層が堆積した年代が推定できる。たとえば，100万年以降に堆積した堆積物の場合，最後に逆帯磁から正帯磁に逆転した地層の年代が78万年であると分かる。

　地層だけでなく，海洋底の岩石が出来た年代も同様な手法で推定できる。プレートテクトニクスの教えるところによれば，海洋底は海嶺で作られて両側に拡大して行く。海嶺で噴出したマグマは玄武岩となって海洋底の最上部を構成する。玄武岩は噴出時の地球磁場と平行の磁化を獲得する。地磁気が逆転するにつれて，それぞれの時期に作られた海洋底では，正逆いずれかの方向に磁化することとなる。海嶺ではほぼ一定の速度で海洋底が拡大しているので，海嶺の両側には，海嶺と平行に，

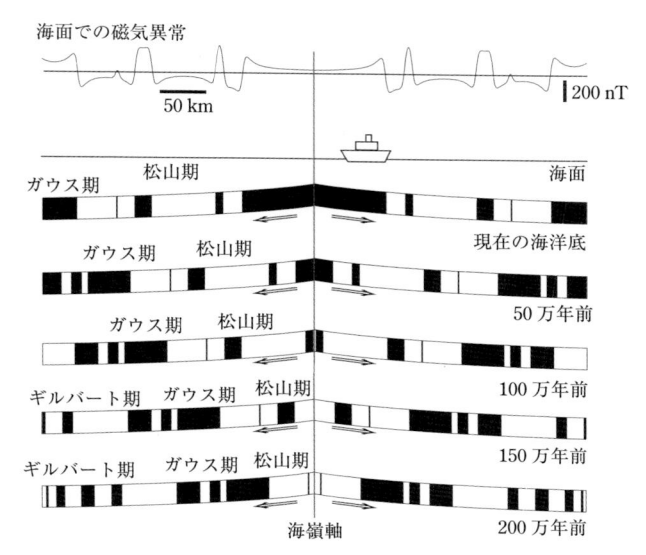

図 10-13　海嶺付近の磁気異常のモデル図．大西洋中央海嶺のように南北に伸びる海嶺を横切って磁気異常を測定すると，図の最上部のようなグラフが得られる．この磁気異常から現在の海洋底の岩石が図のように，黒い部分は正帯磁，白の部分は逆帯磁していると分かる．これは，1) 海嶺でマグマから固化した海洋底の岩石がその時々の極性で磁化して左右に広がって行く，2) その海洋底の岩石が出す磁場が海面で磁気異常として観測される，と考えれば説明できる．磁化のパターンを地磁気逆転表と対応させれば，海洋底の岩石が磁化した時代，すなわちその海底が海嶺で生成された時代を知ることができる．

　正帯磁した岩石の帯と逆帯磁した岩石の帯が，地磁気逆転表に従って並ぶ．海嶺を横切って海面での磁場を測定すれば，正帯磁した岩石からなる海洋底の上では，海底の岩石が作る磁場は現在の地球磁場と同じ向きとなり，観測される磁場は周囲より強くなる（正の磁気異常）．一方，逆帯磁した岩石からなる海洋底の上では負の磁気異常となる．それで，海嶺の周辺では，正の磁気異常と負の磁気異常が，海嶺と平行に帯状に分布する．（磁化の方位と磁気異常の関係がこのように単純でない場合もあるが，そのような場合でも磁場の測定から海底の岩石の磁化方位を計算することができる．）これを地磁気逆転表と対照すれば海洋底の年代を求めることができる（図 10-13）．地磁気逆転表はおよそ 2 億年前まで分かっていて，現在では世界中の海洋底の生成年代の地図が作られている（図 10-14）．
　古地磁気学のもう一つの大きな応用は地塊の回転や移動の様子を復元することである．代表的な例に日本列島の形成の研究がある．図 10-15 は西南日本と東北日本の約 3000 万年前の岩石から求めた古地磁気の方位を模式的に示したものである．古地磁気の方位は西南日本では北東を，東北日本では北西を向いている．このよう

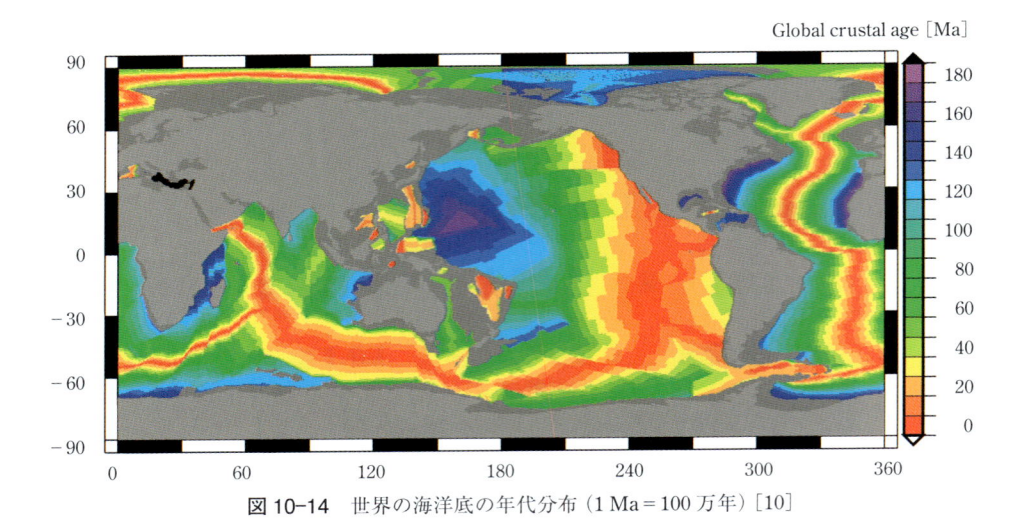

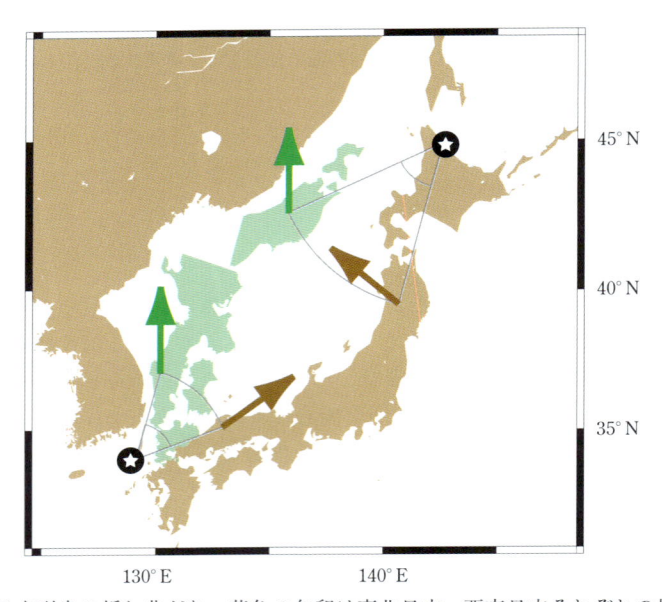

図 10-14　世界の海洋底の年代分布（1 Ma = 100 万年）[10]

図 10-15　日本列島の折れ曲がり。茶色の矢印は東北日本，西南日本それぞれの岩石から求めた過去の地磁気方位を示している。適当な中心をとって，これらが北を向くようにそれぞれの陸塊を回転すると，日本海がちょうどなくなる位置に日本列島がくる。このことなどから，日本海は日本列島が大陸から離れて行く過程で出来たものであることが分かった。（[8]の図を一部改訂）　Reprinted by permission from Macmillan Publishers Ltd: *Nature* 317:603-4, ©1985.

に，双方で北の方向が異なるのは，岩石が生成されて磁化が固定した後に，西南日本が右回りに，東北日本が左回りに回転したと考えると説明できる．それぞれの回転の中心を適当に選べば，日本弧が開いて日本海が形成したような地図を描くことができる．その後3000万年前以降の様々な年代の岩石の古地磁気測定が進んで，日本列島の折れ曲がった形は1500万年前に形成されたことが分かった．このような日本列島形成過程のモデルは，他の地質学的な証拠からも支持されている．

　もう少し大規模な大陸の移動は，極移動曲線を比較することで知ることができる．図10-12には2本の極移動曲線が書いてあるが，赤線は北米の岩石，青線はヨーロッパの岩石の古地磁気測定から得られた極移動曲線である．二つの極移動曲線は，本来は一本であったはずである．そこで，北米大陸を動かして極移動曲線を38°回転させると双方はほぼ一致し，北米大陸はちょうど大西洋が閉じてなくなる位置まで戻ることが分かる．この手法は，大陸が移動することをはじめて定量的に示し，先に述べた海洋底の年代決定と共に，プレートテクトニクスという概念の成立に大きな役割を果たしたのである．

参照文献（資料）

[1]　岡山理科大学畠山唯達氏提供．

[2]　Butler, B., Paleomagnetism: Magnetic Domains to Geologic Terranes, Blackwell Scientific Publications, Boston, 1992.

[3]　Malin and Bullard, The direction of the Earth's magnetic field at London, 1570–1975, *Phil. Trans. R. Soc. London,* 299, 357–424, 1981.

[4]　Guyodo, Y., and J. P. Valet, Global changes in intensity of the Earth's magnetic field during the past 800 kyr. *Nature,* 399, 249–252, 1999.

[5]　Yang, S., H. Odah, and J. Shaw, Variations in the geomagnetic dipole moment over the last 12000 years., *Geophys. J. Int.*, 140, 158–162, 2000.

[6]　Cande, S. C. and D. V. Kent, Revised calibration of geomagnetic polarity timescale for the Late Cretaceous and Cenozoic, J. Geophys. Res., 100, 6093–6095, 1995.

[7]　Van der Voo, R., Phanerozoic paleomagnetic poles from Europe and North America and comparisons with continental reconstructions, *Reviews of Geophysics,* 28, 167–206, 1990.

[8]　Otofuji, Y., T. Matsuda, and S. Nohda, Opening mode of the Japan Sea inferred from the palaeomagnetism of the Japan Arc, *Nature,* 317, 603–604, 1985.

[9]　地質調査所・東・東南アジア沿岸地球科学計画調整委員会（CCOP），400万分の1東アジア磁気異常図，1996.

[10]　Muller, R. D., M. Sdrolias, C. Gaina, and W. R. Roest, Age, spreading rates, and spreading asymmetry of the world's ocean crust, Geochem. Geophys. Geosyst., 9, Q04006, doi: 10.1029/2007GC001743.

11章

地球内部の電気伝導度構造

　見渡す限りの青い大海原，地球上の「水」と言えば，海を思い浮かべる人も多いだろう．しかし，我々が直接目にするよりもずっと大量の水が，地球内部に貯えられているかもしれないことをご存じだろうか．この章では，地球内部の水が地球の電気伝導度構造とどう関係しているかについて，(1) 地球内部の大局的構造，(2) 電気伝導度とは何か，(3) マントル中の「水」，(4) 地球内部物質の融解，の順に解説する．

11.1　地球の層構造

　約46億年前，生まれたばかりの地球は，現在よりずっと高温であった．すなわち，鉄や岩石を主成分とする無数の微惑星が球状に降り積もって出来た地球は，衝突で発生する熱のため，その誕生初期には高温の状態だったと考えられている．したがって，その後の地球の進化の歴史は，非常に大ざっぱに言うと，最初に出来た高温の地球が冷えていくにつれ，重いもの（鉄などの金属）が地球の中心部に集まり，軽いもの（岩石）が地球表面に浮き上がって，重力的に安定な成層構造を形作っていった過程と見ることができる．

　現在の地球の構造は，主に鉄とニッケルの合金でできた**核**と，珪酸塩鉱物を主成分とする岩石からなる地殻およびマントルの二つに大別される．地球の中心に埋め込まれているといっても良いこの「鉄球」の半径は約 3500 km，地球の体積のおよそ 6 分の 1 を占めている．逆にいえば，残る 80%以上の体積は岩石が占めていることになる．

　鉄やニッケルは，金属なので非常に電気を通しやすい，すなわち**電気伝導度**が高いという性質を持っている．これらの金属でできた核は，固体である**内核**と，融け

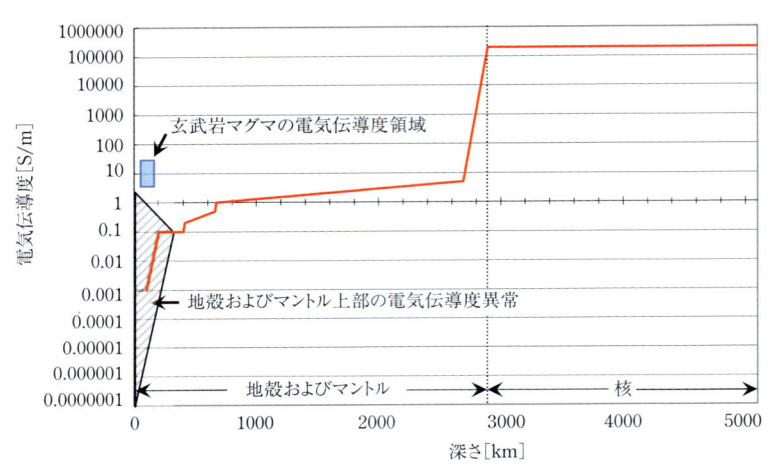

図 11-1 地球内部電気伝導度の深さ依存性（筆者による概念図）

ている**外核**の二つに分かれている。第 10 章で述べたように，地磁気の原因は外核内の流体運動にあるとされている[1]。ただしこれも，金属の電気伝導度が高いために「流れ」が発電作用をもたらすのであって，もし外核の電気伝導度が非常に小さければ，たとえそれがどんなに激しく運動していたとしても，現在のような地球磁場（地磁気）は存在しなかったことだろう。

　主に岩石でできた，地殻およびマントルの主成分は，珪素という元素である。パソコン等の計算機の心臓部は主にシリコンを使った半導体でできているが，このシリコンが珪素に他ならない。半導体というくらいであるので多少は電気を通すのだろうと想像できるが，その通り地殻やマントルは，金属ほどではないにせよ有限の電気伝導度を持っている。地殻は，厚さがたかだか数十 km の地球表面を被う薄皮である。地球の平均半径は約 6400 km であるから，地殻の厚さは最大でもその約 1% 程度にしか過ぎない。これに対し，マントルは厚さが約 3000 km に達する分厚い岩石層で，深さ 660 km 付近までの**上部マントル**とそれ以深の下部マントルに大別される。これらの各層は，地球中心に向かうほど「熱く重く」なっていく。つまり一般的には，温度と密度が下に行くほど高く大きくなっている。岩石の電気伝導度は温度が高いと上昇するので，図 11-1 の赤線で示すように，地球内部ほど電気伝導度は高くなっていると予想されている。ただし，図 11-1 の斜線部分で示すように地域的な違いも大きいので，地球内部の電気伝導度を考えるときには，深さ方向だけでなく横方向の変化も見逃せない。この電気伝導度の場所による違いのことを**電気伝導度異常**（図 11-2 参照）と呼んでいる。図 11-1 の斜線部がそれぞれの場所で

---

1) 地球磁場発生の仕組みについては第 12 章を参照。

第 11 章　地球内部の電気伝導度構造 | 229

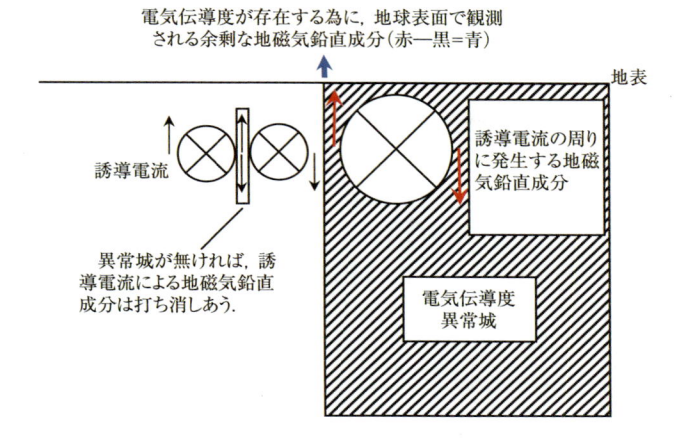

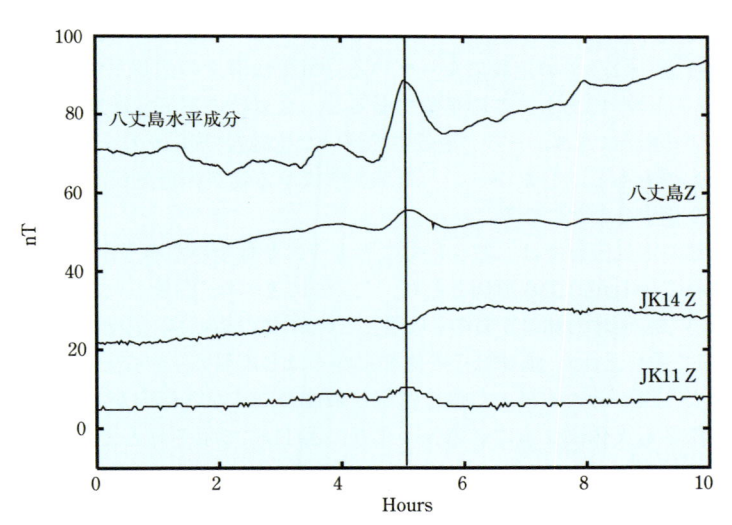

図 11-2　(上) 電気伝導度異常により地磁気鉛直成分が発生する理由。(下) 複数の観測点において実際に観測された地磁気鉛直成分の時間変化。八丈島周辺の同時データであるにもかかわらず，地磁気鉛直成分 (Z) の時間変化は縦線付近で観測点ごとに異なる。これは，地球内部に存在する「電気伝導度異常」が原因であると考えられている。(陸上データは海上保安庁八丈水路観測所，海底データ (JK 点) は [1] による。)

実際にどの程度の電気伝導度を持つのかは，実は図 11-2 下に示したように地表または海底で地磁気や地電位差の変化を捉え，地球内部でどのような電磁誘導が起きたかを基に推定しているのである。

11.2 地球の電気伝導度

それでは，これら金属や岩石の電気伝導度は，一体どのくらいの大きさなのだろうか。ひとかたまりの岩石を取ってきたとき，それを棒だと考えると，太く短いものや細く長いものがある。同じ鉱物からなる岩石でも，細く長いほど棒の長さ方向に電気を通しにくくなることが知られている。つまり，電気の通しやすさはその物質の形状に依存している。たとえば，円筒状の物体を考えると，電気の通しにくさ（電気抵抗）は，物体の長さに比例し断面積に反比例する。したがって，その比例係数 ρ として「形状」に依らない物質の性質を取り出すことができる。言葉で書くとややこしくなるが，式で表現すると，

$$電気抵抗[\Omega] = \rho \frac{物体の長さ[m]}{物体の断面積[m^2]}$$

となる。電気の通しやすさを表すには ρ の逆数を取れば良いわけで，これが物質の電気伝導度 $\sigma(=1/\rho)$ の定義になっている。電気伝導度の国際単位は，S/m（ジーメンス毎メートル）である。この単位で測ると，金属核の電気伝導度はおよそ10の5乗（数十万の桁）に及ぶ。一方，地殻中の乾いた花崗岩では10の−5乗（十万分の1）を下回るものもある。したがって，地球を構成する物質の電気伝導度は約10桁もの範囲で変化することになる。

地球内部の電気伝導度は，どうしてこのように多様なのだろうか？　色々な要因が考えられているが，主な原因として，(1) 先に述べた「温度」，(2) 地球内部物質の「組成」，(3) 地球内部の物質の「状態」，(4) 鉱物の相転移，の四つが挙げられている。前節で述べた通り，地球はその深部にゆくほど高温高圧になっているので，(1) の効果により深いところほど一般に電気伝導度が高くなる傾向があり，また，(4) が起こる深さも大体決まっている。つまり，図11–3で示されるような標準的な地球の内部構造を仮定したとき，(1) と (4) の効果は深さ方向についてはある程度予測が可能である。逆に言えば，「深さから予測される地球内部の標準的な電気伝導度構造から逸脱した部分が，電気伝導度異常である」と定義することもできる。以下，(2) については次節，(3) については次々節で説明するので，ここでは (4) についてだけもう少し書くことにしよう。

一般に，電気伝導度は圧力変化には鈍感で，地球中心に近づくに従って圧力が高くなっても，圧力が主な要因となって電気伝導度が高くなることはほとんどない。ただし，例外があり，それがこの相転移という現象である。「相転移」と書くと何やら難しい現象のように聞こえるが，日常よく見かける現象でもある。たとえば，お湯が沸いて水蒸気が出始める，これも立派な相転移である。つまり，物質がある温度に達すると，加えられた熱エネルギーはその物質の温度を上昇させることには

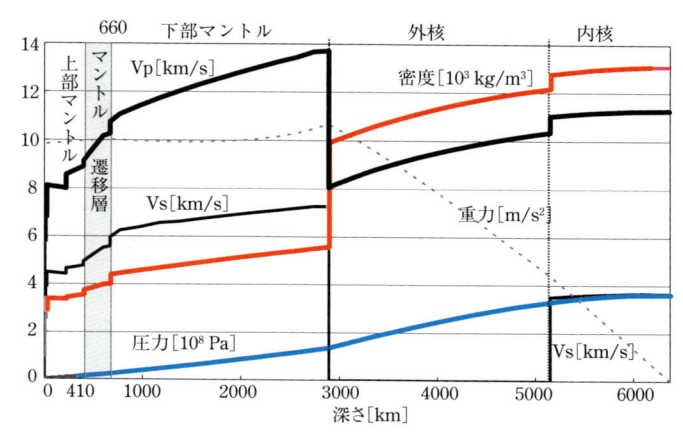

図 11-3 地球内部緒量の深さ依存性。灰色の領域が、巨大な「水」の貯水池となっている可能性がある「マントル遷移層」。Vp, Vs はそれぞれ地震の P 波、S 波の伝播速度を表わす。([2] の PREM モデルによる。)

使われずに、液体から気体へ、といった物質相を変えるために使われる。この意味では、(3) 地球内部の物質の「状態」も相転移に含まれるが、相転移が起こる深さ (臨界圧力) が地球ではどこでもほぼ同じという意味で、(3) と (4) を区別する。すなわち、地球内部の岩石を構成する鉱物が、高くなった圧力に耐えられず自分の結晶構造 (配位) を変えることで高密度化する現象を、ここでは (4) 鉱物の相転移と呼び (3) と区別している。地球のマントルの構成鉱物が相転移するとき、電気伝導度や地震波速度といった物性量も不連続に変化することが、実験的に確かめられている。地球内部では、上部マントル内の深さ 410 km 近傍と、上部マントルと下部マントルの境界にあたる 660 km 近傍で、相転移により電気伝導度が上昇することが分かっている (図 11-1 参照)。この深さ約 410 km と約 660 km に挟まれた領域のことを、**マントル遷移層** (図 11-3 参照) と呼んでいる。地震波速度は、たとえば P 波の場合、深さ約 410 km で約 3%、深さ約 660 km では約 5% もジャンプする。

このように、地球内部の電気伝導度は様々な要因により大きく変化する。逆にいえば、電気伝導度を調べることで、これら地球の温度、組成、状態、相転移が分かることになる。「地球内部の電気伝導度」が太陽地球系科学の主要テーマの一つである理由も、ここにあるわけである。

11.3　新しい発見〜地球深部の水

地球内部の物質の電気伝導度は、その物質に含まれる成分、すなわち、その物質

表 11-1 マントルの最大含水率（重量%）

	上部マントル	マントル遷移層	下部マントル
主要構成鉱物	オリビン	ウォズレアイト，リングウッダイト	ペロブスカイト
最大含水率（重量%）*	0.1〜0.5%	約3%	0.2〜0.4%

＊上部マントルおよびマントル遷移層の含水率は，[3] による．下部マントルは [4] による．

の組成にも大きく左右される．鉛筆の芯がよく電気を通すことを知っている人もいるだろう．炭素は，地球の比較的浅いところで高電気伝導度異常の原因となる成分の一つである．金属は鉄に限らずどれも岩石より2〜3桁電気伝導度が高く，電気伝導度異常の原因になる．陸でも海でも，金属鉱床の探査に電気伝導度の調査は有力な方法である．また，地球深部，特に下部マントルにまだどのくらい鉄が含まれているかは，本章第1節で解説した地球の進化過程を考える上で，重要な問題となっている．

だが，地球内部電気伝導度に関連して，最近最も注目されている成分は「水」である．地球は水の惑星であり，だからこそ，太陽系で唯一生命を育む星となった．ところが，命を持たない岩石や金属からできている固体地球の活動にも，水が大きな役割を果たしていることが分かってきたのである．火口から熱く吹き上げるマグマに代表される地球内部の活動を生き物に見立てたとき，その命を支えているのもまた水といえるのかもしれない．

砂漠地帯での地下水探査には，電気伝導度の調査が欠かせない方法の一つである．また，もう少し深く地殻内部くらいの深度で高電気伝導度異常が発見された場合も，水の存在がその原因に挙げられる場合がある．マントル程度の深さになると，水の存在形態も地表付近とは異なり，流体としてよりも微量成分としての水の役割が重要になってくる．下部マントルにどのくらい「水」が含まれているかはまだよく分かっていないが，マントル遷移層は少量ながら「水」を有意に含むことができ（表11-1参照），それが電気伝導度のみならずマントル物質の物性に大きな影響を与え得ることが知られるようになった．もしマントル遷移層全体が「水」で飽和していれば，そこに貯えられた総量は，全海水量の数倍に達するといわれている．ただし，地殻やマントル中で「水」が実際にどの様な存在形態を取っているかは，まだよく分かっていない．一説によれば，カンラン石などの珪酸塩鉱物の結晶中で金属元素（MgやFe）が通常占める位置から欠けると（点欠陥が発生すると），そこを水素イオンが置換して「珪酸塩鉱物中に微量元素である水が溶け込む」形が，高温高圧下における「水」の存在形態として有力視されている．

マントル内に水が存在したとして，地球内部の活動の何に一番影響するだろうか？ 地球内部の活動に関係する重要な物性量の一つに粘性がある．地球内部の活動を支えているのは，マントル対流という非常にゆっくりした岩石の流れ（熱対流）

である．岩石は非常に固いが，何百万年から何億年という地質学的な時間スケールで見ると，水飴のようにゆっくりと変形し流れる．その流れ方を決めているのが粘性である．粘性が高ければ岩石もなかなか流れず，また流れの速度も非常にゆっくりしたものになるが，粘性が低ければ対流運動が活発になる．「水」にはこのマントルの粘性を低くする働きがある．地震や火山の噴火，もっと広域的にはプレート運動も，その源となっているのはマントル対流である，といっても過言ではない．マントルの対流様式を決める粘性と，そのマーカーとしての電気伝導度，これが「水」をめぐるマントル研究の最近のトピックの一つなのである．

11.4 マントルの部分溶融

　地球内部電気伝導度を増大させる要因として，もう一つ「物質の状態」がある．すなわち，同じ岩石でも，融けているのといないのとでは，桁違いに電気伝導度が異なるのである．真っ赤に融けて地表に流れ出る玄武岩マグマは，図11-1の青く囲った領域で示されるように数S/mから十数S/mという海水並（3〜4 S/m）かそれ以上の高い電気伝導度を持っている．

　地球内部物質が融けるのは，大きく分けて次の三つの場合がある．すなわち，(1) 温度が充分高くなった場合　(2) 圧力が下がった場合　(3) 融点を下げる働きのある成分が含まれていた場合，の三つである．地球を構成する物質の融点を上回る高温が存在した場合には，物質は融け電気伝導度も上昇する．また，同じ温度でも圧力が下がると，物質は融けやすくなる．たとえば，マントル中に物質の上昇流がある場合，地球深部すなわち圧力が高いあいだは固体のままだが，地表に近づくにつれ圧力が下がるのを感じたマントル物質は融け始める．中央海嶺と呼ばれる海洋底の生産工場の下には**部分溶融体**（図11-4参照）が存在しているが，これなどは圧力解放によってマントル物質が融ける典型的な例である．地球内部で「融点を下げる働きのある成分」とは，やはり水である．乾いた岩石と水を含んだ岩石とでは融け始める温度に違いがあり，水を含んでいる方が低い温度でも融けるのである．

　以上のように，地球内部の電気伝導度は，温度・圧力条件とその物質の状態および組成といった要因が複雑に絡み合って決まる．したがって，観測で首尾良く高電気伝導度異常を発見した場合にも，異常の原因を特定するのは簡単なことではない．地球内部の電気伝導度異常を世界に先駆けて発見し，いち早くその研究に着手したのは，力武常次をはじめとする1950年代の日本人研究者たちであった．日本はドイツと並んでこの分野における先進国であり，電気伝導度異常の原因についても研究が進んでいる．わが国は地震国・火山国だけあって，特に電気伝導度異常と地震・火山活動の関係について，多くの研究成果が上げられている．このことは，

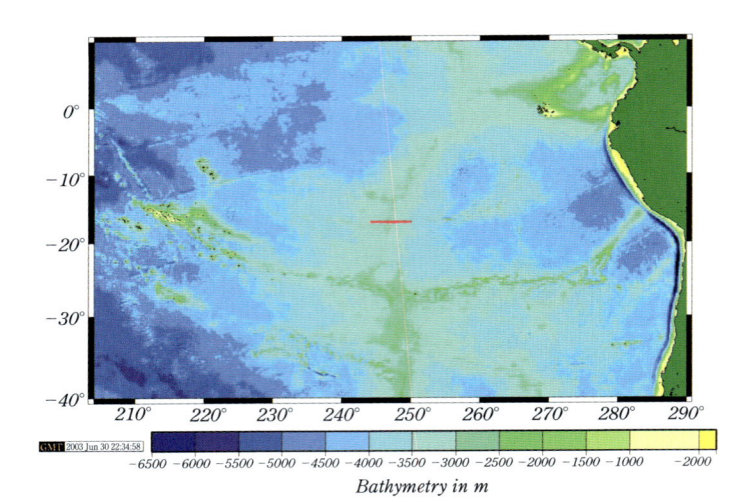

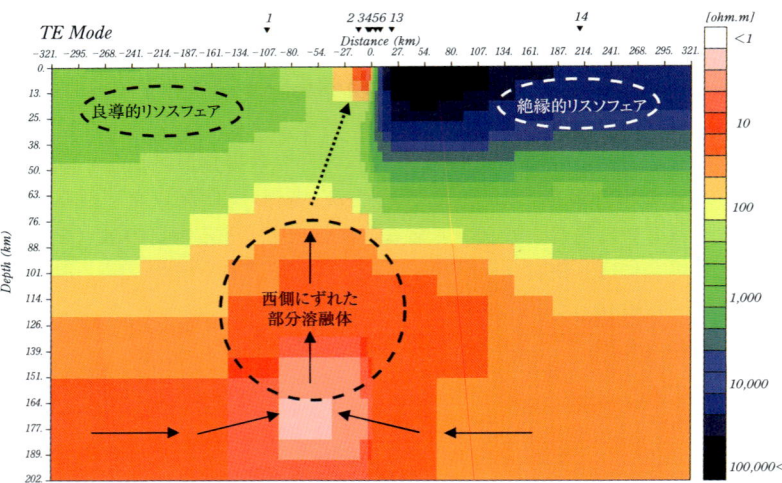

図 11-4 (上) 南米沖東太平洋海膨の海底地形。色は海底の深さを示す。図中赤色の横線は、下の断面図を求めた位置。色は海底の深さを示す。(下) 高速拡大軸である東太平洋海膨 (南緯 17 度) 下の部分溶融体。色は、電気伝導度の逆数の大きさを示す。矢印は予想されるマントル中の流れ。海洋リソスフェアの構造は、横軸原点に位置する海嶺の東側では絶縁的、西側では良導的であった。これも含水率の違いによるものと考えられている。[5]

地震学をはじめとする他の地球物理学分野と「地球電磁気学」との重要な接点にもなっているのである。

参照文献

[1] Toh, H. and J. Segawa, Anomalies of geomagnetic and geoelectric variations at the seafloor around the Izu-Ogasawara Arc, *Bull. Ocean Res. Inst. Univ. Tokyo*, **32**, pp. 368, 1995.
[2] Dziewonski, A. M. and D. L. Anderson, Preliminary reference Earth model, *Phys. Earth Planet. Inter.* **25**, 297–356, 1981.
[3] Kohlstedt, D. L., H. Keppler, and D. C. Rubie, Solubility of water in the alpha, beta and gamma phases of $(Mg, Fe)_2SiO_4$, *Contrib. Mineral. Petrol.*, **123**, 345–357, 1996.
[4] Murakami, M., K. Hirose, H. Yurimoto, S. Nakashima, and N. Takafuji, Water in Earth's lower mantle, *Science*, **295**, 1885–1887, 2002.
[5] 藤浩明, 海底拡大系下の非対称電気伝導度構造, *地学雑誌*, **112**, 684–691, 2003.

12章 地球ダイナモ

　地球磁場の分布は，地球の中心に棒磁石を置くことによってよく表されることが知られている[1]。しかしながら，永久磁石は**キュリー温度**（鉄では770℃）以上ではその磁性が失われる。地球深部の温度は数千℃と見積もられているので，永久磁石は存在し得ない。それにもかかわらず，地球には固有の磁場が存在するのはなぜか？この問題は，かのアインシュタインが，特殊相対性理論を発表した後に，「物理学において最も重要で未解決の問題の一つ」として挙げた。この章では地球磁場の起源について考えてみよう。

12.1　地球磁場の起源

　地球が電磁石であれば磁場をつくりだすことができる。そのためには，地球内部で強い電流が流れなければならない。よく知られている発電機では，永久磁石が作る磁場の中でコイルを回転させることによって，運動エネルギーが電気エネルギーに変換されている。しかし，前述のように地球内部は非常に高温なので，永久磁石は存在し得ないし，地球内部にコイルがあるわけでもない。この壁を乗り越えるために考えられた磁場生成機構が自励**ダイナモ**である。

　最初，自励ダイナモ説は太陽黒点の磁場を説明するために考えられた。1908年，ヘールは，太陽黒点から発せられた光の輝線スペクトルが複数本に分裂していることに気付き（ゼーマン効果[2]），黒点に強い磁場があることを発見した。1919年，ラーマーは太陽磁場が太陽内部のダイナモ作用（発電作用）によって作られているという理論を提唱した。太陽で可能であるのなら，地球内部でも同様にダイナモ作用が

---
[1] 第10章1節参照。
[2] 付録B「20. ゼーマン効果」参照。

働くと考えられた。しかし，1934年，カウリングは軸対称な自励ダイナモが存在しないことを証明した[3]。軸対称という限定的な場合の結論であったにもかかわらず，カウリングは自励ダイナモそのものを否定した。そのため，しばらくのあいだ，ダイナモ理論が脚光を浴びることはなかった。

　1948年に宇宙線についての業績によってノーベル物理学賞を受賞したブラケットは，その前年，まだ解明されていない物理法則によって『回転する物体は磁場を発生する』という説を提唱した。この仮説を実証するために，彼は自ら高感度磁力計を開発した。彼の磁力計を用いれば，地球の自転と共に回転する直径10 cm，高さ10 cmの金の円筒がつくりだす磁場を計測することができるはずであった。しかしながら，物体が回転しても磁場を発生しないことが分かり，ブラケットはこの仮説が誤りであることを自ら結論付けた[4]。

　一方，実際の地球磁場には非軸対称成分もあるので，エルザッサーはダイナモ問題を3次元的に取り扱うための数学的な定式化を行った。ブラケットの失敗もあり，それまではカウリングの定理のために重要視されていなかったダイナモ理論が再び注目されるようになった。そして，地球磁場はダイナモによって生成されていると考えられるようになった。地球の中に発電機があれば，電磁誘導によって電流が流れることで磁場を発生させることができる。つまり，地球磁場は地球内部に存在する電磁石による磁場である，と考えられたのである。地球内部の核（コア）は鉄を主成分とした高い電気伝導性を有する金属であり，そこでは電流が流れ得る。しかし，電気伝導度が高いだけではダイナモ作用は生じない。1914年，グーテンベルグは，地球内部における地震波の伝わり方から，地球の深部に液体の外核が存在することを発見した。ダイナモ作用は，この流体である外核で生じると考えられる。

12.2　円板ダイナモモデル

　電磁石としての磁場の発生過程を知るために，比較的簡単な自励ダイナモである円板ダイナモのメカニズムを見ていこう。ブラード（1955年）による**円板ダイナモモデル**を図12-1に示す。回転軸方向に円板を突き抜ける磁場がある場所で，電気伝導性のある円板を回転させる。ここで，導体が磁場を横切って運動するときに起電力を生じる電磁誘導という現象を思い出して欲しい。円板が金属であるとすると，金属中のイオンは正電気を帯びているので，図の円板の中心から外側に向けてローレンツ力を受ける。一方，金属中の電子は円板の中心に向かうローレンツ力を受け

---

[3] 本章4節参照。
[4] 彼が開発した精密な磁力計は，後に古地磁気の測定に役立ち，大陸移動説の立証に貢献した。

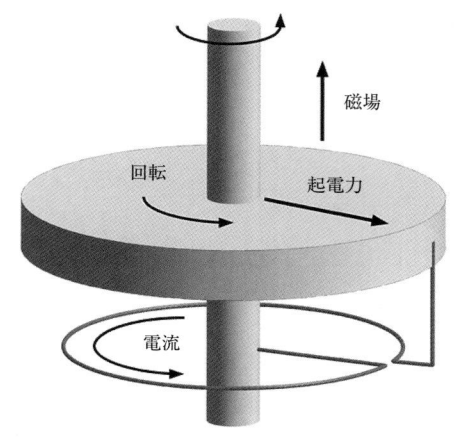

図 12-1　円板ダイナモモデル

る[5]。その結果，回転軸と円板の縁とを導線で結ぶと電流が流れる。そこで，導線の両端を回転軸と円板の縁とに接触させた上で，図 12-1 のようにコイルを形成するようにする。すると，円板の回転によって生じた電流は，元の磁場と同じ向きの磁場を生成する。つまり，円板を回転させることにより，永久磁石に頼らずに元の磁場を維持することが可能になるのである。これが円板ダイナモのメカニズムである。円板の回転方向を逆にした場合やコイルの向きを逆にした場合には，作られる磁場の向きも逆になるので元の磁場を維持することはできなくなる。

　今日まで，地球磁場は強くなったり弱くなったりしていることが分かっている[6]。これも円板ダイナモモデルで定性的に説明することができる。円板の回転速度が上がれば，強い磁場が作られる。ただし，磁場が強くなると，フレミング左手の法則により円板の回転を妨げるような力も強く働く。したがって，円板を回転させようとする力（トルク）が一定であっても，円板の回転速度は速くなったり遅くなったりする。それに伴い，電流（磁場）も強くなったり弱くなったりする。円板ダイナモの数値計算結果の例として，電流と円板の角速度の時間発展を図 12-2 に示す。

　また，地球磁場は極性の逆転を繰り返してきたことが知られている[7]。ブラードによる円板ダイナモモデルでも，元の磁場の向きが逆であれば，同じ方向の円板の回転によって生じる起電力の向きも逆になるので，電流の向きも逆になる。しかしながら，この円板ダイナモモデルでは磁場の強弱は説明できるものの，磁場の逆転

---

5)　付録 B「12. ローレンツ力とサイクロトロン運動」参照。
6)　第 10 章 3 節参照。
7)　第 10 章 4 節参照。

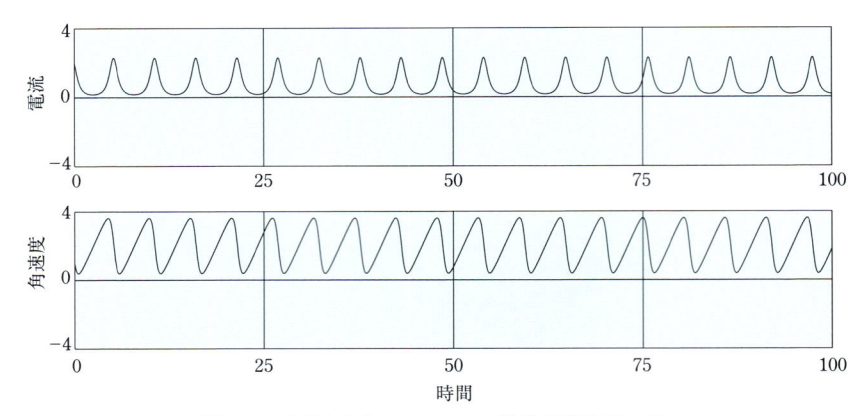

図12-2 円板ダイナモモデルの数値計算結果の例

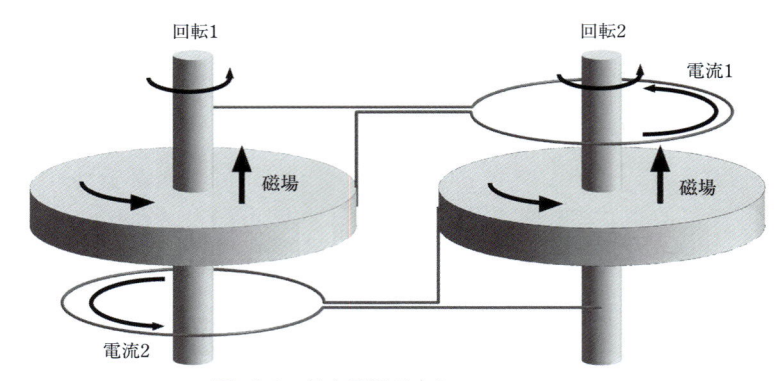

図12-3 結合円板ダイナモモデル

を説明することはできない。このモデルでは，どちらかの向きの磁場が作られると，その後，その向きが変わることはないからである。ところが，図12-3に示すような円板ダイナモ二つを結合したモデル（**力武モデル**）では磁場の極性が逆転する。回転1によって発生する電流1が回転2に影響を与え，回転2によって発生する電流2が回転1に影響を与える。図12-4には電流の振幅が徐々に増幅され，ついにはその極性が逆転する様子が示されている。バタフライ効果で知られる気象学の**ローレンツ・モデル**と同じように，力武モデルは実質的に3変数（電流1，電流2，角速度1＝（角速度2＋定数））の連立微分方程式で表され，その解の振る舞いはカオス的である。

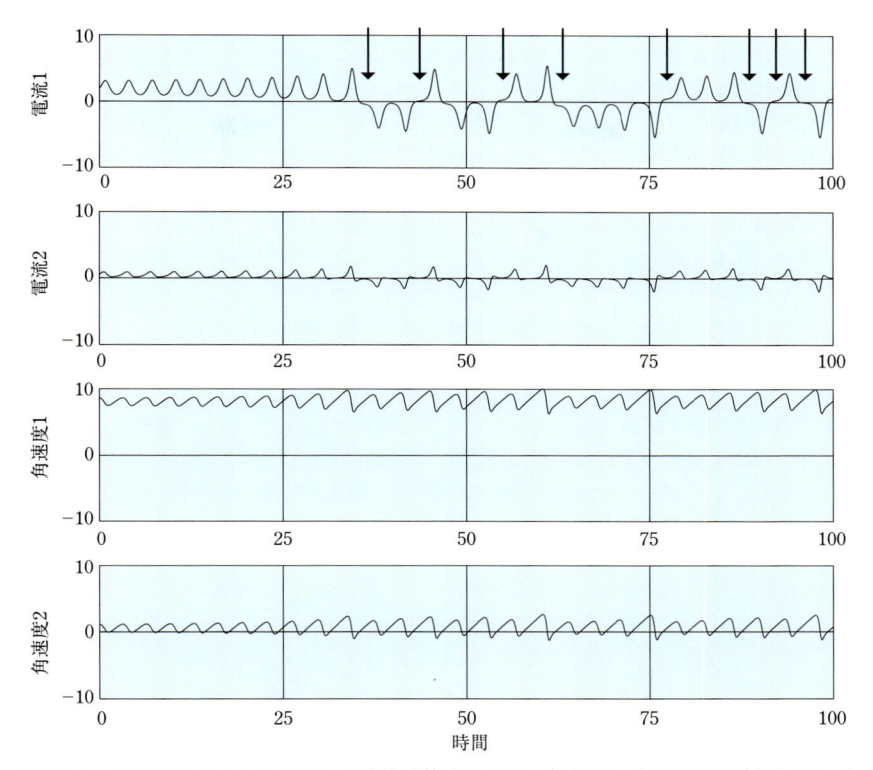

図 12-4 結合円板ダイナモモデルの数値計算結果の例。矢印のときに電流が逆転している。

コラム：力武モデル

図 12-3 において，矢印の向きが正となるように，左側の円板の角速度を ω_1，右側の円板の角速度を ω_2，電流 1 を I_1，そして電流 2 を I_2 とすると，これらの変数のあいだには

$$\frac{dI_1}{dt} = \omega_1 I_2 - \mu I_1$$

$$\frac{dI_2}{dt} = \omega_2 I_1 - \mu I_2$$

$$\frac{d\omega_1}{dt} = \frac{d\omega_2}{dt} = 1 - I_1 I_2$$

で表される関係がある。ここで，t は時間，そして μ は定数である。3 番目の式を見ると分かるように，円板には常に一定のトルクが外から与えられているので，電流が 0 であっても円板の回転は加速される。円板の半径方向に電流が流れると，フレミング

の左手の法則により，そのときの円板の回転の向きおよび電流の向きに応じて，円板は加速されたり減速されたりする．

図12-4の時間＝25（単位は任意）における各変数の振る舞いを見てみよう．このとき電流は両方ともわずかに正である．円板は外力のトルクによって加速されている．弱い上向きの磁場があるので，円板中の電荷に働くローレンツ力によって起電力が生じ，電流1，2とも正の向きに増加する．しかし，電流の増加と共に，フレミングの左手の法則によるブレーキが円板にかかり，回転が減速する．回転が減速すると電流が弱くなるので，再び外力のトルクによって回転が加速される．図12-4の時間＝0から30くらいまでは，電流，回転ともこのような増減を繰り返している．

時間＝30以降は，いよいよ変数の振る舞いがカオス的になって，ついには電流の逆転が起こる．最初の逆転が起こる前後の状態を観察してみよう．

逆転の直前では，電流1も電流2も正だが，角速度1は正，そして角速度2は極めて小さく負になっている．電流が弱いため円板は両方とも加速されている．やがて角速度2が0になるが，その直前に逆向きの回転に誘起されて，電流2がわずかながら負になっている．電流2が負になると，円板1に下向きの磁場が生じるから，電流1に負の向きの起電力が発生する．しかし，自己誘導があるので，電流1はすぐには0にならない．

角速度2が0になると，電流2の起電力は0になるが，電流2はコイルの自己誘導のために負の状態が短時間続くはずである．このときの状態を整理すると，$\omega_1 > 0$，$\omega_2 = 0$，$I_1 \geq 0$，そして$I_2 \leq 0$である．円板1には下向きの磁場があるので，電流1に働く力が外力に加わって，角速度1は加速される．円板2も，上向きの磁場があるので，電流2に働く力が加わって加速される．円板1の下向きの磁場によって生じる負の起電力のために，電流1が負の向きに流れ出すと，電流2の方にも負の起電力が起こる．いったん電流が両者とも負になると，互いに励起して，フレミングの左手の法則によって回転の減速が起こるまで，電流は負に増加していく．しかし，電流1が0になる前に電流2が0になると，回転板2の正の起電力のため電流2は正の向きに流れ，電流1も正の向きに回復していく．

このように電流が0に接近したときのわずかなタイミングのずれで，逆転が起こったり起こらなかったりする．したがって，力武モデルには，逆転の生起だけではなく，その発現の不規則性にも，実際の地磁気の変化との類似点がある．ただし，本章4節，5節で述べるように，地球コア内では物質の電磁流体的な性質のため，磁力線の引き伸ばし，変形が起こり，複雑な磁力線トポロジーが予想される．したがって，力武モデルに代表される円板ダイナモモデルは，あくまで数学的類似性のあるモデルと限定的に考えるべきである．

12.3　地球ダイナモのエネルギー源と地球の歴史

　円板ダイナモモデルは単純ではあるが，磁場を発生するという基本的なメカニズムを学ぶ上では重要である．もちろん，地球内部に円板やコイルがあるわけではない．円板ダイナモのように『コアが回転しているから地球磁場が生成されている』と説明されていることがあるが，これは非常によくある間違いであり，決してそうではない．流体である外核内部において自転軸周りの剛体回転以外の流れによって磁場が生成されるのである．円板ダイナモと同じように，電気伝導性のある流体が磁場を横切ることによって起電力が生じる．起電力が生じるとコア内に電流が流れる．その電流によって磁場が生成される．この1サイクルの磁場生成過程で元の磁場と同じものが作られなくても，この様な磁場生成過程が複雑に組み合わさって元の磁場が生成・維持されている．

　円板ダイナモで円板を回転させるトルクが必要であったように，コア内の流れを駆動するためには流体運動を引き起こすエネルギーが必要である．動径方向（ここでは地球中心から外向きの方向）の流れがない場合には，地球表面で観測されるような磁場（動径方向の成分を持つ磁場）を維持することができない．そのような流れを引き起こすためには何らかの浮力を必要とする．言い換えれば，地球コア内では浮力によって対流が生じている．

　地球コア内の対流の様式として，組成対流と熱対流とが考えられている．どちらも大局的には地球が冷却することによって生じる．化学組成の異なる物質があれば，その密度も異なる．このとき軽い方が浮力を受けて上昇することによって対流を引き起こす．これが組成対流である．内核の密度はその温度，圧力のもとでの純鉄の密度に近いが，外核の密度はその温度，圧力のもとでの鉄の密度より10%程度小さい．それゆえ外核には鉄以外に軽い元素（酸素，硫黄，珪素など）が含まれていると考えられている．コアが冷却することにより，融点以下になれば液体部分が固体になる．内核表面の温度がその圧力のもとでの融点である．つまりコアの冷却に伴って内核は徐々に大きくなる．内核と外核との密度の違いを考慮すると，液体コアが内核表面で固化するときに，外核に含まれる軽元素が放出されることになる．それは周囲よりも軽いので上昇する．このように外核内で組成対流が引き起こされる．

　一方，熱対流は温度の違いに伴う密度の大小によって引き起こされる．熱源としては，(1) 地球形成時に蓄えられた熱，(2) コアに含まれる放射性元素の崩壊に伴って発生する熱，そして (3) 内核が成長するとき（液体が固化するとき）に発生する潜熱がある．コア-マントル境界では，コアが冷やされることによって相対的に密度が大きくなり下降する．

　このように，コアの冷却に伴う対流運動があるので，地球磁場は生成される．つ

まり，地球ダイナモのエネルギーは，地球の形成・進化過程・熱史と密接に結びついている．別の見方をすれば，他の惑星の固有磁場の有無や磁場分布は，その惑星の進化過程を反映していることになる．そのサイズの小ささからコアが冷却しきってしまっていると考えられていた水星に固有磁場があることが発見された．現在の火星は地球のような大規模な固有磁場を持っていない．しかしながら地球よりも非常に強い帯状の磁気異常（高度 400 km で地球では ± 10 nT 程度に対して火星では ± 200 nT 程度）が発見された．この磁気異常の原因が，地球における海洋底拡大と地磁気逆転に伴う海洋地殻の磁化と同様であるならば，かつて火星ダイナモが磁場を生成していたと考えられる．このような惑星磁場探査の結果として発見されたことは，まだ完全には理解されていない．他の惑星のダイナモ過程やその変遷を理解することは地球ダイナモの理解にも必要なことである．

12.4　回転球殻中の対流

　話を地球ダイナモに戻し，地球コア内の流体運動がどのようになっていると考えられているか，本節で説明しよう．地球磁場は軸対称の双極子成分が卓越しているので，軸対称成分だけを取り扱い，かつ，流体運動も軸対称成分だけを取り扱えば，ダイナモ問題は 3 次元から 2 次元問題になり，非常に簡単化される．ところが，1934 年にカウリングが軸対称磁場だけを維持することはできないことを証明した[8]．たとえばコア内で軸対称双極子磁場と非一様回転（たとえば内側が速く，外側が遅く経度方向に流れている状態）によって経度方向の軸対称磁場を生成することは可能である（図 12-5 の a, b, c）．しかし，経度方向の軸対称磁場から軸対称双極子磁場（つまり経度方向の軸対称電流）を生成する（図 12-5 の d, e, f）ためには流れの非軸対称成分が必須である．円板ダイナモでも回転によって発生した電流を円電流に変換する部分は軸対称ではない．つまり，円板ダイナモモデルを軸の上方からの視点で 2 次元的に描くことはできない．このように，カウリングの定理のために，ダイナモ問題は 3 次元的な取り扱いが不可欠となった．その上，非線形現象でもあり，理論のみでこの問題に立ち向かうことは非常に困難であった．

　コアの物理を支配する電磁流体力学（MHD：magnetohydrodynamics）の方程式[9]のすべてを解くためには高性能のコンピュータを必要とする．しかしながら，1950 年代から 1980 年代までは，コンピュータの能力が不十分だったので，流れと磁場とを同時に求めることが不可能だった．そのため，コア内の流れを与え，磁場の誘

---

[8]　カウリングの定理．本章 1 節参照．
[9]　流体の運動方程式，マクスウェルの電磁方程式，物質の状態方程式，などの組み合わせからなる．付録 B「16. 電磁流体力学」参照．

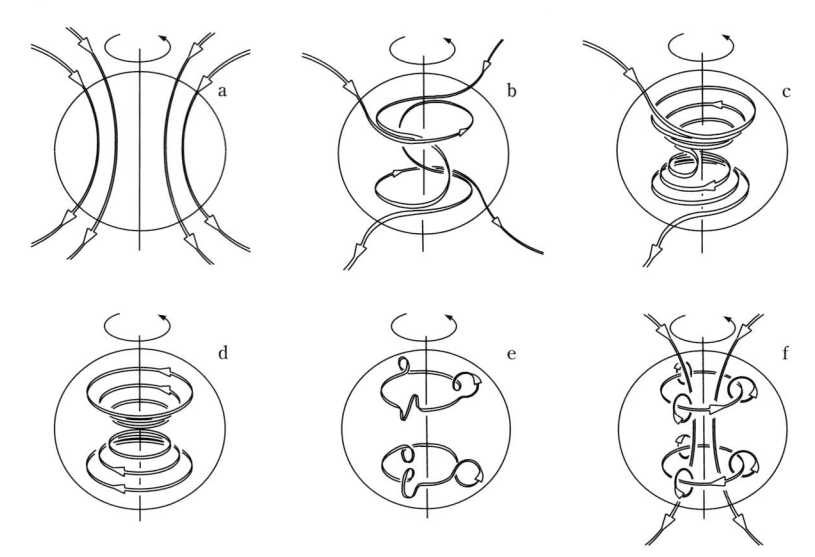

図 12-5 双極子磁場から経度方向磁場が作られる過程（a–c）と経度方向磁場から双極子磁場が作られる過程（d–f）の例 [1]

導方程式だけを解くことにより，その流れが磁場を維持できるかどうかが調べられていた．1990 年代以後，スーパーコンピュータの発達に伴い，MHD ダイナモの数値計算を実施することが可能になった．地球磁場のような双極子磁場の卓越した磁場分布，永年変化，そして双極子磁場の逆転などが計算機上で実現されるようになってきた．

　地球コア内の流れを支配している力の中で卓越しているものの一つは，地球が自転していることによるコリオリ力[10]である．回転系では，その回転の影響が強いとき，流れは回転軸方向にあまり変化せず，一様になる性質がある（テーラー＝プラウドマンの定理）．地球コアの場合，固体の内核が存在するため，流体である外核において北半球・南半球にまたがる回転軸方向の一様性はそこで分断される．そのため，外核は，内核に赤道で接して回転軸に平行な円筒面（**タンジェント・シリンダ**）によって，タンジェント・シリンダの外側，内側の北と南という三つの領域に分けられる（図 12-6）．タンジェント・シリンダの内側では，浮力の働く方向が回転軸方向と平行に近い．そのため，浮力を受けた流体要素は外核深部からマントルへ回転軸方向に動こうとする．しかし，内核とマントルという境界があるため，回転軸方向に一様に流れることはできない．したがって，タンジェント・シリンダの内側では回転軸方向の流れは起こりにくい．タンジェント・シリンダの外側では，

---

10) 付録 B「5. コリオリの力」参照．

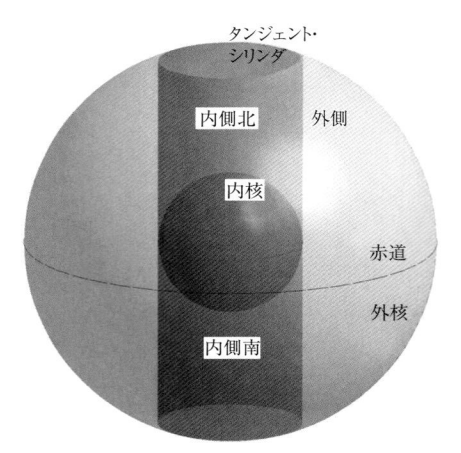

図 12-6 タンジェント・シリンダ（内核に赤道で接して自転軸に平行な仮想的な円筒面）の概略図。外核はタンジェント・シリンダによって，その外側，内側の北と南という三つの領域に分けられる。

回転軸方向に一様な流れとして，柱状の対流セルが生じることにより，浮力の原因となる熱（熱対流の場合）あるいは組成（組成対流の場合）を外核深部からマントル方向へ運ぶことができる（図12-7）。

対流セル内の流れは時計回りのものと反時計回りのものが，経度方向に交互に連なっている。時計回りの対流セル内では内向きのコリオリ力が働く。一方，反時計回りの対流セル内では外向きのコリオリ力が働く。よって，平衡状態では，時計回りの対流セルから反時計回りの対流セルに向かう圧力勾配が生じて，コリオリ力と釣り合う。対流セル北端のコア–マントル境界付近では，粘性力が働いて対流の速度が落ちるため，コリオリ力が弱まり，高気圧型の渦（北から見たとき時計回りの対流セル）から低気圧型の渦（北から見たとき反時計回りの対流セル）への流れが生じる。地球表面付近で大気が高気圧から低気圧へ向かって流れるのと同じ原理である。ということは，北半球において低気圧型の渦では北から赤道面へ，そして高気圧型の渦では赤道面から北へ向かう回転軸に平行な流れもある（赤道面では低気圧型の渦から高気圧型の渦へと流れる）。回転軸に平行な流れと渦とを併せて考えると，北半球の柱状対流セル内部では左ねじ方向のらせん状の流れが，そして南半球では右ねじ方向のらせん状の流れが生じていることになる（図12-7）。地球コア内部にこのような地球の自転による柱状対流セルが存在するため，後述のように地球磁場は自転軸方向の双極子成分が卓越する。なお，磁場生成過程の観点からも，柱状対流セルは円板ダイナモの円板に対応するものではないことを言及しておく。

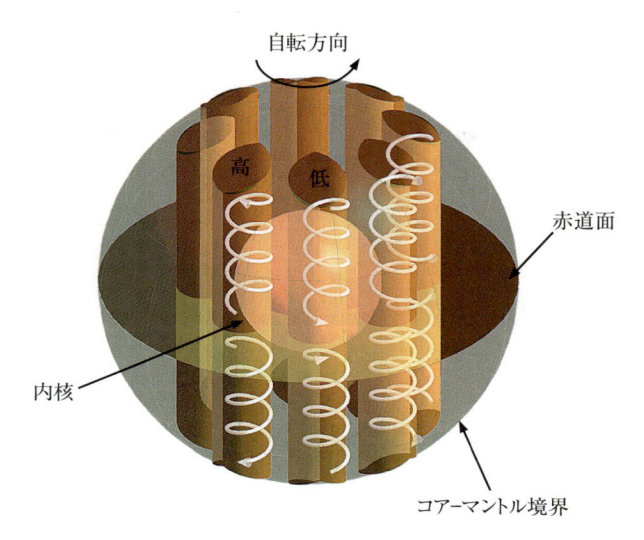

図 12-7 地球コア内の柱状対流セルの例。「高」は高気圧型の渦，「低」は低気圧型の渦に対応する。

12.5 磁場生成過程

次に，このような外核内の流れによってどのように磁場が生成・維持されるかを説明する。磁場の時間変化は，流れによって磁場が移動することによる寄与（磁場の移流），流れによって磁場が引き伸ばされることによる寄与（磁場の生成），そして磁場が拡散することによる寄与（磁場の拡散）に分けられる。

このような磁場の時間変化を考えるときには，磁場そのものよりも磁力線をイメージした方が分かりやすいだろう。磁力線はN極から出てS極へ向かい，磁力線が密なところほど磁場が強い。磁場のエネルギーは，磁場の移流によっては変化しないが，電気抵抗があるとジュール熱が発生して磁場は拡散し，磁場のエネルギーは減少する。

磁場の拡散が無い場合，磁力線は流体要素と一緒に動く（磁場の凍結[11]）。磁力線に垂直な方向に流れの強さが一様な場合，磁力線は移動するだけなので新たな磁場は生成されない。図 12-8 のように，磁力線に垂直な方向の流れの強さが磁力線方向に変化していると，流れの方向に磁力線が引き伸ばされる。上下成分だけだった磁場に対して，新たに左右成分の磁場が加わっている。つまり，磁場が生成されて

---

11) 第3章3節，第5章2節参照。

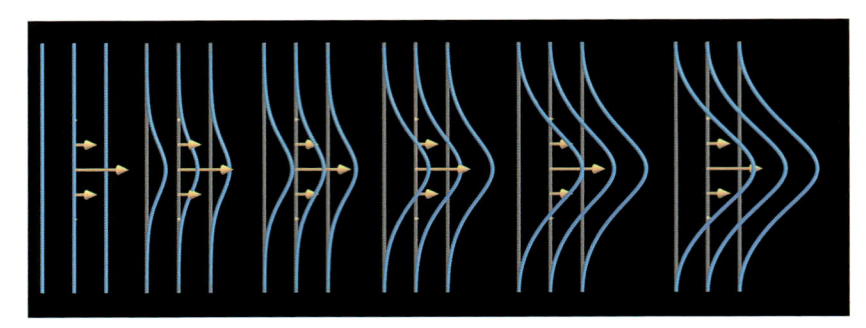

図12-8 磁力線（縦線）方向に流れ（右向きの矢印）の強さが変化しているときに磁力線が引き伸ばされていく様子。比較のために元の磁力線も描かれている。左から右へ時間は進む。上下成分だけだった磁場に，新たに左右成分の磁場が加わっている。

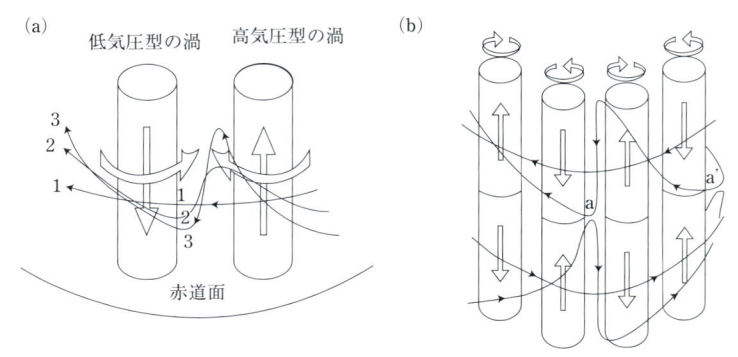

図12-9 柱状対流セルによる磁場生成過程。反時計回りの対流セルと時計回りの対流セルとのあいだに西向きの磁力線が引き込まれる。反時計回りの対流セル内では赤道面へ向かう回転軸方向の流れがあり，時計回りの対流セル内では赤道面から離れる回転軸方向の流れがあるので，南向きの磁力線が作られる。この磁場生成過程が組み合わさり，動径方向成分を持つ磁場が生成・維持される。[2]

いる。

　外核内部の非一様回転は，動径方向成分を持つ磁場を経度方向に引き伸ばすことにより，新たに経度方向成分のみを持つ磁場をつくりだす（図12-5）。その経度方向成分を持つ磁場から元の動径方向成分を持つ磁場を生成するときに，前述の柱状対流セルのらせん状の流れが重要な役割を果たす。低気圧型の渦と高気圧型の渦とのあいだで内向き（回転軸に垂直で外側から回転軸へ向かう方向）の流れにより，経度方向の磁力線も内側へと引き込まれる。低気圧型の渦では北（南）から赤道面へ，そして高気圧型の渦では赤道面から北（南）へのらせん状の流れがあるので，引き込まれた磁力線は回転軸方向に引き伸ばされる（図12-9）。このように，動径方向成分を持つ磁場が生成・維持される。赤道面付近では低気圧型の渦から高気圧型の

第 12 章　地球ダイナモ　249

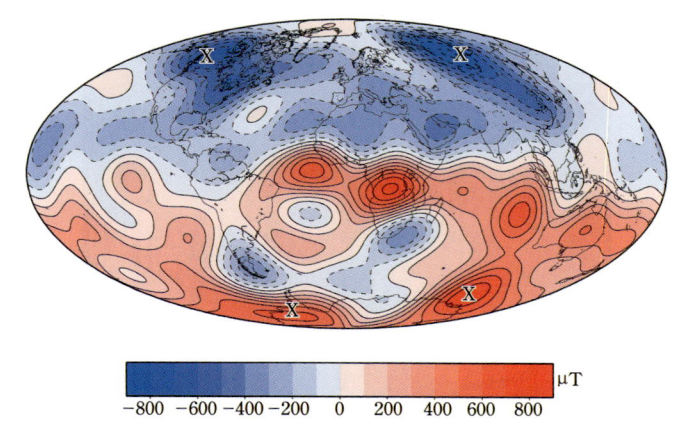

図 12-10　2000 年の国際標準磁場に基づいて描かれたコア表面における地球磁場動径成分の分布。磁場の単位は μT。磁場の強いところは地表の磁場の十数倍あることが分かる。北極および南極近くの磁束斑の位置を X で示す。実線は ＋，破線は － の磁場の等値線を示す。つまり，磁力線は実線等値線の部分においてコアから出てきて，破線等値線の部分においてコアへ入っていく。

渦への流れがあるので，磁場の移流の効果により，高気圧型の渦に磁力線が集められる。コア-マントル境界付近では高気圧型の渦から低気圧型の渦への流れがあるので，低気圧型の渦に磁力線が集められる。そのため，柱状対流セルの位置に対応して，コア-マントル境界に磁場が集中しているところが斑点のように現れる。

　現実の地球磁場のコア表面における磁場分布（図 12-10）を調べると，北極の近くに二つ，南極の近くに二つ，赤道面対称に近い位置に磁束斑があり，柱状対流セルの現れであることが示唆されている。また，地球表面の磁場分布とは異なり，赤道付近にも磁場動径成分の強い領域がある。さらに，南半球には磁場動径成分が負の領域がある。つまり，図 12-11 に示された 3 次元的な磁力線の様子から分かるように，ほとんどの磁力線は南半球においてコアから出てきて，北半球においてコアへ入っているが，一部の磁力線は赤道域や南半球においてコアから出てきて，地表へ出ることなく，南半球においてコアへ入っている。この南半球における磁場動径成分の負の領域の拡大が，現在，地球磁場が弱くなっていること，さらには地球磁場の逆転に繋がるということが示唆されている。一方，現在の地球磁場強度は過去 500 万年間の平均の 2 倍ほどであり，このまま逆転に至るのではなく，通常の永年変化であるともいえ，ダイナモモデルの非線形性や磁場変化のカオス的振る舞いを考慮すると，長期間の磁場変化を予測することは困難であると考えられる。なお，コア-マントル境界における磁場は，スケールの小さい不均一性ほどコアから離れると指数関数的に減衰してしまう。スケールの小さい不均一磁場成分にはコア起源ではなく地殻起源のものも存在する。そのため，北極・南極付近の磁束斑が真に 2 対だけ

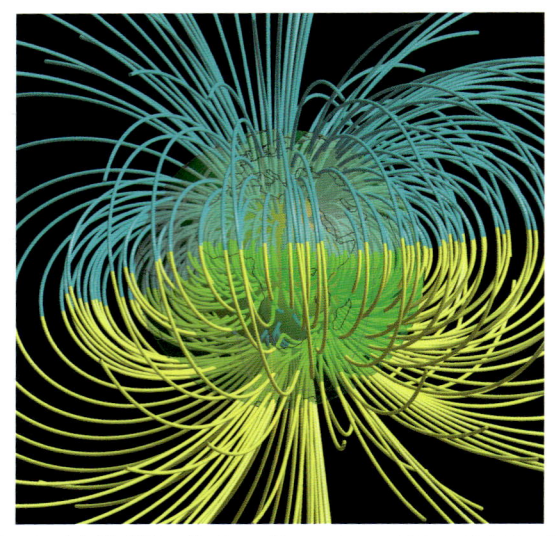

図 12-11 2000年の国際標準磁場に基づいて描かれたコア外部の磁力線。黄色が外向き，水色が内向きの成分を示す。半透明の緑色の球面が地球表面に対応し，内側の褐色の球面がコア表面に対応する。南半球に見られる水色で示された磁力線は，南半球のコアから出た磁力線の一部が再び南半球のコアに入っていることを示している。

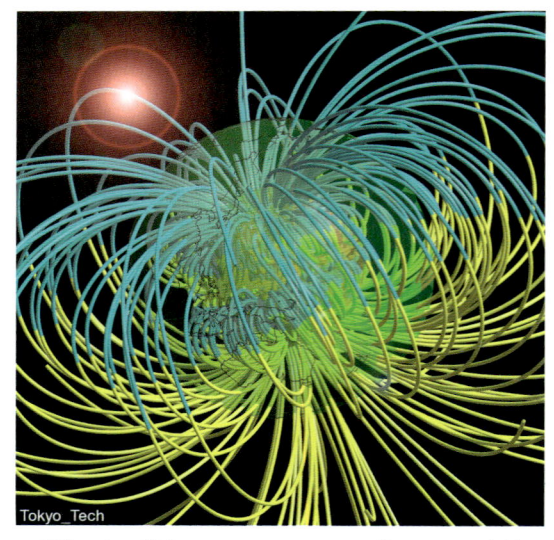

図 12-12 ダイナモ理論による数値シミュレーションで得られた磁力線。黄色が外向き，水色が内向きの成分を示す。半透明の緑色の球面が地球表面に対応し，内側の半透明の褐色の球面がコア表面に対応する。図12-10および図12-11と比較すると，地球磁場の大規模な空間的特徴である双極子磁場の卓越性だけではなく，コア表面における赤道付近の磁場分布も再現されている。[3]

なのか，実際は多数あるにもかかわらず2対だけしか認められないのか，今後の詳細な磁場観測と地球磁場のモデル化を必要としている。

　ここで説明した磁場生成過程は，素過程を明らかにするために，現実の地球のパラメータからは数桁離れたパラメータを使用した数値計算結果に基づいている。そのため，比較的穏やかな流れによって得られた知見である。より現実の地球に近いパラメータを使用して数値計算を実施すると，流れは乱流的になり，磁場の形状も複雑になる（図12-12）。ただし，現実の地球に即したパラメータを取り入れた数値計算は，今のスーパーコンピュータをもってしてもまだ不可能である。とはいえ，近年の数値計算の結果から地球ダイナモの磁場生成過程に対する理解が深まったことは確かである。事実，現在の数値ダイナモモデルでも，実際の地球磁場のように，双極子磁場が卓越するという空間的特徴，そして永年変化や双極子磁場の極性逆転という時間的特徴だけではなく，地球コアで実現されていると考えられているコアのダイナミクスが再現されている。更なる進展が今後の研究に期待されている。

参照文献

[1] Love, J. J., Reversals and excursions of the geodynamo, *Astron. Geophys., 40,* 6.14–6.19, 1999.
[2] Kageyama, A. and T. Sato, Generation mechanism of a dipole field by a magnetohydrodynamic dynamo, *Phys. Rev. E*, 55, 4617, 1997.
[3] Takahashi, F., M. Matsushima, and Y. Honkura, Simulations of a quasi-Taylor state geomagnetic field including polarity reversals on the Earth Simulator, *Science, 309*, 459, 2005.

付録 A：太陽地球系科学年表

1000 年頃	中国で水に浮かべた磁石が南を指すことが発見された。
1492 年	コロンブス（Cristoforo Colombo, 1451 頃–1506）がスペインより出港，西を目指す。大西洋の途中で，地磁気の偏角が東向きから西向きに変わった事を記録。
1543 年	コペルニクス（Nicolaus Copernicus, 1473–1543, ポーランド）：地動説を提唱。
1600 年	ギルバート（William Gilbert, 1544–1603, イギリス）：『磁石論（De Magnete）』を著す。地球自体が一つの巨大な磁石であると主張。
1610 年頃	ガリレイ（Galileo Galilei, 1564–1642, イタリア）：太陽黒点を観測。
1609–18 年	ケプラー（Johannes Kepler, 1571–1630, ドイツ）：チコ・ブラーエの観測結果を基に，天体の運動に関する3法則を発見。
1686 年	ニュートン（Isaac Newton, 1642–1727, イギリス）：『プリンキピア』を著し，力学ならびに重力（万有引力）について論じる。
1701 年	ハレー（Edmond Halley, 1656–1742）：2年間にわたる大西洋の南北中・低緯度の磁気測量航海の結果を公表。
1741 年	グラハム（George Graham, 1673–1751, イギリス）とセルシウス（Anders Celsius, 1701–1744, スウェーデン）：オーロラの際の地磁気の乱れを観測。
1777 年	クーロン（Charles Augustin de Coulomb, 1736–1806, フランス）：ねじれ秤を用いて，電気力を測定（後に，電気力，磁気力の逆2乗の法則を導く）。
1798 年	キャベンデッシュ（Henry Cavendish, 1731–1810, イギリス）：実験室で初めて2物体間の万有引力の測定に成功。
1800 年	ハーシェル（William Herschel, 1738–1822, イギリス）：太陽光スペクトルの赤色光の外側に熱線（赤外線）を発見。
1801 年	リッター（Johann Wilhelm Ritter, 1776–1810, ドイツ）：太陽光スペクトルの紫色光の外側に，硝酸銀を含む紙を黒化させる放射（紫外線）を発見。
1814 年	フラウンホーファー（Joseph von Fraunhofer, 1787–1826, ドイツ）：太陽光線の中に吸収線を発見。
1820 年	ブランデス（Heinrich Wilhelm Brandes, 1777–1834, ドイツ）：最初の気圧配置図を作った。
1820 年	エルステッド（Hans Christian Ørsted, 1777–1851, デンマーク）：電流が磁場を作ることを発見。
1824 年	フーリエ（Joseph Fourier, 1768–1830, フランス）：大気の「温室効果」を提唱。
1831 年	ファラデー（Michael Faraday, 1791–1867, イギリス）：電磁誘導の法則を発見。今日のダイナモ理論の基となるディスク・ダイナモを考案。
1834 年	ガウス（Johann Carl Friedrich Gauss, 1777–1855, ドイツ）：「ゲッチンゲン磁気協会」を設立。地磁気を球面調和関数を用いて表す数学的方法を確立。磁束密度の単位（G：ガウス）は彼の名に因む。
1837 年	モールス（Samuel Finley Breese Morse, 1791–1872, アメリカ）：電信を発明。1844年ワシントン―ボルチモア間の電信に成功。
1841 年	ウェーバー（Wilhelm Eduard Weber, 1804–1891, ドイツ）：ガウスと共にヨーロッパを中心とした地磁気分布図を完成。磁束の単位（Wb：ウェーバー）は彼の名に因む。
1843 年	シュワーベ（Samuel Heinrich Schwabe, 1789–1875, ドイツ）：太陽黒点の11年周期を発表。

1852 年	サビーン（またはサビン）（Edward Sabine, 1788-1883, イギリス）：地磁気変動と太陽黒点周期の相関関係を発見。
1853 年	ヘルムホルツ（Hermann Ludwig Ferdinand Helmholtz, 1821-1894, ドイツ）：太陽のエネルギー源は太陽自身の収縮による重力エネルギーの解放によるとする説を提唱。
1858 年	ティンダル（John Tyndall, 1820-1893, イギリス）：メタン，二酸化炭素，水蒸気による赤外線吸収を測定。これらが地球からの赤外線を効果的に吸収することを示した。
1859 年	キャリントン（Richard Christopher Carrington, 1826-1875, イギリス）：太陽の白色光フレアを観測。白色光フレアに少し遅れて大きな地磁気の擾乱が発生することを発見。
1859 年	キルヒホフ（Gustav Robert Kirchhoff, 1824-1887, ドイツ）：全ての元素はそれぞれ特有のスペクトル線を発することを発見。後に，吸収線の観測から太陽大気にナトリウムが含まれることを発見。
1862 年	オングストローム（Anders Jonas Ångström, 1814-1874, スウェーデン）：太陽の中に水素を発見。
1864 年頃	フンボルト（Friedrich Heinrich Alexander Humboldt, 1769-1859, ドイツ）：ウェーバーの観測網を全地球的な規模に拡張。全地球規模の地磁気擾乱を磁気嵐と名付けた。
1864 年	マクスウェル（James Clerk Maxwell, 1831-1879, イギリス）：電磁気学の基本方程式を導出。電気と磁気の理論を完全統一し，電磁波の存在を提唱。
1886 年	ヘルツ（Heinrich Rudolf Hertz, 1857-1894, ドイツ）：電磁波の存在を実験で実証。
1892 年	ヘール（George Ellery Hale, 1868-1938, アメリカ）：「単色太陽写真儀」を考案し，プロミネンスの写真撮影に成功。
1894 年	マウンダー（Edward Walter Maunder, 1851-1928, イギリス）：黒点の観測資料を調べ 1645 年から 1715 年の間に太陽活動が低くなった時代（今日，マウンダー極小期と呼ばれる）が存在したと提唱。
1895 年	ビルケランド（Kristian Birkeland, 1867-1917, ノルウェー）：オーロラは宇宙から磁力線に沿って降りこんできた電子が上層大気を打つことによって発生すると予測。磁気発生装置を持つ陰極線管からなる装置（テレラ）を用いて実証を試みた。
1895 年	レントゲン（Wilhelm Conrad Röntgen, 1845-1923, ドイツ）：陰極線管の実験中に X 線を発見。
1895 年	ベクレル（Antoine Henri Becquerel, 1852-1908, フランス）：ウランの放射能を発見。
1895 年	キュリー（Pierre Curie, 1859-1906, フランス）：強磁性体がある温度（キュリー温度）で磁性を失うことを発見。
1896 年	ゼーマン（Pieter Zeeman, 1865-1943, オランダ）：磁場中でナトリウムを発光させたときナトリウム D 線が複数本に分裂することを発見（ゼーマン効果）。
1897 年	トムソン（Joseph John Thomson, 1856-1940, イギリス）：電子を発見。
1901 年	マルコーニ（Guglielmo Marconi, 1874-1937, イタリア）：ヨーロッパからアメリカへの短波通信に成功。

ビルケランドと彼のテレラ装置

1902 年	ドゥ・ボール（Léon-Philippe Teisserenc de Bort, 1855–1913, フランス）：気球観測をもとに, 大気を対流圏と成層圏にわけることを提唱。
1902 年	ケネリー（Arthur Edwin Kennelly, 1861–1939, アメリカ）とヘヴィサイド（Oliver Heaviside, 1850–1925, イギリス）：それぞれ独立に, 大気上空にある電荷で満たされた層が電波を反射するとの説を提唱。
1903 年	ビルケランド：オーロラと同時に起こる地磁気擾乱は, 磁力線に沿って宇宙から流れ込む電流（今日, ビルケランド電流と呼ばれる）が, 極域の高層大気を流れることによって起こると予測し,「極磁気嵐」の存在を示唆した。また, オーロラは太陽からの電子線によって起こるとも主張。しかし, なぜオーロラが磁極ではなく, 磁極を取り巻くオーロラ帯で発生するかを説明することができなかった。
1904 年	マウンダー：太陽黒点の蝶型図を発表。
1905 年	アインシュタイン（Albert Einstein, 1879–1955, ドイツ）：特殊相対性理論ならびに光量子説による光電効果の理論を発表。$E=mc^2$ の関係を発表（1907 年）。後に核反応理論の基本式となる。
1906 年	ブリュンヌ（Bernard Brunhes, 1867–1910, フランス）：現在の地磁気の方向とは逆に帯磁した岩石を初めて発見。
1906 年	ダットン（Clarence Edward Dutton, 1841–1912, アメリカ）：地殻がもつ放射能が火山活動を活性化するのに十分な熱を供給していること示唆した。彼の説は, 地球が灼熱した状態から冷え固まるまでの時間を持って地球の年齢を計算することの根拠が無いことを意味した。
1908 年	ヘール：ゼーマン効果を用いて太陽黒点には強い磁場があることを発見。
1909 年	アンドリア・モホロビチッチ（Andrija Mohorovičić, 1857–1936, クロアチア）：地震波の到達時間から, 地殻とマントルの間の不連続面（モホロビチッチ不連続面）の存在を提唱。
1912 年	ヘス（Victor Franz Hess, 1883–1964, オーストラリア）：気球に検電器を乗せて放射線を測定し, 宇宙から飛来する放射線（宇宙線）を発見。

1913 年	ファブリー（Charles Fabry, 1867–1945, フランス）：大気上層 10～50 km にオゾン層を発見。
1914 年	グーテンベルグ（Beno Gutenberg, 1889–1960, アメリカ）：地震波の観測から地球の中心には半径 3400 km の液体の核が存在すると提唱。
1918 年	ヴェーゲナー（Alfred Lothar Wegener, 1880–1930, ドイツ）：『大陸と海洋の起源』を出版。大陸移動説を唱える。
1919 年	ラーマー（Joseph Larmor, 1857–1942, アイルランド）：太陽黒点の磁場は自励ダイナモによって作られていると提唱。
1920 年	エディントン（Arthur Stanley Eddington, 1882–1944, イギリス）：恒星内部の理論的研究を行う。「質量—光度関係」を発見。太陽のエネルギー源として核融合反応を示唆。
1924 年	アップルトン（Edward Victor Appeleton, 1892–1965, イギリス）：高度約 80 km と約 250km に電波を反射する層があることを実証。電離圏研究の始まり。
1925 年	ペイン（Cecilia Helena Payne, 1900–1979, アメリカ）：太陽はほとんど水素とヘリウムからなることを発見。
1928 年	ラングミュア（Irving Langmuir, 1881–1957, アメリカ）：中性電離気体をプラズマと命名し，プラズマ物理学を創始。
1929 年	松山基範（まつやま　もとのり，1884–1958，日本）：現在の地磁気の方向とは逆に帯磁した岩石を研究。過去に地磁気の極性が逆転していた時代があったとする説を提唱。
1929 年	アメリカの天文学者，エドウィン・ハッブル（Edwin Powell Hubble, 1889–1953, アメリカ）：遠方銀河の観測結果から，すべての方角で銀河は地球から後退しつつあることを発見し，膨張宇宙説を提唱。
1930 年	チャップマン（Sydney Chapman, 1888–1970, イギリス）とフェラーロ（V. C. A. Ferraro）：太陽からのプラズマ雲が地球の磁気圏を包み込むとき磁気嵐が起こるとの説を提唱。このとき，地球の磁場によってプラズマが侵入できない空洞ができることを予測した。後に，「磁気圏」の概念に発展する。
1930 年	チャップマン：オゾン層生成理論（チャップマン機構）を提唱。
1935 年	デリンジャー（John Howard Dellinger, 1886–1962, アメリカ）：電離圏の擾乱による通信障害を発見。
1936 年	レーマン（Inge Lehmann, 1888–1993, デンマーク）：地球中心部に内核の存在を提唱。
1938 年	ベーテ（Hans Albrecht Bethe, 1906–2005, アメリカ）：太陽中心核における核融合反応を解明。
1939 年	ハーン（Otto Hahn, 1879–1968, ドイツ），マイトナー（Lise Meitner, 1878–1968, オーストリア）（他）：ウラン原子に中性子を衝突させると，ウラン原子は 2 つに分裂することを発見し，その際に莫大なエネルギーを放出することを確かめた。
1942 年	アルフェン（Hannes Olof Gösta Alfvén, 1908–1995, スウェーデン）：電磁流体力学を創始。
1947 年	ブラケット（Patrick Maynard Stuart Blackett, 1897–1974, イギリス）：回転する物体は磁場を生成するとの説を提唱。しかし，精密な実験の結果，自らこの仮説を否定（1952 年）。
1951 年	永田武（ながた　たけし，1913–1991，日本）：岩石の反転熱残留磁気を発見。
1951 年	ホスパーズ（Jan Hospers, 1925–2006, オランダ）：アイスランドで採取した溶岩の磁気の研究結果から地磁気逆転の事実を確立。

1951 年	ビアマン（Ludwig Franz Benedikt Biermann, 1907-1986, ドイツ）：彗星の尾には太陽光の放射圧力以外の力が働いていることをつきとめ，後のパーカーによる太陽風の理論提唱を導いた。
1957 年	スプートニク1号と2号打ち上げ。宇宙時代の幕開け。
1957 年	力武常次（りきたけ　つねじ，1921-2004，日本）：地球の固有磁場の揺動を説明する結合円板ダイナモ・モデル（力武モデル）を提唱。
1958 年	バン・アレン（James Alfred Van Allen, 1914-2006, アメリカ）他：放射線帯を発見（エクスプローラー1号と3号）。
1958 年	パーカー（Eugene Newman Parker, 1927-, アメリカ）：太陽風の存在を理論的に予測。
1960 年	コールマン（P. J. Coleman）他：Pioneer5による惑星間空間磁場の観測を発表。
1960 年	キーリング（Charles David Keeling, 1928-2005, アメリカ）：大気中の二酸化炭素濃度の上昇を発見。
1961 年	ヘス（Harry Hammond Hess, 1906-1969, アメリカ）とディーツ（Robert Sinclair Dietz, 1914-1995, アメリカ）：海洋の中央海嶺から地殻が広がるとの説（海洋底拡大説）を提唱。
1961 年	ダンジー（James W. Dungey, イギリス）他：惑星間空間磁場が南向きの成分をもつときに，地磁気との間で磁力線再結合が起き，地磁気擾乱を起こすエネルギーが磁気圏に流入するとの説を提唱。
1961 年	バブコック（Harold Delos Babcock, 1882-1968, アメリカ）：太陽黒点周期に関する理論を提唱。
1961 年	ガガーリン（Юрий Алексеевич Гагарин，1934-1968, ソ連）：人類史上初の宇宙飛行。
1963 年	モーレー（Morley），バイン（Vine），マシューズ（Mathews）：海洋底の地磁気縞模様は海洋底拡大と地磁気の極性逆転によって作られたとする説を提唱。
1960 年代	エクスプローラ・シリーズ（アメリカ）：磁気圏の構造を解明。 マリナー2：太陽風を直接観測。

主な参考文献（ここにはレヴュー論文のみ挙げ，原著論文は割愛する。国籍は主として活躍した地の現在の国名を挙げた。個人名のカタカナ表記，および生年，国籍については多くをWikipediaその他のウェブサイトの情報に拠った。）

R. A. Howard, A Historical Perspective on Coronal Mass Ejections, in Geophysical Monograph 165: Solar Eruptions and Energetic Particles, edited by M. R. T. J. Gopalswamy, N., pp. 7–13, 2006.

McComas, D. J., et al. (2007), Understanding coronal heating and solar wind acceleration: Case for in situ near-Sun measurements, Rev. Geophys., 45, RG1004, doi: 10.1029/2006RG000195.

Stern, D. P., A brief history of magnetospheric physics before the spaceflight era, Rev. Geophys., 27, 103–114, 1989.

Stern, D. P., A brief history of magnetospheric physics during the space age, Rev. Geophys. 34, 1–37, 1996.

Stern, D., A millennium of geomagnetism, Rev. Geophys., 40(3), 1007, doi: 10.1029/2000RG000097, 2002.

「太陽―その素顔と地球環境との関わり」ケネスR. ラング著，渡邉　堯・桜井邦朋共訳，シュプリンガー・フェアラーク東京，1997年。

「アイザック・アシモフの科学と発見の年表」小山慶太・輪湖　博共訳，丸善株式会社，2002年。

付録B：太陽地球系科学で使う物理

　ここでは，本文に登場した物理学の基本法則を，簡単に解説します．本文の内容を理解するために，必ず必要というわけではありませんが，以下の事柄についての理解があると，本文についての理解がより深まるでしょう．（物理学では扱う物理量の単位は大切な意味を持つので，以下の説明では本文中だけではなく，式中にもなるべく単位を記すようにした．しかし，かえって式が見難くなる恐れがある場合は省略した．）

1 近代科学の夜明けを告げた地動説

　物体が，その運動状態をそのまま続けようとする性質を慣性と言う．「そのまま続ける」とは，静止している物体は静止を続け，運動している物体は，同じ速度で直線上を運動（等速直線運動）し続けるということである．

　ガリレイが地動説を広めようとしたとき，キリスト教の教説に凝り固まった教会の権威筋は別にして，おそらく最も手ごわかったのは，地球が高速で太陽の周りを回っているなら，塔の上から落下した物体は，塔から遥か離れた地面に落ちるだろう，なぜなら落下しているあいだに塔は移動するのだから，ともっともな疑問を持つ一般の人々だったであろう．実際，地球の公転速度は30 km/秒（！）と，極めて高速なのだ．

　身の回りで起こる物体の運動は，力を加えない限りいつかは止む．だから，人が加える力と，摩擦力や空気抵抗などの力を分離して考えることができなければ，慣性の法則には思い至らない．ガリレイの時代（17世紀前半期）に慣性の法則に気付くには，力と運動の関係についての深い洞察が必要だった．

　慣性の法則は，乗り物の上でも地上と同じように物理法則が成り立つことを保証している．慣性の法則は，ニュートンに力学を考える舞台を与えたと言うことができる．

2 力と質量と加速度の三角関係

　物体の運度状態を変えるには力が必要である．そして物体の運動状態の変化を表す量は加速度である．物体の速さが，t秒間にv_1 (m/s)からv_2 (m/s)になったとき，加速度は

$$a(m/s^2) = \frac{v_2(m/s) - v_1(m/s)}{t(s)} \tag{1}$$

で求められる。

速さの増減だけではなく，(1) 式の v_1 と v_2 をベクトルと考えることによって，運動の向きが変わる場合の加速度が定義される。

ニュートンは力と加速度の関係を次のように定式化した。すなわち，力を F(N)，加速度を $a(m/s^2)$，質量を M(kg) とするとき，

$$F(N) = M(kg) \times a(m/s^2) \tag{2}$$

の関係がある。

物体の慣性の大きさを示すのが「質量」であるとよく言われるが，よく考えてみると，この定義自身にさほどの意味は無い。ニュートン自身，質量の定義には困ったようである。彼は，大著「プリンキピア」に，質量とは物体の密度に体積を乗じたものであると書いているが，その後で，密度とは質量を体積で割ったものであると，堂々めぐりの定義をしている。ここでは質量の定義にこだわらずに，(2) 式が加速度を媒介にして力と質量を関係付けている，と考えておこう。

地球上の物体は一定の加速度 9.8 m/s² で落下する。この加速度を g (m/s²) と置くと，質量 M (kg) の物体には，

$$F(N) = M(kg) \times g(m/s^2) \tag{3}$$

の力が落下の方向に働いていることを意味する。この力を重力と言っている。たとえば，質量 1 kg の物体には 9.8 N の重力が働く。物体の重さは，この物体にかかる重力の大きさのことである。一般に「1 kg の重さ」などと言うが，質量 1 kg の物体にかかる重さを表すときは，1 kgw (重量キログラム) と言うのが正しい。1 kgw は，約 9.8 N である。ただし，学校教育では，国際単位系の導入に伴って「重量キログラム」は教えられていない。

3　万有引力の法則と地球の質量

上にも述べたように，物体には慣性と呼ばれる性質があって，物体は現在の運動状態を継続しようとする。したがって，もし天体と天体のあいだに何も力が働かなければ，宇宙に存在する天体はすべて等速直線運動をしているはずである。しかし，惑星が太陽の周りを回転するのは，太陽と惑星のあいだに働く引力のためである。これを万有引力と呼ぶ。万有引力の強さは，互いに引き合う二つの天体の質量の積に比例し，両者の距離の自乗に反比例する。質量を M_1, M_2 (kg)，両者のあいだの距離を R (m) とすると，万有引力の強さは，

$$F(N) = G\frac{M_1 \times M_2}{R^2} \tag{4}$$

で表される。ここに G は万有引力定数と呼ばれ，その値は 6.67×10^{-11} Nm^2/kg^2 である。

太陽系の天体は，太陽とのあいだの万有引力を受けて太陽の周りを回っている。その軌道は，地球のようにほぼ円に近いものから，多くの彗星のように細長い楕円を描くものまである。

地表の物体には，地球とのあいだで万有引力が働く。実際には，地球の各部分が地表の物体に引力を及ぼすのだが，地球が完全に球対称であるなら，地球の中心に地球の全質量 M_E (kg) が存在するとして計算したときの万有引力の強さ，

$$F = G\frac{M_E m}{R_E^2} \tag{5}$$

は，地球の各部分からの寄与を積分した結果と完全に等しい。ここに，R_E (m) は地球の半径である。

地球上の物体は，地球と共に自転しているので，遠心力が働く。そこで，万有引力と地球の自転による遠心力との合力を重力と呼ぶのが一般的である。しかし，地表における自転による遠心力は重力の 0.3% に過ぎないから，これを無視すると，

$$mg = G\frac{M_E m}{R_E^2}$$

が成り立つ。m (kg) は地表の物体の質量である。したがって，

$$M_E = \frac{gR_E^2}{G} \tag{6}$$

の関係が得られ，観測量から地球の質量を求めることができる。

4 静止衛星の軌道半径

円周上の一定の速さの運動を等速円運動と言う。等速円運動をしている物体には，常に半径方向，中心向きに一定の強さの力が働いている。この力を向心力と言う。向心力の原因は様々である。軽い糸の先に付けられて振り回されている物体に働く向心力は，糸の張力によって生じている。水平な回転円盤の上に置かれた物体が，円盤と共に回転している場合は，物体に働く摩擦力が向心力の原因である。

半径 r (m) の円周を，速さ v (m/s) で回転する物体があるとすると，物体の速度は半周するあいだに v から −v に変化する。だから周期を T (s) として，回転の途中経過を無視すると加速度は

$$a = \frac{4v}{T} = \frac{2}{\pi} \times \frac{v^2}{r}$$

となる。しかし，運動方向が徐々に変わっていく効果を考えると $2/\pi$ が 1 になって，

$$a = \frac{v^2}{r}$$

が得られる。したがって，物体の質量を m (kg) とすると，等速円運動をしている物体には，

$$F(N) = m\frac{v^2}{r} \tag{7}$$

の向心力が働いていることになる。

静止衛星は，地球とのあいだの万有引力を向心力として，1 恒星日 (T ≈ 8 万 6164 秒) で軌道を 1 回転する。したがって，静止軌道半径を R_S (m) とすると，向心力＝万有引力の関係から，

$$G\frac{M_E m}{R_S^2} = m\frac{(2\pi R_S/T)^2}{R_S}$$

となり，この式と (6) 式から

$$R_S = \left[\frac{gR_E^2 T^2}{4\pi^2}\right]^{\frac{1}{3}}$$

となり，静止軌道半径 R_S (≈ 4 万 2000 km ≈ 6.6 R_E) が求められる。

前項に，「自転による遠心力」と書いた。すぐ上では，「等速円運動をしている物体には，向心力が働く」と書いた。遠心力と向心力を使い分けるのは，ちょっとやっかいである。上に挙げた回転円盤状で円盤と一緒に回転している物体を考えよう。その物体が自分と考えると分かりやすい。そんな円盤上でじっとしているためには，円盤の外に投げ出されないように頑張っていなければならない。それは，あなたに遠心力が働いているからである。一方，円盤の外からあなたを見ている人に言わせると，あなたには摩擦力による向心力が働いていると見える。このように，回転系から見たときの力が遠心力。静止系から見たときの力が向心力である。前項では，地球上で地球と共に自転している者の立場から，物体が受ける重力を観察していたので「遠心力」と書き，この項では人工衛星が地球の周りを回っているのを，地球を離れて見ている立場だったので，「向心力」と書いた。

等速円運動の向心力は，後述の一様な磁場中の荷電粒子の運動において重要な働きをする。

5 コリオリの力

　観測者の座標系が加速度運動しているときに，物体に働く力を慣性力と言う．遠心力は回転系において働く慣性力である．乗り物が発進するときや停止するときに感じる力も慣性力である．回転系において物体が運動するときに働く慣性力をコリオリの力と呼ぶ．

　上から見て反時計回りに回る回転円板に乗って，円板の中心方向に歩くと，回転方向，つまり右手の方向に力を受けるため，右足を踏ん張りながら歩かないと中心に向かうことができない．このような力が働く理由は次のように考えると直感的に理解できる．動く歩道のようなベルトが平行に並んでいるところを想像しよう．この歩道の速さが違っていて，自分が今乗っているベルトの方が，より速いとする．速い方のベルトから遅い方のベルトに乗り移ると，油断しているとベルトの運動方向に倒れることになる．回転円板の外周はその内側より回転速度が速いので，同様の力を感じるのである．

　コリオリの力は，物体が半径方向に移動するときだけではなく，円に沿って移動する場合にも働く．物体が円板上で静止しているときは，物体に働く遠心力と円板と物体とのあいだに働く抗力が釣り合っている．物体が回転方向に移動しだすと，物体の回転速度が増すので，遠心力が大きくなり，半径方向外向きに力を受ける．逆に，回転と逆方向に移動すると，遠心力が弱まり，円板とのあいだに働く抗力のため半径方向中心向きの力を受ける．

　コリオリの力は，自転する天体上の諸現象において大きな役割を果たしている．

6 エネルギーとは何か

　「エネルギー」は，日常生活で良く使われる語句だが，かえってそのために意味を正確に理解されないまま用いられることがあるようだ．

　物理学では，エネルギーとは仕事をする能力と定義される．だが，自分がやった仕事と，他人がやった仕事を量的に比較することは必ずしも簡単ではない．物理学では，非常にシンプルに考えて，物体に $F(N)$ の力を加えて力の向きに $s(m)$ 移動させたとき，物体に仕事をしたと言い，その仕事量を

$$W(J) = F(N) \times s(m) \tag{8}$$

で表すことになっている．

　運動している物体は，他の物体に衝突してそれを押して移動させることができる．だから，運動している物体はエネルギーを持つ．詳しい導出は省略するが，質

量 m (kg) の物体が速さ v (m/s) で運動しているときの運動エネルギーは，(2) を使って，

$$W(J) = \frac{1}{2} mv^2 \tag{9}$$

となる。この式を使えば運動している物体が，静止するまでのあいだにすることができる仕事の大きさを予想することができる。

また，高い位置にある物体は，落下することによって運動エネルギーを得る。そこで，高い位置にあるとき，物体は位置エネルギーを持つと考える。落下するときに働く力は重力だから，「重力による位置エネルギー」と言う。重力による位置エネルギーは，物体が落下する間に重力がする仕事に等しい。質量 m (kg) の物体が h (m) 落下する間に，重力がする仕事は，重力×落下距離 = mgh (J) である。したがって，高さ h (m) にある質量 m (kg) の物体の重力による位置エネルギーは，mgh (J) である。運動エネルギーと位置エネルギーの和を力学的エネルギーと言う。

杭打ち機の重りが落下して杭を打つとき，はじめ重力による位置エネルギーであったものが，重りが落下するにつれて運動エネルギーに変わって，杭を地面にめり込ませるという仕事をし，最終的に熱エネルギーになって地面や空気に吸収される。空気抵抗を無視すれば，杭に当るまでは，位置エネルギーが減った分だけ，運動エネルギーが増すので，力学的エネルギーは一定に保たれる。この性質を力学的エネルギー保存の法則と言う。

重力による位置エネルギー以外に，万有引力による位置エネルギーや，静電気力による位置エネルギーなどがある。たとえば，万有引力による位置エネルギーは，(4) 式と同じ記号を用いて，

$$U(J) = - G \frac{M_1 M_2}{R}$$

と表される。惑星は太陽の周りを楕円軌道を描いて運動しているが，運動エネルギーと万有引力による位置エネルギーの和が常に一定になるように運動するので，太陽に近づくときは運動エネルギーが大きくなって軌道上の速度が増す。

7 温度とは何か

「温度」は，素朴な意味では，熱いとか冷たいといった感覚を量的に表す尺度である。水の状態変化を基準にした温度目盛をセルシウスが考案したのは，18 世紀中ごろのことだった。その後，理想気体 (気体の状態方程式を満たす気体) についての分子運動論によって，分子 1 ヶの平均運動エネルギーは，気体分子の絶対温度 T (K) に比例することが分かった。

$$\left\langle \frac{1}{2}mv^2 \right\rangle = \frac{3}{2}k_B T \tag{10}$$

k_B は，ボルツマン定数（$=1.38\times 10^{-23}$ J/K）と呼ばれる自然定数である．この関係からある温度の気体分子の平均速度を求めることができる．室温の場合，空気中の気体分子は 500 m/s ぐらいの速さで飛び回っている．

温度は，気体分子の運動の激しさを平均的に表すのだから，温度が高い物体だからと言って，必ずしも触れると火傷を負うというものではない．実際，家庭用の蛍光灯内部のガスの温度は 2 万 K ぐらいあるが，蛍光灯のガラス管はそんなに高温にならない．それは，内部のガスが希薄なため，ガスがガラス管に供給する熱量は少なく，ガラス管自身の放射や周囲の空気への熱伝導のためにすぐに失われてしまうからである．

地表にいると，空気の粒子密度はおよそ $3\times 10^{19}/\text{cm}^3$ もあるから，周囲の気温が高いと熱中症になることもあるが，周囲の温度が高いからといって，必ずしも周囲から熱が得られるとは限らない．惑星間空間に出ると周囲のプラズマの温度は，たとえば，10^5 K と高温だが，極めて粒子密度が低いため，観測衛星のような宇宙空間を航行する物体がプラズマから得る熱エネルギーは極めて小さい．

磁場中のプラズマの温度を問題にする場合は，粒子の運動が磁場に沿った方向と，垂直な方向で異なるため，磁場に平行な温度と垂直な温度が定義される．また，プラズマを構成するイオンと電子で加熱のされかたが異なると，それぞれ異なった温度を持つことがある．

8　クーロンの法則

物質を構成している原子と原子を結び付けている力は電気力である．電気には正負の二種類がある．これを電気の符号と言う．いずれかの電気を帯びた粒子を電荷と言い，正の電荷，または負の電荷などと言う．二つの電荷が異なった符号であれば互いに引き合い，同じ符号であれば反発し合う．互いに r (m) 離れて，電気量 Q_1（C：クーロン），Q_2（C）の電荷が置かれてあるとき，二つの電荷のあいだには，

$$F(N) = \frac{1}{4\pi\varepsilon_0} \times \frac{Q_1 Q_2}{r^2} \tag{11}$$

の力 F (N) が働く．この力を静電気力，またはクーロン力と言う．

また，静電気力がおよぶ空間を電場と言う．(11) 式中の ε_0（イプシロン・ゼロ）は，真空の誘電率と呼ばれる自然定数で，電荷が作る電場の強さを規定する．

9 電場と電位

あるところに q (C) の点電荷を置いたところ，その点電荷が F (N) の静電気力を受けたとする。このときその点には，

$$F(N) = q \times E \tag{12}$$

を満たす電場 E (N/C) があると言う。電場の中で静電気力にさからって電荷 q (C) を動かすには仕事 W (J) が必要である。このとき，移動の終点は始点より

$$W(J) = q \times V \tag{13}$$

を満たす V (V：ボルト) だけ電位が高いと言う。

逆に電荷が電場の向きに運動すると，落下する物体が運動エネルギーを得るように，電荷は運動エネルギーを得る。金属中を電荷が電場から力を受けて運動すると，金属イオンに衝突して電荷の運動エネルギーがイオンの熱振動に変換される。これをジュール熱と言う。第7章2節で述べたように，オーロラ・ジェット電流は電離圏の希薄な中性大気に作用して，極域上空で大きなジュール熱を発生させる。

一様な電場 E(N/C) の中で電荷 q (C) を s (m) だけ移動させるには W(J) = q(C)×E(N/C)×s(m) の仕事が必要である。電位の定義式 (13) と比較すると，

$$E(N/C) = \frac{V(V)}{s(m)} \tag{14}$$

の関係が得られ，電位の傾きが電場の強さを示すことが分かる。この式から，電場の単位は (V/m) が用いられることが多い。

10 電子ボルト（エレクトロン・ボルト）

電位の定義式から，q (C) の荷電粒子（放射線）を V (V) の電位差（電圧）で加速すると，粒子は qV (J) のエネルギーを得る。したがって，電子あるいは陽子を 1 (V) の電位差で加速すると，各粒子は 1.6×10^{-19} (J) のエネルギーを得る（電子は -1.6×10^{-19} (C)，陽子は $+1.6 \times 10^{-19}$ (C) の電気量を持つ）。このエネルギーを 1 (eV：エレクトロンボルト) とする。この単位はミクロな世界を記述するのに大変便利な単位で，たとえば可視光の光子1個のエネルギーは数 eV，ウラン1個が核分裂したときに発生するエネルギーは約 200MeV（1MeV=1×10^6 eV），などと幅広く用いられる。

温度の項で述べたように，温度とは粒子の平均運動エネルギーに比例する量である。したがって，プラズマ粒子の温度を，電子ボルト (eV) で表すことができる。たとえば，1×10^7 K は，約 1.3 keV である。

11　電流間に働く力と磁場

電流が平行に流れていると，電流間に互いに引き合う力が生じる。また，電流が反平行に流れているときは，斥力が働く。それらの力の大きさは，電流の長さ L (m) あたり

$$F(N) = \mu_0 \frac{I_1 \times I_2}{2\pi r} \times L \tag{15}$$

で表される。I_1 (A)，I_2 (A) は電流の強さ，r (m) は電流間の距離，記号 μ_0 は，真空の透磁率と言い，$4\pi \times 10^{-7}$ N/A^2 と定められている。電流の強さは，この関係から決められる。すなわち，1 m の間隔を開けて平行に流れている同じ強さの電流に，電流の長さ 1 m あたり 2×10^{-7} N の力が互いに働くとき，流れている電流をそれぞれ 1 A とする。電気量の単位 C（クーロン）は，電流をもとに定義される。すなわち，ある断面をつらぬいて電流 1 A が流れているとき，その断面を 1 秒間に通過する電気を 1 C とする。

電荷間の力を電場を仮定して考えるように，電流間の力は磁場を仮定して考える。無限に長い直線電流 I_1 (A) が流れているとき，電流の周りに同心円状に磁場 B (T) が形成されるとする。そして，電流 I_2 には長さ L (m) あたり，

$$F(N) = I_2 BL \tag{16}$$

の力が働くとする。そうすると，(15) 式を用いて，電流から r (m) 離れたところに電流 I_1 が作る磁場 B (T) の強さは

$$B(T) = \mu_0 \frac{I_1}{2\pi r} \tag{17}$$

となる。

このようにわざわざ磁場というものを考える利点の一つは，いったん磁場の概念が確立すると，ある電流に働く力は，その場の磁場の強さと向きで決まるところにある。（この関係は「フレミングの左手の法則」としてよく知られている。）つまり，磁場を作っている他の電流のことを考えなくても良いのである。

(17) 式を使って，電流の回りに沿って磁場を積分すると，積分値は電流の強さに比例することが分かる。たとえば，電流を中心とする円に沿って磁場を積分すると，$B \times 2\pi r = \mu_0 I$ が得られる。この関係を用いると，電流を直接測定することが困難な場合でも，電流の回りの磁場を測定することによって，電流の強さを知ることができる。電離圏や磁気圏を流れる電流の強さは，この関係を用いて求められる。

12 ローレンツ力とサイクロトロン運動

電流が磁場から受ける力は，移動する電荷が磁場から受ける力の総和である．磁場が一つ一つの電荷に及ぼす力をローレンツ力と言う．磁場 B (T) の中で，磁場に垂直な方向に速さ v (m/s) で運動する q (C) の電荷は，磁場と運動の双方に垂直な方向に

$$F(N) = q \times v \times B \tag{18}$$

の力を受ける．

粒子は運動と垂直方向に力を受け続けるから，粒子は磁場に垂直な平面内で円運動をする．このとき，ローレンツ力が向心力 ((7) 式) となるから，

$$m\frac{v^2}{r} = qvB$$

となり，これから円運動の半径

$$r(m) = \frac{mv}{qB}$$

が得られる．このような磁場による荷電粒子の等速円運動を，ジャイロ運動，あるいはサイクロトロン運動と言う．たとえば，1 keV の陽子は，20 nT の磁場の中で，半径 228 km の円周を周期 3.28 秒で回転する．

荷電粒子が磁力線方向の速度成分を持つときは，粒子の運動は磁力線方向の速度とサイクロトロン運動が合成されて，螺旋運動を行う (第 5 章 3 節，図 5-17)．

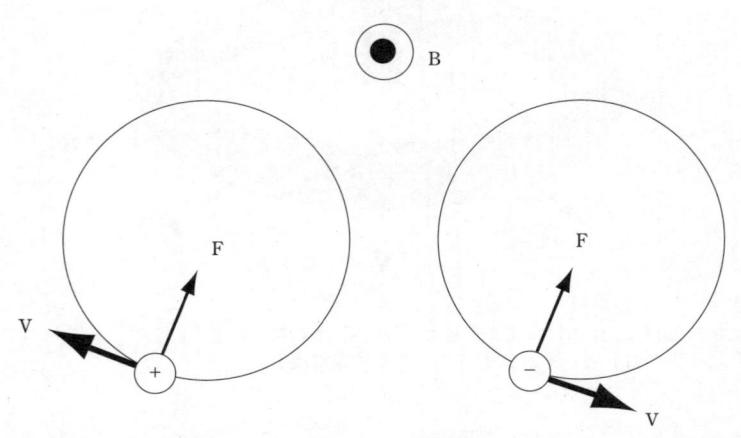

(紙面上向きに磁場があるときの正電荷 (左) と負電荷 (右) のサイクロトロン運動)

13 電磁誘導の法則

コイルに磁石を近づけると，あるいはコイルを磁石に近づけると電流が流れる。磁場の変化に誘導されて現れる電流を誘導電流と言う。電流の向きは，電流自身が作る磁場がコイルを貫く磁場の変化を防ぐような向き，と説明される。この磁場の変化と誘導される電流の向きとの関係をレンツの法則と言う。

電磁誘導の法則，およびレンツの法則は前項のローレンツ力と同義である。たとえば，磁石のN極にコイルを接近させるとき，N極の磁場はコイルを貫くと同時に，コイルの中心から外に向かう成分を持つ。コイル中の電荷はコイルと共に磁極に向かって運動するので，運動と垂直方向にローレンツ力を受け，コイル側（図の下方）から見て時計回りに電流が流れる。この電流が作る磁場の向きは，レンツの法則が指し示す磁場の向きと一致している。

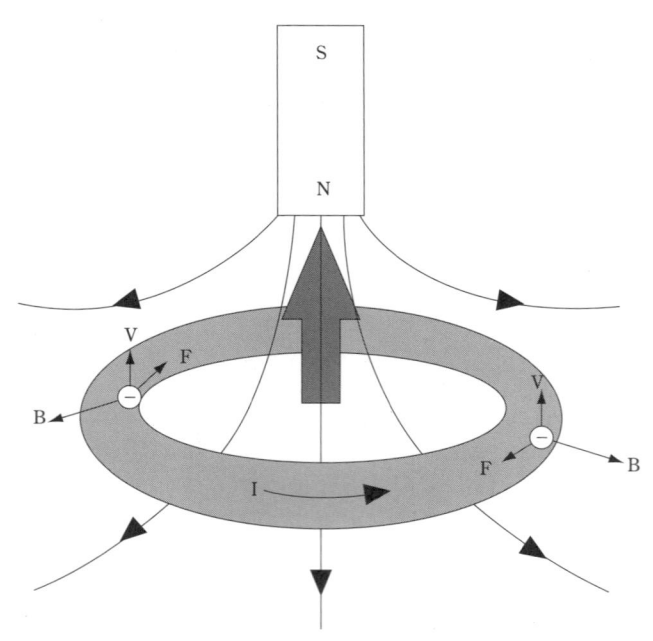

（磁石のN極にコイルが近づくときにコイル内の電子に働くローレンツ力Fと，それによって生じる誘導電流I）

14　電磁場のエネルギー

　コンデンサーに蓄えられた電気を放電すると，豆電球をしばらく点灯させたりすることができる。このとき点灯に使われるエネルギーは，コンデンサーに蓄えられていたエネルギーである。そのエネルギーはコンデンサーの極板間にある電場のエネルギーである。電場 (E) は単位体積あたり

$$U = \frac{1}{2}\varepsilon_0 E^2 \tag{19}$$

のエネルギーを持つ。これを静電エネルギーと言う。コンデンサーの電極には正負の電荷が蓄えられて互いに引き合っている。互いに万有引力で引き合う物体が，万有引力による位置エネルギーを持つように，互いに引き合う電荷は静電エネルギーを持つ。

　あらかじめ充電されたコンデンサーとコイルとで一つの回路を作ると，電流がコイルを通って流れる。電流はコンデンサーの電荷がゼロになるときに最も強くなるが，このときコンデンサーに蓄えられていたエネルギーは，コイルに流れる電流が作る磁場に蓄えられていると考えることができる。このように磁場が持つエネルギーを磁場エネルギーと言う。コンデンサーの電荷がゼロになっても，今度は，磁場のエネルギーが電流を流し，コンデンサーの極板には最初とは正負が逆の電荷が蓄積される。

　ちょうど，はじめ重力による位置エネルギーを持っていたブランコが，最下点に来て最大の運動エネルギーを持ち，はじめと反対方向に上がっていって再び位置エネルギーが最大になるように，コンデンサーに蓄えられる静電エネルギーと，コイルに蓄えられる磁場エネルギーが交互に入れ替わるのである。このような回路を共振回路と言う。

　この例のように，磁場が蓄えることができるエネルギーは，単位体積あたり，

$$U = \frac{B^2}{2\mu_0} \tag{20}$$

で与えられる。太陽フレアやオーロラの発生時に起こる磁気再結合は，磁場がもっているエネルギーが，粒子の運動エネルギーに変換される過程と考えられる。

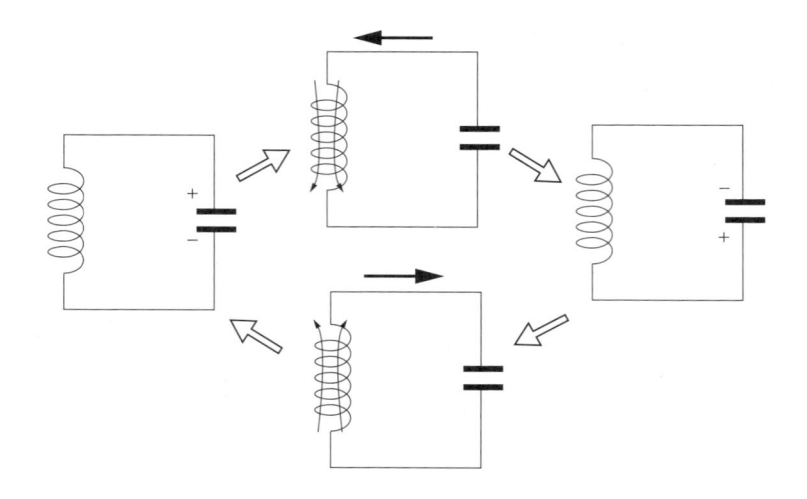

15 電磁波

　電気力ならびに磁気力が及ぶ空間を，それぞれ電場，磁場と言う。電場の変化は磁場を発生させ，磁場の変化は電場を発生させるので，電荷が振動したり，不規則な運動をすると，それによって生じた電場と磁場の変化が，空間を伝わっていく。これが電磁波である。真空中を伝わる電磁波の速度は，前出の真空の誘電率と透磁率とによって与えられる：

$$c(m/s) = \frac{1}{\sqrt{\varepsilon_0 \mu_0}} \tag{21}$$

それぞれ，電場の強さと，磁場の強さを定める自然定数である誘電率と透磁率が相まって光速を決定するのだから，これらの定数の自然界における重要性が伺われる。

　電磁波の振動数を f (Hz) とすると，電磁波の波長 λ (m) は

$$\lambda(m) = \frac{c(m/s)}{f(/s)} \tag{22}$$

で得られる。電磁波の種類は，波長または振動数を用いて分類される（第1章2節参照）。

　電磁波が伝えるエネルギー（放射エネルギー）は，電場の振幅を E (V/m)，磁場の振幅を B (T) とすると，

$$U(W/m^2) = \frac{EB}{\mu_0} \tag{23}$$

で与えられる。

16　電磁流体力学

　磁場を持ったプラズマの中では，プラズマの運動によって磁場が変形され，磁場の変形がプラズマ中に電流を発生させる。発生した電流がまた磁場を作るので，さらに磁場が変形する。このような磁場と電流，プラズマの相互作用を扱うのが電磁流体力学である。この理論から，磁力線と垂直方向にプラズマに働く磁場の「圧力」や，曲率のある磁力線を延ばそうとする方向に働く磁場の「張力」の概念が説明される。

　電磁流体方程式は，流体の方程式に電磁場の方程式を組み合わせたものであるため，変数が多く，完全な解を得ることが難しい。そこで，電気伝導度を無限大とする理想状態を仮定して考えられることがある。宇宙物理ではこの仮定が有効な場合が多く，広く用いられている。プラズマによる磁場の凍結は，そのような仮定から導かれる重要な概念の一つである。(「磁場の凍結」については第3章，および第5章参照)。

　通常，導体物質中には電磁波が伝播しないが，磁場を伴ったプラズマは高い電気伝導度を持つにも関わらず電磁波が伝播する。それは，磁場の「張力」が働くため，磁力線が弦のような働きをして横波が伝わるのである。この波動を，電磁流体力学を創設しその波動を発見したハンス・アルフェンに因んで，アルフェン波と呼んでいる。

　宇宙物理学から核融合理論まで，広い応用範囲を持つ電磁流体力学だが，上述のようにこの理論ではプラズマを流体と見るために，個々の粒子の動きは無視されてしまう。そのため，イオンと電子の運動の差が問題になるような現象に対しては，それを十分正確に再現することができない。代わりに，ボルツマン方程式 (あるいは，衝突が無視できる場合はブラソフ方程式) と呼ばれる粒子種ごとの速度空間分布関数の振る舞いを記述する方程式と，電磁場の方程式を組み合わせて考えるということが行われている。

17　黒体放射

　すべての物体は，表面から電磁波を放射している。通常その放射は，物体自身が発する電磁波と物体が反射する電磁波からなる。表面がすべての電磁波を吸収するため，反射による電磁波のない理想的な物体を黒体と言う。表面温度 T (K) の黒体による放射の単位波長あたりのエネルギーは，

$$I_\lambda (W/m^3/sr) = \frac{2hc^2}{\lambda^5} \frac{1}{e^{(hc/\lambda k_B T)} - 1} \quad (24)$$

で表される（プランクの公式）。λ は波長 (m)，h はプランク定数（= 6.63 × 10^{-34} J·s），k_B はボルツマン定数である。輝線スペクトルが特定の波長に現れるのと対比して，黒体放射は波長 λ の連続関数で表されるので，連続スペクトルと呼ばれる。

黒体表面から単位面積当たりに放射される全エネルギーは，物体の表面温度の 4 乗に比例する（ステファン＝ボルツマンの法則）。

$$I(W/m^2) = \sigma T^4 \quad (25)$$

I は放射の全エネルギー，σ は定数（= 5.67 × 10^{-8} W/m^{2}K^4）である。この式は地球の赤外放射の総量を計算したり，恒星の大きさを推定したりするときに用いられる。

18　光子

マクスウェルの理論によって完成されたかに見えた光の波動理論だったが，プランクの公式と光電効果の発見によって，光は粒子としての性質を持っていることが分かった（アインシュタインの光量子説 1905 年）。光を粒子として見るときの呼び名が光子である。光子 1 個のエネルギーは，プランク定数 h を用いて

$$E(J) = h\nu \quad (26)$$

で与えられる。このように，光子のエネルギーは，光の振動数 ν (/s) に比例して大きくなるから，振動数の高い X 線や γ 線になると，光子 1 個で細胞を損傷することもあり得る。

19　原子の構造

原子は，正の電気を帯びた原子核の周りを，負の電気を帯びた電子が回ることによって構成されている。このような原子のモデルは，1911 年ラザフォードによって提唱された。水素原子の原子核は，陽子と呼ばれる 1 個の粒子である。他の原子の原子核には，その原子の原子番号と等しい数の陽子が含まれている。原子核の周りの電子の数が陽子の数と一致するときは，原子は電気的に中性である。電子の数が多いときは負のイオン，少ないときは正のイオンとなる。

原子核の中には，陽子の他に，陽子とほとんど質量は同じだが電気を帯びない中性子がある。陽子の数が同じで中性子の数が異なる原子を同位体と言う。水素以外の軽い元素では，安定元素は陽子と同数の中性子を持つ。重い元素になると，陽子よりも中性子の個数が多くなる。

安定でない同位体を放射性同位体と言う。放射性同位体は，原子核崩壊をして他の元素に変化していく。放射性同位体が元の数の半分になるまでの期間を半減期と言う。

20　輝線スペクトル

　ラザフォードの原子モデルでは，原子が出す輝線スペクトルを説明することができなかった。ボーアは電子のエネルギー準位というアイデアを導入することによって，それに成功した（1913年）。原子核の周りの電子は，原子それぞれに固有のエネルギー値を取ることができる。これを電子のエネルギー準位と言う。電子が最もエネルギー値の低い状態からエネルギー値の高い状態に変わったとき，電子が励起されたと言う。励起状態からより安定な状態に変化するとき，1個の原子は1個の光子を放出することによって，エネルギーの余分を調節する。光子のエネルギーは振動数 ν（Hz）に比例する（(26)式）ので，放出される光の振動数は，エネルギー準位の差によって決まる。そのため，原子は定まった振動数の光のみを放射する。このような光を分光器を使って見ると，一本の輝く線として見える。これを輝線スペクトルと言う。原子は，種類によって異なる振動数の光を放射するので，輝線スペクトルを観測することによって，恒星を作っている原子の種類と存在比を知ることができる（第1章4節参照）。

21　ゼーマン効果

　原子が磁場中にあると，電子のエネルギー準位が分裂して，一つの準位が三つ，あるいはそれ以上の準位になる。そのため磁場中に原子があると，1本の輝線スペクトルが数本の輝線に分裂する。これを発見者の名前をとって，ゼーマン効果と言う。分裂の幅は磁場の強さに依存するので，この性質を利用して，太陽の光球面などの磁場の強さを知ることができる（第3章3節参照）。

22　核エネルギー

　原子の中心では，陽子と中性子が核力と呼ばれる力で互いに引き合って原子核を作っている。核力は，陽子同士のあいだで働く電気力をはるかに上回る強さを持っている。しかし，核力がおよぶ範囲は極めて狭いため，原子核の大きさは，原子核

と電子のあいだに働く電気力によって構成される原子の大きさの十万分の1ぐらいにしかならない。

　ヘリウムの原子核は，二つの陽子と二つの中性子からなるが，それらがばらばらに存在しているときより安定である。したがって，陽子2個と中性子2個を結合させることができれば，そのエネルギーの差を熱エネルギーとして取り出すことができる。これが核融合の原理である。しかし，常温においては，陽子同士のあいだの電気力が強く，そのような結合は起こらない。太陽やその他の恒星の中心部では，十分な高温と密度があるために，陽子が激しく衝突して核融合反応が起こっている。

　核子がバラバラに存在するときのエネルギーと，原子核としてまとまって存在するときのエネルギーの差を結合エネルギーと言う。これを井戸のような図で表すと下図のようになる。水平に引かれた線が，井戸の口すなわち地表を表し，これが核子がバラバラの状態にあるときのエネルギー値を示す。これに対して井戸の底は，核子が原子核としてまとまって存在しているときのエネルギー値である。軽い元素においては，質量数が大きい原子ほど，核子あたりの結合エネルギーが大きい。しかし，質量数が60を超えると，逆に質量数が大きい原子ほど核子あたりの結合エネルギーが小さくなる。下図のように，質量数235のウラン原子核が核分裂して，質量数100前後の原子核XとYになるとき，核子1個あたりの結合エネルギーが大きくなるため，井戸の深さの合計，すなわち結合エネルギーの和が大きくなる。この結合エネルギーの差が，熱エネルギーとして放出される。

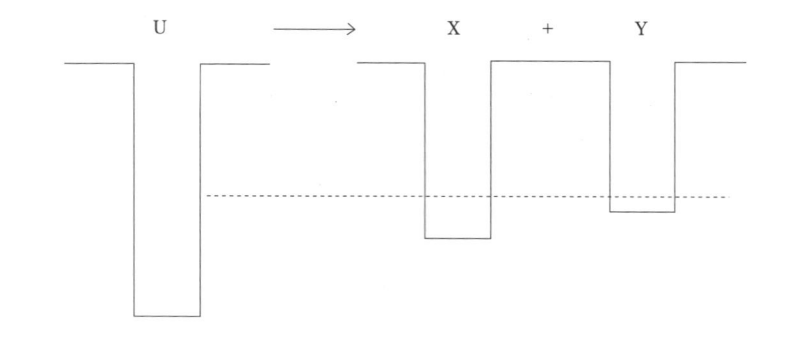

$$U \longrightarrow X + Y$$

用語集

第 I 部

5 分振動	太陽光球面で観測される様々な振動の代表的な周期。太陽内部における音波の共振（共鳴）によって発生。
CME	英語の Coronal Mass Ejection の略。太陽コロナから大量の物質が短時間に放出される現象。地球磁気圏における地磁気嵐やオーロラの発生に関係している。
EIT 波	太陽フレアを中心に波紋のような明るい領域が広がって行く現象で，SOHO に搭載された極紫外線望遠鏡（EIT）によって発見された。代表的な移動速度は約 400 km/sec。
LDE フレア	強い X 線の放射が 1 時間以上に及ぶ太陽フレアで，CME などの大規模なコロナ擾乱を伴うことが多い。
SOHO	1991 年に欧州宇宙機構（ESA）と，米国航空宇宙局（NASA）によって打ち上げられた太陽観測用宇宙機。地球の少し太陽側の，地球と公転周期が同じ軌道上にあるため，常時太陽の観測が可能。広視野のコロナグラフや極紫外線望遠鏡（EIT）など，多様な観測装置を搭載。
STEREO	太陽コロナや CME の立体視を目的とした宇宙計画。米国航空宇宙局（NASA）により，2006 年に 2 基の宇宙機が太陽周回軌道に打ち上げられた。
TRACE	1998 年に米国航空宇宙局（NASA）によって打ち上げられた太陽観測用宇宙機。主に極紫外線域における太陽コロナ観測を行っている。
インパルジブ・フレア	X 線強度増大の継続時間が 1 時間以下の太陽フレアで，放射エネルギーが低いものに多い。
ウィーンの法則	黒体放射において，放射強度が最大となる波長と温度との積が一定であることを与える法則。温度が高くなると，最大強度となる波長が短波長側に移動する。
核融合	複数の軽い原子核から重い原子核が作られる現象。4 個の水素原子核の融合によって 1 個のヘリウム原子核ができる反応など。質量の減少によりエネルギーが放出される。
活動領域	フレアなどの活動度が高い太陽大気中の領域で，黒点群の周辺に形成されることが多い。Hα 線や紫外線などで明るく見える。
カルシウム・プラージュ	太陽の彩層において，一価のカルシウムイオンが発するスペクトル線で明るく観測される高温の領域。黒点群の周辺によく見られる。強い紫外線を発する。
カレント・シート	互いに反対方向の磁場を持つプラズマ領域が接触した場合，磁場が打ち消し合うのを妨げる方向に，境界面に沿ってシート状の電流が流れる場所。
ガンマ線	X 線よりも波長の短い電磁波で，高いエネルギーを持つ。核融合などの高エネルギー現象に伴って発生する。

禁制線	原子のエネルギー準位間の遷移確率が極めて低いため，実験室レベルの真空状態では発生しないとされたスペクトル線。地球大気熱圏やコロナのような非常に希薄なガスで発生する。
黒体放射	全ての波長域における電磁波を完全に吸収する物体が放射する電磁波。物体の表面温度で決まるスペクトルをもつ。
硬X線	エネルギーが高く強い透過性を持つ，短波長域のX線。
光球	我々が見ている太陽。太陽の最外側に位置する高密度で不透明なガス層で，温度は約 6000 K。大部分のエネルギーを可視光線として放出。太陽黒点や白斑が見られる領域。
黒点相対数	黒点の増減を定量的に記録する方法の一つ。黒点の総数（暗部と半暗部とは別個に数える）に，黒点群数の 10 倍を加えた後，観測所に固有の係数を乗じて標準化したもの。
コリオリの力	地球や太陽のような回転系で発生する力で，運動と垂直の方向に働く。台風の風が低気圧の中心に向かって吹くのではなく，中心の周りを渦巻いて吹くのはこの力の作用による。
コロナ	太陽の彩層の上に広がる，100 万 K 以上の温度を持つ非常に希薄なガス層。外側は太陽風となって宇宙空間に流出している。
コロナ・ホール	明るさが広い範囲で暗く観測される，比較的低温・低密度のコロナ領域。磁場が外に向かって開いた領域に形成される。周期的な地磁気活動の原因となる高速太陽風の発生源。
彩層	光球の上部にある厚さが約 1000 km の希薄な大気層で，温度は 1 万～30 万 K。Hα線が強く，皆既日食ではピンク色に観測される。
差動回転	太陽の回転速度が緯度によって異なる現象で，赤道帯が最も速く回転し，南北両半球とも高緯度になるほど遅く回転する。微分回転と呼ぶ文献もある。
磁気再結合	互いに逆向きの磁力線の間でつなぎ代えが起こり，磁場が保持していたエネルギーが急速に粒子のエネルギーに転換される現象。太陽フレアや磁気圏サブストームの原因と見られている。
磁気中性線（面）	互いに逆向きの極性を持つ磁場の境界に形成される，磁場強度の弱い領域。
磁場の凍結	電気伝導度が極めて高いプラズマと磁場との間に相互作用が発生し，プラズマの運動による磁場の変形や，磁場によるプラズマの閉じ込めなどが起きる現象。
周辺減光	太陽の光球の明るさが，周辺に行くほど低下して見える現象。光球がガス層であることの証拠。
シンクロトロン放射	電子が光速に近い速度で磁場の中を運動するときに放射される電磁波で，太陽フレアなどの高エネルギー現象に伴って発生する。
ステファン＝ボルツマンの法則	黒体放射において，放射の全強度が温度の 4 乗に比例することを与える法則。

ストリーマ	皆既日食などで，太陽から遠くまで伸びているように観測される明るいコロナ構造。
スピキュール	針状体。光球から彩層に向かって吹き上げる細いガスのジェット。速度は 80〜100 km/sec。彩層やコロナに物質やエネルギーを供給。
ゼーマン効果	磁場を持つ領域で発生する輝線スペクトルが 2〜3 本に分裂し，強い偏光を起こす現象。太陽黒点磁場の測定に応用される。
ダーク・フィラメント	暗条。彩層を背景にして，比較的低温のプロミネンスが暗い線状の構造として見える現象。
太陽黒点	太陽の光球に見られる暗い斑点状の領域。局所的に磁場が強い領域に形成され，代表的な温度は約 4000 K。約 11 年の周期で増減し，太陽活動度の指標に用いられる。
太陽黒点の暗部	太陽黒点の中央に見られる，特に暗い領域。アンブラとも呼ばれる。
太陽黒点の半暗部	太陽黒点の縁に近い領域に見られる薄暗い領域。ペナンブラとも呼ばれる。
太陽定数	地球大気外に置かれた単位面積（1 m^2）に垂直に入射する，太陽の電磁波放射のエネルギーで，変化が小さなことから「定数」として扱われた。平均的な値は 1367 W/m^2。太陽活動 11 年周期に従って 0.1% ほどの増減を示す。
太陽フレア	彩層や下部コロナの一部が突然明るく輝く現象で，強い Hα 線，紫外線，X 線，電波を放射する。磁場に蓄積されたエネルギーの放出によって発生。特に強いフレアは大規模で複雑な磁場構造を持った黒点群で発生する。
対流層	太陽の放射層の外側，約 0.7〜1.0 太陽半径の位置にある領域。熱エネルギーが対流の形で運ばれる。
中心核	太陽の中心から太陽半径の約 0.2 倍までの領域で，核融合が発生している場所。密度は水の約 90 倍，温度は 1〜1.5 千万度。
ディミング	下部コロナの明るさが，広範囲にわたって一時的に低下する現象で，EIT 波で囲まれた領域で見られる。CME との関連が議論されている。
電磁波のエネルギー	電磁波が運ぶエネルギー。振動数（周波数）が高い，短波長の電磁波ほど大きい。物体に吸収されると，熱に変わる（例：電子レンジ）。
軟 X 線	エネルギーが比較的低く透過性が弱い，長波長域の X 線。「ようこう」や「ひので」などの人工衛星による太陽コロナ観測に利用。
日震学	太陽光球面に現れた振動の解析により，太陽内部の構造を研究する分野。
ニュートリノ	中性微子。素粒子の一つで，電荷は持たない。質量は極めて小さく，他の素粒子との相互作用は非常に弱い。太陽中心核における核融合に伴って発生する。
白色光コロナ	コロナの中を高速で飛び回る自由電子により，光球の光が散乱されることによって観測される太陽のコロナ。皆既日食で見られる真珠色のコロナに相当。

白斑	光球に現れる比較的高温の領域で、周囲の光球よりも明るく見える。黒点群の周辺に多く出現し、周辺減光の顕著な太陽面の縁近くで明瞭に観測される。
ひので	宇宙航空開発機構宇宙科学研究所と国立天文台を中心とした国際協力によって、2006年9月に打ち上げられた太陽観測衛星。光球磁場の高分解能観測を行う可視光線磁場望遠鏡など3種類の観測装置を搭載。
標準太陽モデル	太陽内部における温度や密度の分布を与える理論モデルのうち、最も確からしいとされているもの。
プラージュ	太陽の彩層において、Hα線で明るく観測される、比較的高温の領域。黒点群に対応している場合が多い。
プラズマ	正の電荷を持つイオンと、負の電荷を持ち自由に運動する電子とが混合した電離気体を指す。太陽内部から宇宙空間まで、宇宙に存在する物質の大部分はこの状態にある。電気伝導度が極めて高く、磁場の凍結（別項）などの特異な現象が見られる。
プラズモイド	プラズマの塊。太陽コロナや地球磁気圏における爆発的現象に伴って観測される。
プロミネンス	紅炎。彩層からコロナにかけての太陽大気中に浮かぶ、温度が約7000 Kの比較的高密度の構造。互いに極性の異なる二つの磁場領域の境界に沿って形成される。
ヘルメット・ストリーマ	コロナの閉じた磁場領域に形成されるストリーマで、半球状をした明るいコロナ領域の頂点付近からストリーマが伸びるため、この名で呼ばれている。
放射層	太陽中心核の外側の、約0.2〜0.7太陽半径の位置にある領域で、中心核で発生したエネルギーが主に放射エネルギーとして伝わる場所。
モルトン波	太陽フレアを中心として、彩層を1000 km/sec以上の高速で拡がる波紋のような現象。衝撃波の発生を示している。
ようこう	旧文部科学省宇宙科学研究所（現宇宙航空開発機構宇宙科学研究所）により、1991年8月に打ち上げられた太陽観測衛星。太陽フレアの観測を主目的とした硬・軟X線望遠鏡などの観測機器を搭載。2004年4月に運用停止。
粒状斑	光球面に現れた微小な対流による細胞状のパターン。高温のガスが湧き出す中央部は明るく、低温のガスが沈み込む周辺部は暗く見える。直径は数千km、寿命は約10分。

第Ⅱ部

D領域	電離圏のうち最も低い，高度約60〜90 kmの領域。主な陽イオンはNO$^+$。昼のみ現れ，夜はイオンと電子の再結合のため消失する。
E領域	電離圏でD領域とF領域の中間，高度約90〜150 kmの領域。夜間はイオンと電子の再結合のため，電子密度が小さくなる。時折，非常に電子密度の高い層（スポラディックE層）が現れ，テレビ放送など無線通信に影響を与えることがある。
F領域	電離圏で最も高い，高度約150 km以上の領域。電子密度が高く，短波を反射する。（昼はF1領域とF2領域の2つの高度領域に分かれるが，夜は低いF1領域は消失する。）
IPCC	「気候変動に関する政府間パネル（Intergovernmental Panel on Climate Change）」の略称。気候変動の現状とその環境及び社会経済への影響について，世界の人々に明確な科学的見解を示すため，1988年に世界気象機関（WMO）と国連環境計画（UNEP）により設立された。世界の数多くの研究者がボランティアとして参加し，気候変動とその影響，適応および緩和方策に関し，最新の科学的，技術的，社会経済的な見地から包括的な評価を行い，政策立案者に情報提供を行う。2007年ノーベル平和賞を受賞。
LET	Linear Energy Transferの略称。放射線が身体を通過する際に，粒子1ヶ当たりが飛程1単位長さ当たりに与えるエネルギー（単位：keV/μm）。
アルベド（反射能）	太陽放射（主に可視光）を反射する割合のこと。その値は，地表の状態や雲の有無で大きく変化するなど，場所，時期，太陽放射の波長で異なる。太陽放射による地表加熱量を大きく左右する。
アルベド中性子	極めてエネルギーの高い銀河宇宙線が地球大気に飛び込み，大気原子との相互作用によって発生させる2次中性子。
硫黄酸化物	火山ガスや石炭・石油燃焼排ガスに含まれる，硫黄の酸化物の総称。大部分は二酸化硫黄（SO_2）。大気中でさらに酸化されて硫酸を生成し，気象・気候にとって重要な硫酸エアロゾルとなる。
イオン音波	磁場を持たないプラズマ中において，プラズマ圧と電場が復元力になって伝わる疎密波。磁場を持つプラズマ中では磁力線に沿った方向に伝わる。
一次宇宙線	放射線帯の放射線や，太陽放射線，銀河宇宙線などの総称。
インジェクション	サブストームが発生したとき，地球近傍の磁気圏尾部において高エネルギー粒子が急増する現象。
ウェッジ（楔形）電流	磁気中性面電流から分岐して，磁力線に沿って電離圏に至り，電離圏で西向きジェット電流を形成し，再び磁力線に沿って磁気中性面に返る電流系。オーロラ・ジェット電流の項参照。
宇宙線	一次宇宙線と二次宇宙線を合わせた宇宙から飛来する放射線の総称。

宇宙天気	太陽の周期的な変動や突発的なエネルギーの解放に起因して，惑星空間から地球大気までの各領域にもたらされる変動や擾乱のことを指す。それらの擾乱による宇宙機，宇宙飛行士，あるいは地表における社会活動への影響を緩和するために，発生の予測可能性が研究されている。
宇宙天気予報	地球近傍の宇宙における放射線や，プラズマ，磁場の状況についての予報。太陽活動等の監視を基に行う。
エアロゾル	大気中に浮遊する固体または液体の微粒子。大きさは数十 nm から数百 μm。自然には海塩や黄砂等のダストなど，人間活動ではディーゼル排気中のすすなどの粒子や硫酸エアロゾルなどが代表的なものである。太陽放射を散乱したり，雲の凝結核になるなど気象に大きな影響を与えるほか，大気汚染では呼吸器障害などの原因となる。
衛星帯電	人工衛星は宇宙空間のプラズマに囲まれているため，周辺の電子が衛星表面に流入して負に帯電する傾向がある。ただし太陽の紫外線が当たる部分は光電効果によって光電子が放出されるため，帯電が抑えられ，日陰の部分では周辺の電子温度程度にまで負に帯電する。そのため電気的につながれていない機器間で表面放電が起こり，人工衛星に重大な障害をもたらすことがある。エネルギーの高い電子は衛星の内部に侵入し，内部機器に，内部帯電・放電を起こすことがある。
沿磁力線電流	磁気圏と電離圏を結ぶ磁力線に沿って流れる電流。提唱者の名前をとってビルケランド電流とも呼ばれる。
オーロラ	極地方のオーロラ帯上空に磁気圏から振り込む電子およびイオンによって大気の原子が励起されて発光する現象。
オーロラ（拡散型−）	地磁気に捉えられていた電子およびイオンが散乱を受けて，磁力線に沿って磁気圏から大気に降り込むことによって発光するオーロラ。主として，離散型オーロラの低緯度側に現れる。
オーロラ（脈動型−）	数秒おきに明滅を繰り返すオーロラ。磁気圏中にプラズマ波動が周期的に立つことによって電子の軌道が変わり，その一部が大気に振り込むことによって発生するオーロラ。
オーロラ（離散型−）	オーロラ粒子加速領域の電場によって加速された電子が大気に降り込むことによって発光するオーロラ。見かけの形態から，カーテン状オーロラと呼ばれる。
オーロラ・オーバル	磁気的な緯度−地方時座標において，統計的に求めたオーロラ出現の等頻度線を描いたとき，磁北極および磁南極を長円型（オーバル）に取り巻く，オーロラ出現頻度の高い領域。転じて，ある時点において，磁極を取り巻くオーロラ光の帯を指す。
オーロラ・サブストーム	サブストームの項参照
オーロラ・ジェット電流	サブストームが発生した時に，真夜中付近の電離圏をオーロラ・オーバルに添って西向きに流れる強い電流。極地方に発生する強い地磁気擾乱の原因となる。ウェッジ電流の項参照。

オーロラ・バルジ	オーロラ・サブストームが発生したとき，磁気的地方時 21 時付近から 3 時付近にかけてオーロラ・オーバルが極方向に拡大し，激しくオーロラ活動が見られる領域。
オーロラ・ブレイクアップ	サブストームの開始時に，アーク状に揺らめいていたオーロラが突然光度を増す現象。その後，オーロラは緯度・経度方向に拡大しながら，激しく変化する。
オーロラ粒子加速領域	オーロラ帯の上空数千 km から 1 万 km に存在し，地磁気の磁力線に沿って上向きに数キロボルトの電位差が発生する領域。この領域で加速された電子が，離散型オーロラの原因となる。
オキシダント	オゾンなど，汚染大気中で窒素酸化物や炭化水素などが光化学反応して生成する酸化性物質の総称。オゾンが主成分で，他にパーオキシアセチルナイトレート（PAN）他の有機硝酸類などが含まれる。
オゾン	化学式は O_3．1840 年にドイツ・スイスの科学者シェーンバインにより発見され，特徴的なにおいがありギリシャ語の Ozein（臭う）から名付けられた。酸化性が強く，殺菌，漂白，脱臭作用があり，生物には有害。オゾン層を形成し太陽紫外線を強く吸収することで地表の生物を保護する役割を果たしている。地表付近では，大気汚染物質の光化学反応で生成し，二次的な大気汚染物質となる。また強い温室効果も持つ。
オゾン層	地球大気中で，オゾンが数 ppm と比較的高い濃度となる層状の領域。分子数の密度ピークは高度約 20 km（18〜25 km）で，高度領域はほぼ成層圏と一致する。地球全体を取り巻き，太陽紫外線を吸収することで，地表の生物に有害な紫外線が届くことを防ぎ，またその際に大気を加熱することで成層圏を形成する。
オゾン破壊触媒サイクル	水酸（OH）ラジカル，一酸化窒素（NO），塩素原子（Cl），臭素原子（Br）などが，オゾンと反応して酸化され，その生成物が酸素原子と反応することで元に戻る。これを繰り返すことで，成層圏のオゾン分子を効率よく消失・減少させる反応サイクル。オゾンホールができる下部成層圏では，酸素原子が存在しないので，より複雑な反応サイクルにより，オゾンが消失している。
オゾンホール	南極の春季（9〜11 月）に，下部成層圏のオゾンが大きく減少する現象。南極大陸全体を覆うような同心円状にオゾンが減少するためにオゾンホールと名付けられた。1984 年にファーマン（英）および忠鉢（日）により独立に発見・報告された。北極にも類似のオゾン減少がみられ，南極より規模が小さいことからしばしば「ミニホール」と呼ばれる。
温室効果	大気が地球放射を吸収することによって地表や大気の温度が上昇する働き。温室のガラスの役割になぞらえたものだが，実際の温室のメカニズムとは異なる。地球は，受け取る太陽放射のエネルギーと等しいエネルギーを宇宙に放出している。大気がない場合は，宇宙に放出されるエネルギーは地表から放射されるエネルギーに等しい。しかし，大気が地球放射を吸収する場合，地表から放射されるエネルギーは吸収の分だけ宇宙に放出されるエネルギーより増加するので，地表温度は高くなる。

温室効果気体	地表からの赤外放射を吸収することで温室効果をもたらす大気成分。地球大気では、もっとも重要なものは水蒸気で、以下二酸化炭素、メタン、オゾン、一酸化二窒素など。窒素や酸素など地球大気の主成分は温室効果を持たない。
確定的影響	臓器への被曝量があるしきい値を超えると、目の水晶体が白内障になったり、皮膚が皮膚紅斑になるなど、臓器に特定の障害が生じること。
確率的影響	癌など、被曝線量に応じてその発生確率が高くなる影響。
環電流（リング・カレント）	地球の中心から地球半径の4～6倍の磁気圏中を、北から見て時計回りに流れる電流。これが強くなることによって、磁気嵐が発達する。磁気嵐の項参照。
間氷期	大陸上が広く氷河に覆われた寒冷な時代を「氷河時代」とよぶが、その中でも比較的温暖で氷河が後退し大陸の大部分から消失した時期のこと。現在は、約200万年前に始まった第四紀と呼ばれる氷河時代の中で、約1万2千年前から始まった間氷期にあると考えられている。
気候	大気および密接に関連する海洋の長期間の平均的な状態のこと。この「長期間」として世界の気象機関では30年をめどとしており、ある1年や2年の高温や多雨などの極端な気象現象（異常気象とも呼ばれる）が起こっても気候変動とは呼ばない。千年や万年など、より長期的な気候もある。
気候値	様々な気象や海洋の状態を表す値（例えば気温や降水量など）の30年間の平均値を、気候をあらわす量として気候値と呼ぶ。必ずしも30年連続して平均するとは限らず、ある地点の1月の最低気温の30年平均値のような量も含まれる。
吸収線量	放射線を照射された物質が、単位質量あたりに吸収するエネルギー（J/kg）。単位はGy（グレイ）を用いる。
吸収線量率	単位時間当たりの吸収線量。単位はmGy/day等を使う。
極渦	冬の極域で、成層圏を中心に定常的に西風が吹くことで形成される渦。極域では冬に日射が当たらず低温となるため空気が収縮し、同じ高度では中緯度に比べ気圧が低く、その差は高度が高くなるにつれ大きい。そのため極域全域で、地表付近を除き、この気圧差による力と自転によるコリオリ力が釣り合うように西風が吹き極渦が形成される。中緯度との境界である緯度50～60°では特に西風が強く（極夜ジェット）、それにより極域と中緯度の空気混合が妨げられるため、極域の成層圏気温はさらに低下する。そのため極渦の内側では、しばしば極成層圏雲が発生し、オゾンホールが形成される。
極成層圏雲（PSC）	極上空の下部成層圏で、冬季非常に低温となるために固体粒子が形成される現象。しばしば真珠貝の内側に似た虹色に見えることから真珠母雲とも呼ばれる。気温が−78℃以下となった時に、大気中の硝酸分子が水蒸気とともに凝結することで生じる（PSCタイプI）。さらに低温となると氷粒子ができる（PSCタイプII）。その表面で起こる反応により、オゾンホール形成に決定的な役割を果たす。

極（端）紫外線	約 200 nm より波長が短い紫外線。酸素分子により強く吸収されるため，地球大気中では高度 100 km 以上でほとんどが吸収され，そのエネルギーで大気が加熱されることで，熱圏が形成される。
銀河宇宙線	超新星の爆発などによって生成され，太陽系に飛び込んできた放射線。銀河宇宙線は，銀河系の中を通過中に電子をすべてもぎ取られた結果，原子番号と同じプラスの電荷を持ち，銀河磁場で加速されて光速に近い速度を持っている。シングル・イベントの原因となると同時に，宇宙機壁面等の原子と反応して，中性子などの二次宇宙線を大量に生成する可能性がある。
近地球磁気中性線モデル	地球から約 20 R_E の磁気圏尾部において，南北ローブ域の磁力線が再結合し，磁気エネルギーが解放されることによって，サブストームが駆動されるとする説。
クロロフルオロカーボン	いわゆるフロンガス類など炭化水素の水素を塩素およびフッ素で置き換えた構造を持つ人工の有機物。CFC と略される。多くは無毒，不燃などの性質をもち，エアコン・冷蔵庫の冷媒や洗浄剤，スプレー噴霧剤などとして広く使用された。成層圏で紫外線により分解されると塩素原子を生成しオゾン層を破壊するため，国際条約により日本では 1996 年までに製造が全廃された。また強い温室効果も持つ。
ケルビン＝ヘルムホルツ不安定	流速の異なる 2 流体の境界で生じる，渦を伴う不安定。磁気圏境界面などで生じると考えられている。
光化学スモッグ	汚染大気中での光化学反応で生成するオキシダントが高濃度になった状態。しばしば高濃度のエアロゾルを伴い，空がもやめいた状態になるので光化学「スモッグ」とよばれる。春から夏に多く，目や喉の痛みなどの健康被害をもたらす。大気汚染対策が進んだ 1980 年台前半にいったん発生が減少したが，1980 年代後半から再び漸増し，都市周辺以外でも発生している。
サブストーム	地磁気擾乱の一種。高緯度地方に強い地磁気擾乱が起こり，オーロラ活動が活発化する。磁気圏尾部のプラズマシートで起こる変動が，その発生の原因と考えられている。サブストームに伴うオーロラ活動をオーロラ・サブストーム，磁気圏尾部における磁場とプラズマの変動を磁気圏サブストームと呼ぶ。
ジオコロナ	水素原子からなる地球大気の最外部。地球半径の十数倍まで存在が認められる。
磁気嵐	地磁気の水平成分が数日に渡って減衰する現象。広範囲の短波通信障害が起こる。環電流の項参照。
磁気緯度	ある地点から磁北極までの角度（角距離）を 90°から差し引いた値を磁気緯度とする。磁北極・磁南極の項参照。
磁気音波	磁場を持つプラズマに発生する疎密波。プラズマの圧力に加えて電磁気学的な力が働いて伝播する。磁気圏前面に衝撃波面を形成する。

磁気圏	地球磁場が及ぶ範囲の宇宙空間。惑星間空間との間に明確な境界が存在する。地球の他，水星，木星，土星，天王星，海王星にも磁気圏があるが，その規模と形は様々である。
磁気圏境界面（磁気圏界面）	地球磁場が占める領域（磁気圏）と惑星間空間磁場が占める領域とが接する境界。
磁気圏境界面電流	地球の磁気圏と太陽風との相互作用によって，磁気圏境界面に流れる電流。
磁気圏尾部	太陽と反対方向に伸びた地磁気がおよぶ領域。地表面から出た磁力線が，太陽と反対方向に月の軌道を遥かに越えて伸びていることが確認されている。
磁気圏対流	磁気圏中に存在するプラズマの対流。極域電離圏を流れる双極型渦電流の主原因。双極型の渦電流の項参照。
磁気再結合	第1部用語集参照。
磁気シース	バウショックと磁気圏境界との間の領域。一般に，バウショックの外の惑星間空間より高温，高密度のプラズマに満たされている。
磁気中性面	第1部用語集参照。
磁気中性面電流	磁気圏尾部の北半球にある地球向き磁場と，南半球にある反地球向きの磁場の境界を西向きに流れる電流。
磁気的地方時（MLT）	地理的な地方時（経度）の北極と南極の代わりに，磁北極と磁南極を通る子午線を考え，その反太陽側を0時とする方位。北磁極上空から見て反時計回りに0時から24時までを区切る。
実効線量	臓器ごとに求めた等価線量と組織荷重係数との積を，すべての臓器について足し合わせた量（単位：Sv）。
実効線量当量	臓器ごとに求めた線量当量と組織荷重係数との積を，すべての臓器について足し合わせた量（単位：Sv）。
磁場凍結	第1部用語集参照。
磁場の双極子化	磁気圏尾部を流れる磁気中性面電流の一部が遮断されること（電流遮断）によって，磁気中性面付近の北向き磁場成分が増大する現象。サブストーム発生の指標とされる。
磁北極・磁南極	地表付近の磁場を地球の中心付近に位置する一つの磁気双極子で近似したとき，磁気双極子のN-S極の延長線が地表と交わる点のS極側を磁北極，N極側を磁南極と言う。
シュペラー極小期	およそ1430年から1550年頃に，太陽黒点数が著しく減少した期間の名称。文献によって，その期間にばらつきがある。
純酸素大気理論	成層圏オゾン層は，波長240 nm以下の紫外線で酸素分子が光解離することで作られた酸素原子が酸素分子と結合してオゾンが生成される過程と，オゾンが酸素原子との反応で消失する過程の両者の釣り合いで形成されるという理論。1930年にイギリスの地球物理学者チャップマンにより提案される。

生涯実効線量制限値	癌で死亡する確率の放射線による増加分が，ある割合以下になるように定められた実効線量。宇宙飛行士の場合は，宇宙放射線による増加分が3％以下と定められている。
衝撃波	物体が媒質中を，媒質に対して超音速で相対運動するとき，物体の前方に生じる波。波の前後で圧力，密度，温度が不連続に変化する。超音速の太陽風がぶつかる地球磁気圏の前面に恒常的に存在する（バウショックの項参照）。その他，高速の太陽風が低速の太陽風に追いついたときにも発生する。
昭和基地	日本の南極観測基地。1957年建設。
シングル・イベント	銀河宇宙線や太陽宇宙線，放射線帯の放射線粒子（荷電粒子，中性子）などの1個の粒子が，半導体素子の内部に侵入し，メモリ素子やコンピュータ内の情報ビットの反転（シングルイベント・アップセットまたはソフトエラーともいう）や，半導体素子の破壊（シングルイベント・ラッチアップなど）をもたらす現象。
真珠母雲	極成層圏雲と同じ
ステファン＝ボルツマンの法則	第1部用語集参照。
成層圏	対流圏の上，高度約50 kmまでの高度とともに気温が増大する領域。オゾン層で太陽紫外線が吸収されることによる大気加熱で生じる。
セクター構造（惑星間空間磁場の−）	惑星間空間磁場を地球軌道上で観察したとき，平均磁場が太陽に向かう領域と，太陽から離れる領域に，大きく2分あるいは4分される。このような惑星間空間の磁場構造を指す。
線質係数	宇宙船内での被曝の場合，宇宙飛行士の身体に入射する粒子を種類とエネルギーごとにすべて把握することは困難であることから，放射線荷重係数の代わりに用いられる量。線質係数は，LETの関数で与えられる。
線量当量	線質係数と吸収線量の積（単位：Sv）。
双極型の渦電流	磁気圏対流の影響によって極域電離圏を流れる電流。ポーラーキャップを夜側から昼間側へ太陽方向に横切り，朝夕のオーロラ・オーバルを反太陽方向に流れて閉じている。
組織荷重係数	人の臓器ごとの，白血病を含む癌発症の危険性を定めた係数。各組織の係数の総和が1になるように定められている。
組織別等価線量制限値	放射線被曝による確定的影響が出るしきい値。各臓器ごとのしきい値が，被曝線量の限度値として定められている。
大気質	河川や海の「水質」に対応し，大気汚染の度合いを示す言葉。大気汚染物質が多い空気は，大気質が悪い。
太陽宇宙線	太陽フレアやCMEの発生に伴って突発的に飛来する放射線。太陽宇宙線による放射線被曝は，船外活動中の宇宙飛行士に被曝の影響を与える可能性がある。

太陽風	高温のため太陽コロナから惑星間空間に定常的に流れ出るプラズマの風。プラズマ特有の性質によって太陽磁場を惑星間空間に引き出す役割をする。ヘリオポーズの項参照。
対流圏	地表から高度約 10 km（赤道域では 16〜17 km，中緯度では 10〜15 km，極域では 8〜10 km）の高度が高くなるにつれて気温が低下する領域。雲が発生するなど，直接人が接する気象現象の多くはこの領域で起こる。
地球放射	地表から，その温度に応じて宇宙に向けて放出される黒体放射。主に遠赤外線で，波長約 10 μm にピークを持つ。地球から熱を逃がす役割を持つ。
窒素酸化物	一酸化窒素（NO）および二酸化窒素（NO_2）を合わせて窒素酸化物（NO_x）とよぶ。成層圏では一酸化二窒素（N_2O）から生成し，オゾンの触媒破壊サイクルに関与する。対流圏では排気ガスなどに多く含まれ，窒素酸化物の多い汚染空気に紫外線が当たると，光化学反応によりオゾンなどのオキシダントが発生する。
チャップマン＝フェラーロの理論	太陽から飛んでくる荷電粒子によって地球磁場がある一定の領域に閉じ込められることを推論し，磁気圏の概念を導いた理論。
チャップマン・メカニズム	純酸素大気理論と同じ。
中間圏	成層圏の上，高度約 80 km までの高度とともに気温が低下する領域。
超高層大気膨張	磁気嵐や強いサブストームによって磁気圏から極域にエネルギーが流入すると，熱圏大気に乱れが生じ，それが低緯度まで伝わって広範囲の熱圏大気の擾乱が起こる。その結果，熱圏大気が加熱されて膨張する現象。
地磁気の日変化	太陽の放射や太陽風の影響で電離圏を流れる電流のために生じる地磁気の変化。地球の自転のため，日変化として観測される。
低緯度オーロラ	日本中部地方以北などの比較的低緯度地方で見られるオーロラ。オーロラ帯の上空，数百 km における，酸素原子が放射する波長 630 nm の赤色光が見える。
デリンジャー現象	太陽フレアによって急増した太陽 X 線によって，電離圏下層の D 層の電子密度が急増し，数分から数十分間，短波通信が不通になる現象。
電荷交換反応	高エネルギー荷電粒子が，中性原子との間で電荷をやり取りし，自らは高速の中性原子となる過程。
電離圏	地球では高度約 60 km から上の，大気が部分的に電離し，酸素や窒素などの陽イオンと電子が多く存在する領域。太陽からの極端紫外線や X 線を大気分子が吸収し，電離することで生じる。下から，D 領域，E 領域，F 領域に分けられ，電波（長波〜短波）を反射する性質があり，長距離通信に利用された。電離層とも呼ばれる。
電流遮断（カレント・ディスラプション）	磁気圏尾部の磁気中性面電流が，異常抵抗の発生等によって急減する現象。これによってウェッジ電流が形成される。

等価線量	放射線荷重係数と吸収線量の積。等価線量が同じ数値であれば，同じ生物学的影響を与えると考えられる。単位はシーベルト（Sv）で表す。
等価電流系	地表における磁場変化が，電離圏を水平方向に流れる電流によると仮定して得られる電流系。沿磁力線電流や，地中および海水中を流れる誘導電流などが磁場に与える影響を無視する。
ドブソン単位	地表から大気上端までの，鉛直の大気の柱（気柱）中に存在する大気オゾン分子全部の積分量をオゾン全量と呼び，その単位としてドブソン単位（DU）が用いられる。0℃1気圧の地上に鉛直上方にあるオゾン分子をすべて集めたときの厚みをセンチメートル単位で計ってそれを1000倍した値で定義され，m atm-cm（ミリアトムセンチメートル）とも呼ばれる。1 DUは2.687×10^{20}分子$/m^2$に相当する。
二酸化炭素	化学式はCO_2。大気中で現在約380 ppm（0.038%）と微量ながら重要な温室効果気体として，気候において重要な役割を持つ。自然には，生物圏と光合成・呼吸・分解，海洋と溶解・放出によりやり取りを行い収支はほぼ釣り合っているが，化石燃料などの燃焼など人間活動により増加している。
二次宇宙線	一次宇宙線が宇宙機の壁や大気原子の原子核と相互作用して，新たに生成する中性子ならびに荷電粒子。
熱圏	高度約80 kmより上の，気温が高度とともに増大する領域。高度およそ200 km以上では気温はほぼ一定となる。太陽からの極端紫外線やX線を大気分子が吸収し，大気が加熱されることで生じる。太陽活動により温度は大きく変化する。
バウショック	太陽風が超音速で地球磁気圏にぶつかる結果生じる衝撃波。
バスティーユ・イベント	2000年7月14日に発生したCME。多くの観測機器によって観測され，CME研究に役立った。
ハロ型CME	地球のほぼ正面で起こったCMEによって，コロナ物質が太陽を中心として全方向に広がるように見える現象。
日傘効果	大気中のエアロゾルなどにより，太陽光を散乱する割合，つまりアルベドが増加し地表に吸収される熱エネルギーが減少をおこす。その結果気温の低下が起こる効果。
氷期	大陸上が広く氷河に覆われた寒冷な時代を「氷河時代」とよび，地球の歴史の中で数回あったと考えられている。現在は約200万年前に始まった第四紀と呼ばれる氷河時代の中であると考えられている。この「氷河時代」の中でも特に寒冷で広く氷河が発達する時期を氷期と呼ぶ。
プラズマ・シート	磁気圏尾部の南北のローブに挟まれた領域。ローブよりプラズマの密度および温度が高く，プラズマ圧と磁気圧がほぼ拮抗している。磁気中性面電流が朝側から夕側に向かって流れている。
プラズモイド	磁気圏サブストームが発生したときに，反地球方向に射出される，閉じた磁力線内に閉じ込められた高温プラズマの一団。太陽フレアにおいても，その存在が認められている。

プロトン・イベント	太陽フレアまたは惑星間空間の衝撃波によって加速された高エネルギー陽子が，地球磁気圏内部にまでおよぶ現象。宇宙機や宇宙飛行士に災害をもたらす危険性がある。
フロンガス	クロロフルオロカーボンの項参照。
ヘリオポーズ（太陽圏界面）	太陽風と惑星間空間磁場がおよぶ領域（太陽圏／ヘリオスフェア）と銀河磁場領域の境界。太陽から約100天文単位の距離に存在すると考えられている。
放射強制力	気候変化を引き起こす様々な人為起源および自然起源の要因の寄与を定量的に比較するための指標。ある期間に生じた対象要因の変化が仮に単独で起こったとした場合に生じる，対流圏界面での単位面積単位時間当たり地球放射強度の変化量として定義される。地球放射は地表温度が上昇すると強くなるので，正の放射強制力（放射が増加）は気温上昇（温暖化）を意味する。
放射線荷重係数	放射線荷重係数は，放射線の種類ごとに定められ，この係数と吸収線量の積（等価線量）が同じ数値であれば同じ生物学的影響を与える。
放射線帯（ヴァン・アレン帯）	地球の磁場に捕捉された高エネルギー（MeVオーダー）の電子や陽子が高い密度で存在する領域。磁気赤道上空に内帯と外帯の二重の帯状に分布する。内帯には電子と陽子が定常的に存在している。外帯は電子のみからなり，太陽活動や磁気嵐によって大きく密度が変動する。
放射平衡	宇宙空間に浮かぶ地球など，物体への熱の出入りが放射によって行われているとき，入射する放射エネルギーと，放出される放射エネルギーが釣り合い，ほぼ温度が一定となっている状態。放射平衡が実現しているときの物体の温度を放射平衡温度という。
ポーラー・キャップ（極冠）	磁北極ならびに磁南極を取り巻くオーロラ・オーバルの内側の領域。南北のポーラ・キャップの磁力線は，それぞれ磁気圏尾部の南北のローブにつながる。ローブの項参照。
マウンダー極小期	およそ1645年から1715年に，太陽黒点数が著しく減少した期間の名称。
南大西洋異常（SAA）	ブラジル上空の放射線帯の内帯が局所的に低空まで下降した領域。SAAは，South Atlantic Anomalyの略。
ミランコビッチサイクル	地球の公転軌道離心率，自転軸の傾きおよび自転軸の歳差運動が，それぞれ約10万年および40万年，4万1千年，約2万年の周期で変化するサイクル。1920年代にセルビアの科学者ミランコビッチが算出。地表に吸収される日射量の変化をもたらし，気候変動の原因となっていると考えられる。
メタン	化学式はCH_4 大気中で現在約1.8 ppmと最も量の多い反応性気体で，重要な温室効果気体でもある。対流圏ではオゾン生成にも寄与する。自然には，湿地やシロアリの腸内に住むバクテリアによる有機物分解で発生する。人間活動では，水田や牛・ヒツジなどの家畜，化石燃料，埋立地・廃棄物などから発生する。

ライト・フラッシュ （LF）	宇宙飛行士が，暗闇の中で知覚する発光現象。まぶたを閉じているか開けているかに関わらず見え，色は無く，直線状あるいは星状に見える。宇宙飛行士の脳の視覚野もしくは網膜が，宇宙放射線の照射を受けたことによると考えられている。
硫酸エアロゾル	海洋からの硫化ジメチルおよび火山ガスや石炭・石油燃焼排ガスに含まれる硫黄酸化物が大気中で酸化されてできる硫酸を主成分とするエアロゾル。大規模な火山噴火や1970年代以前の激しい大気汚染の際に多量に生成し，気温低下を招いたと考えられる。また親水性が高く，雲凝結核としても重要である。
ローブ	磁気圏尾部のプラズマシートを南北から挟む領域。ローブの磁力線の一端は，ポーラー・キャップにつながり，他端は惑星間空間磁場につながる。ポーラー・キャップの項参照。
惑星間空間磁場（IMF）	太陽風によって惑星間空間に運ばれて，太陽圏を満たす太陽磁場。IMFは，Interplanetary Magnetic Fieldの略。

第Ⅲ部

核（コア）	天体内部の中心部分の構造。地球の場合，中心から半径約 3480 km までの部分を指す。主成分は鉄。中心から約 1220 km までの固体部分を内核，そしてその外側の液体部分を外核と呼ぶ。
核（外 –）	地球中心核内の流体部分を指す。深さ約 2890 km から約 5150 km にわたる厚さ二千 km 超の主に鉄とニッケルの合金からなる層。電気伝導度が高い金属が，この層内で活発に対流運動することによって地磁気を発生させている，と考えられている。
核（内 –）	地球の中心から 3480 km ある核のうち，中心から約 1220 km までの固体部分。
キュリー温度	強磁性体において，強磁性が失われて完全な常磁性に遷移する温度。その温度以上では強磁性が失われる。
極移動	地質学的時間スケールで，天体の極（南北極）が移動すること。あるいは移動しているように見える現象。
極移動（– 曲線）	年代毎の極移動の様子を地図上に示した曲線。
古地磁気極	岩石磁気から過去の地磁気を推定する際に，当時の地磁気を双極子磁場で近似してその磁軸極（双極子の軸と地表面との交点）を求めることができる。これを仮想地磁気極（VGP）と呼ぶが，一般には非双極子磁場の影響のために VGP の位置は本来の地磁気極からずれている。しかし，多くのサンプルによる VGP を用いて十分長い時間平均をとれば，非双極子磁場の影響が消えると考えられる。このように VGP に時間平均を施すことによって得られるものを古地磁気極と呼ぶ。
残留磁化	物質の磁化のうち，外部磁場を取り去った後も残っている磁化を指す。
残留磁化（熱 –）	磁性体が磁場の存在下で冷却する際に獲得する磁化。
磁気異常	ある地域の地磁気の空間分布に関して，その地域の平均的な値からのずれをいう。特に地殻の磁化不均質に起因するものを指すことが多い。
磁極期（逆 –）	N 極を北に向けた双極子磁場の状態。
磁極期（正 –）	N 極を南に向けた双極子磁場の状態。現在は正磁極期である。
磁北	ある地点における地磁気の水平成分の方向（磁気コンパスの指す方位）。
双極子磁場	磁気双極子によりつくられる磁場。地球やその他の天体の磁場についていう場合には，磁気双極子で近似できる成分を指す。
堆積残留磁化	水中で堆積岩がつくられる際に獲得する磁化。堆積岩を構成する粒子が水中を落下・堆積する際に地磁気の影響を受け，地磁気方向の磁化成分の割合が大きくなることが原因とされる。

ダイナモ	運動エネルギーが電気エネルギー（そして磁気エネルギー）に変換される過程。天体の磁場生成過程でも同様のエネルギー変換が生じていると考えられており，その理論はダイナモ理論と呼ばれている。英単語としては「発電機」の意味。
ダイナモ（円板－・モデル）	自励ダイナモの原理を説明するための最も簡単なモデル。ブラードによって1955年に提唱された。
ダイナモ（結合円板－・モデル）	ブラードによる円板ダイナモ・モデルを2つ以上結合することにより，相互に電磁的影響が及ぶようにされたモデル。
ダイナモ（力武モデル）	力武常次 (1921〜2004) が1958年に提唱した2つの円板による結合円板ダイナモ・モデル。磁場の極性が逆転しうる。
タンジェント・シリンダ	地球の自転軸に平行で内核と赤道で接する外核内部の仮想的な円筒。
地磁気永年変化	地磁気の時間変化のうち，コア（核）を起源とした数年以上の時間スケールをもつもの。
地磁気逆転	地磁気を双極子磁場と見なした場合の磁極が逆転すること。
地磁気三成分	地磁気ベクトルを記述するための3つの独立な成分のこと。たとえば，偏角・伏角・水平成分の組み合わせ。地磁気三要素ともいう。
地磁気の伏角	地磁気ベクトルと水平面のなす角。
地磁気の偏角	ある地点における磁北と真北（地理的な北）のなす角。
電気伝導度	ある物質が電流をどれだけ通すことができるかを示す物性量。国際単位は，S/m（ジーメンス毎メートル）である。電気伝導度の逆数が比抵抗（＝抵抗率）であり，従って比抵抗の単位はΩmとなる。一般に，ある大きさを持った物体の電気抵抗は，長さに比例し断面積に反比例する。抵抗率は，その時の比例係数である。
電気伝導度異常	地球内部で，周りと電気伝導度が著しく異なる領域を指す。地下に存在する「高電気伝導度体」を意味することが多い。地球内部に高電気伝導度の領域が広がっている場合，地表または衛星高度で観測された電磁場に異常振幅や位相遅れが現れる。
非双極子磁場	磁気双極子によらない磁場。特に，地球やその他の天体の磁場についていう場合には，双極子磁場で近似できない成分を指す。
部分溶融体	アセノスフェア中でマントル物質がある程度融けている領域。アセノスフェアは，リソスフェアと比べると，低粘性・低地震波速度・高電気伝導度で特徴づけられるが，部分溶融はその有力な原因の一つと考えられている。
マントル	地球の表面を覆う地殻の下，深さ約2900 kmまでの領域。上部マントルと下部マントルからなる。
マントル（上部－）	深さ約660 kmまでのマントル部分を指す。電気伝導度や地震波速度の不均質を多く含む。上部マントルは，その力学的な性質の違いにより，浅部のリソスフェア（プレートに相当）とその下のアセノスフェアに分けられる。リソスフェアが低温で非常に粘性が高く剛体的に振舞うのに対し，アセノスフェアは粘性が低く流体的に振舞う。

マントル遷移層	マントルのうち，深さ約 410 km から約 660 km にかけての部分を指す。この層の中で，上部マントルの主要構成鉱物の結晶構造が変わり，高圧下で安定な構造に遷移する。このマントル領域には，地表の全海水量より多くの「水」を貯蔵する能力があるのではないか，と現在考えられている。
ローレンツ・モデル	エドワード N. ローレンツ (Edward Norton Lorentz: 1917〜2008) によって，熱対流を支配する方程式を簡単化することにより，3 変数の連立微分方程式で表わされた気象学における数学的モデル。カオス理論の発展の基礎となった。

結びと謝辞

　本書は，地球電磁気・地球惑星圏学会の支援を受けて同会の学校教育WG（ワーキング・グループ）のメンバーによって執筆・編集されました。同学会は1947年（昭和22年）に日本地球電気磁気学会として設立されました。その後，研究領域の宇宙分野への広がりを受けて，1987年（昭和62年）地球電磁気・地球惑星圏学会（SGEPSS）へと改称され今日に至っています。当会会員が研究する領域は，地球の深部から南極大陸，北極圏，地球大気，そして太陽，惑星を含む宇宙にまで及びます。本書は，それらの広範囲にわたる領域を，太陽地球系というキーワードで統一的に捉えようとした，おそらく最初の試みです。

　太陽地球系科学の特徴として，多種多様なデータを集積して，自然についての一つの統一した見解（モデル）を確立していくという，その科学的方法を挙げることができます。これは，近代科学の発祥以来，広く受け入れられてきた実験と演繹による科学とは，かなり趣の異なった方法と言えます。また，今日では，データのあり方も大きく変わりつつあります。研究者が観測などで得たデータの多くが共有化・公開化され，誰もが簡単にアクセスできるようになってきています。実際，本書で扱ったデータの多くが，不特定多数の人に対してアクセス可能な状態でアーカイブ（保管）されています。かつては，専門家がデータを取って解析し，自然はこのようになっているという彼らの解釈を，一般の人々が無条件に受け入れるのがあたりまえでした。そのような時代から，専門の研究者以外の人たちが自らデータを解析して，専門家が主張することを確かめたり，異論を唱えたりすることができる時代になりつつあります。しかし，そのためにはある程度の基礎的な知識が必要だと思われます。本書を読むことによって最新の知識を得られた皆様が，そのような活動を通して，人類の生存環境についてさらに強い関心を寄せられることを心から願っています。

　WGのメンバーの氏名と所属，役割は以下の通りです。（50音順）
　　阿部琢美　　宇宙航空研究開発機構（査読）
　　小川康雄　　東京工業大学（編集補佐）

小原隆博	宇宙航空研究開発機構（執筆）
河野英昭	九州大学（査読）
北　和之	茨城大学（執筆）
木戸ゆかり	海洋研究開発機構（編集補佐）
五家建夫	宇宙航空研究開発機構（執筆）
渋谷秀敏	熊本大学（執筆）
清水久芳	東京大学（査読）
白井仁人	一関工業高等専門学校（編集補佐）
藤　浩明	京都大学（執筆）
中井　仁	大阪府立茨木工科高校（執筆・編集）
中沢　陽	新潟県立巻高校（編集補佐）
野坂　徹	松本大学（編集補佐）
橋本武志	北海道大学（執筆）
町田　忍	京都大学（執筆）
松島政貴	東京工業大学（執筆）
矢治健太郎	立教大学（編集補佐）
吉川一朗	東京大学（査読）
渡邉　堯	名古屋大学（執筆）

　原稿が八分どおり出来上がった段階で，以下の高校理科（地学）教員の皆様に目を通していただき，有益な多くのご指摘を頂きました。感謝申し上げます。（50音順）

青島　晃	静岡県立磐田南高等学校
井口智長	長野県諏訪清陵高等学校
岡本義雄	大阪教育大学附属高等学校天王寺校舎
荻島智子	目白研心高等学校
紺谷吉弘	立命館高等学校
五島正光	巣鴨中学高等学校
桒原睦樹	群馬県立館林高等学校
芝川明義	大阪府立花園高等学校
柴田　純	宝仙学園中学高等学校
杉山了三	岩手県立宮古高等学校
田中正樹	島根県立松江東高等学校
西村昌能	京都府立洛東高等学校
畠山正恒	聖光学院中学高等学校
藤由嘉昭	東京都立総合工科高等学校

松本正樹	岐阜県立岐山高等学校
南島正重	東京都立小石川高等学校
宮嶋　敏	埼玉県立深谷第一高等学校
山下　敏	埼玉県立熊谷女子高等学校
山村寿彦	岡山県立東岡山工業高等学校

（所属は 2010 年 4 月現在）

　お名前をあげることは控えさせていただきますが，WG メンバー以外にも多くの当学会会員諸氏にご協力を仰ぎ，それぞれの専門的見地から助言をいただきました。感謝申し上げます。最後に，本書の出版を快く引き受けてくださった京都大学学術出版会に感謝の意を表します。特に，編集長の鈴木哲也氏からは様々な助言をいただきました。深く感謝いたします。

地球電磁気・地球惑星圏学会／学校教育 WG　代表：中井　仁

索　　引（事項索引／人名索引）

■事項索引

11 年周期　　206
5 分振動　　22

ACE（観測衛星）　　87, 99
CME　　58, 63, 75, 95, 101, 206
　　　CME ループ　　76
　　　ハロ型 CME　　79, 81, 98　→ CME
CNO サイクル　　17
Dst　　150
D 領域　　66, 162-163　→電離圏
E 領域　　162-163　→電離圏
EIT 波　　80
F 領域　　66, 162-163　→電離圏
G バンド　　30
Hα 線　　26, 49, 68
IMF　　→惑星間空間磁場
IPCC　　173, 180
K 線　　50
LDE フレア　　72　→フレア
LET (Linear Energy Transfer)　　203
MHD　　→電磁流体力学
p–p サイクル　　16
PSC　　→極成層圏雲
SAA　　→南大西洋異常
SOHO（観測衛星）　　22, 33, 55, 57, 76, 80
STEREO 計画　　79
TRACE（観測衛星）　　37, 70
WIND（観測衛星）　　99
X 線　　10
　　　硬 X 線　　67, 73
　　　軟 X 線　　59, 67

X 線観測　　58

アーケード構造　　70
あけぼの（観測衛星）　　126
アルキメデス螺旋　　92, 102
アルベド　　165, 170, 173
アルベド中性子　　204
暗条　　→ダーク・フィラメント
暗部　　35　→黒点
アンペールの法則　　65
イオ　　129
硫黄酸化物　　157, 172, 179
イオンビーム　　127
イオン音波　　127
イオン微分束　　116
一次宇宙線　　206　→宇宙線
一酸化二窒素　　169, 180, 184
一般磁場　　33, 42
インジェクション　　143, 147
インパルジブ・フレア　　72　→フレア
ウェッジ（楔形）電流　　142
宇宙線　　157, 176
　　　一次宇宙線　　206
　　　銀河宇宙線　　95, 204, 206
　　　太陽宇宙線　　206
　　　二次宇宙線　　206
宇宙天気　　143, 194
　　　宇宙天気予報　　153, 199, 201
エアロゾル　　170, 176, 179, 187
衛星帯電　　195
エバーシェッド流　　35, 40

沿磁力線電流　119
円板ダイナモモデル　238, 243-244
円偏光　32, 34
オーロラ　63, 76, 121, 123, 128
　　オーロラ・オーバル　122, 140
　　オーロラ・サブストーム　121, 128, 135　→サブストーム
　　オーロラ・ジェット電流　140
　　オーロラ・バルジ　136
　　オーロラ・ブレイクアップ　135-136, 144
　　オーロラ粒子　126
　　オーロラ粒子加速領域　126-127
　　拡散型オーロラ　126, 128
　　脈動型オーロラ　128
　　離散型オーロラ　123, 126, 128
オキシダント　157, 189-190
オゾン　157, 159-160, 167, 170, 181-182
　　オゾンホール　184
　　オゾン層　51, 157, 160, 181
　　オゾン破壊（触媒）サイクル　184, 186-187
　　対流圏オゾン　180, 189
温室効果　41, 168, 174
　　温室効果気体　166, 180, 189
　　暴走温室効果　173

カーテン状のオーロラ　→離散型オーロラ
外核　214, 228, 238, 243, 245, 248　→核
回帰性地磁気擾乱　28
皆既日食　48, 56-57
核（コア）　227, 238, 243-246, 249-250
　　外核　214, 228, 238, 243, 245, 248
　　内核　227, 243, 245
拡散型オーロラ　126, 128　→オーロラ
確定的影響　208　→放射線被曝
核融合　16
　　核融合発電　18
確率的影響　208　→放射線被曝
核力　17
可視光線　9

カスプ構造　72
活動領域　50
活動領域型プロミネンス　53, 68　→プロミネンス
カルシウム・プラージュ　50
カレント・シート　64
環電流（リング・カレント）　150, 154
間氷期　173, 180
ガンマ線　10, 16
気候　157, 165, 171-172, 176, 189
　　気候値　172
輝線スペクトル　11
逆磁極期　220　→正磁極期，地磁気逆転
キャビティ　76-77
吸収線量　202　→グレイ
　　吸収線量率　202
キュリー温度　237
極移動　219
　　極移動曲線　221, 225
極渦　184
極（端）紫外線　37, 58, 159, 162　→紫外線
極紫外線望遠鏡（EIT）　58
極成層圏雲（PSC）　187-188
極冠　→ポーラー・キャップ
銀河宇宙線　95, 204, 206　→宇宙線
禁制線　57
近地球磁気中性線モデル　148
クーロン力　17
クラスター　115
グレイ　202　→吸収線量
クロロフルオロカーボン　183, 186
ケルビン＝ヘルムホルツ不安定　115-116
元素組成　13
コア　→核
　　コアーマントル境界　243, 246, 249
硬X線　67, 73　→X線
　　硬X線望遠鏡（HXT）　72
紅炎　→プロミネンス　49
光化学スモッグ　189
光球　12, 19, 21, 25, 27
後行黒点　33　→黒点
剛体回転　23

索引 | 299

国際宇宙ステーション　201, 204
黒体放射　10, 21, 25
黒点（太陽黒点）　23, 27, 32
　　黒点群　33, 35
　　後行黒点　33
　　黒点磁場　34
　　先行黒点　33
　　黒点相対数　40
　　暗部　35
　　半暗部　35
古地磁気　215, 217, 219, 222
　　古地磁気学　223
　　古地磁気極　221
コリオリ力　45, 245-246
コロナ　11, 25, 48-49, 55
　　コロナ・ホール　28, 59-60, 93, 104
　　コロナグラフ　56, 76, 78, 97
　　白色光コロナ　56, 58
コロニウム　57

サイクロトロン運動　98
彩層　25-26, 48-49
差動回転　23, 27
サブストーム　115, 130, 137
　　オーロラ・サブストーム　121, 128, 135
　　磁気圏サブストーム　144
酸性雨　157, 172
酸素イオン　152
酸素原子　124
酸素同位体　173
残留磁化　217
　　堆積残留磁化　218
シーベルト　202　→等価線量
ジオコロナ　154
ジオテイル（観測衛星）　144
紫外線　9
　　極（端）紫外線　37, 58, 159, 162
　　極紫外線望遠鏡（EIT）　58
磁気
　　磁気圧　144

磁気嵐　69, 75, 137, 149, 153, 197
磁気異常　215, 217, 244
磁気緯度　118, 122, 138
磁気音波　111-112
磁気圏　107, 142
磁気圏境界面（磁気圏界面）　108-111, 121
磁気圏境界面電流　109, 117
磁気圏サブストーム　144　→サブストーム
磁気圏対流　115, 118
磁気圏尾部　111, 115, 117-118, 122, 142, 144
磁気再結合（磁気リコネクション）　56, 63, 113-114, 118
磁気シース　111, 115, 120-121
磁気セイル　132
磁気中性線　70
磁気中性面　60, 64, 117
磁気中性面電流　118, 142
磁気的地方時　138
シグモイド　67
磁束管　35, 45
実効線量　203
　　実効線量当量　204
磁南極　136, 214　→磁北極
磁場凍結　37, 39, 92, 121, 247
　　磁場凍結則　112
磁場の逆転　239, 245, 249
磁場の双極子化　143, 147
磁北　213　→伏角，偏角
磁北極　136, 214　→磁南極
ジャイロ運動　151
周辺減光　27-28
ジュール熱　140
シュペラー極小期　175
純酸素大気理論　182
生涯実効線量制限値　208　→放射線被曝
衝撃波　96-97, 110-111, 197
　　衝撃波面　108, 111
上部マントル　228
昭和基地　122, 126

シングル・イベント　198, 206
真珠（母）雲　188
針状体　→スピキュール
彗星　85
スーパーカミオカンデ　18
ステファン＝ボルツマンの法則　10, 29, 166, 170, 172
ステラジアン　116
ストリーマ　58
　　　ストリーマ・ベルト　81
スピキュール（針状体）　51-52, 56
静穏型プロミネンス　53, 78　→プロミネンス
正磁極期　220　→逆磁極期，地磁気逆転
成層圏　158-159, 171, 181
　　　成層圏オゾン量　176
静電遮蔽　127
ゼーマン効果　32, 34, 237
赤外線　9
赤外放射（地球放射）　165-166, 172
セクター構造　93, 104　→惑星間空間磁場
全圧　144　→磁気圧，プラズマ圧
遷移層　26
先行黒点　33　→黒点
線質係数　203
線量当量　204　→放射線被曝
双極型の渦電流　119
双極子磁場　45, 214, 245
相転移　230
組織荷重係数　202　→放射線被曝
組織別等価線量制限値　208　→放射線被曝

ダーク・フィラメント　50, 52-53, 69　→プロミネンス
堆積残留磁化　218　→残留磁化
ダイナモ　237-238, 245, 250
ダイヤモンド・リング　26
太陽
　　　太陽一般磁場　→一般磁場
　　　太陽宇宙線　206　→宇宙線

太陽圏界面（ヘリオポーズ）　95
太陽黒点　→黒点
太陽磁場　21, 32, 42
太陽大気　25
太陽定数　47
太陽電波　51
太陽ニュートリノ問題　18　→ニュートリノ
太陽風　26, 56, 85-86
太陽フレア　→フレア
太陽望遠鏡　5
太陽放射エネルギー　47
太陽放射量　47
対流圏　26, 158, 169
　　　対流圏オゾン　180, 189　→オゾン
対流層　21
炭酸イオン　174
タンジェント・シリンダ　245-246
地球放射　→赤外放射
地磁気
　　　地磁気永年変化　219, 245
　　　地磁気活動　63, 76
　　　地磁気逆転　219
　　　地磁気逆転表　221, 223
　　　地磁気三成分　213
　　　地磁気指数　130
　　　地磁気の日変化　119
地心黄道面座標　107, 120
窒素酸化物　189
窒素分子　124-125
チャップマン＝フェラーロの理論　109, 113
チャップマン・メカニズム　182
中間圏　158, 162
中心核　19
超高層大気膨張　195, 198
直線偏光　34
ディミング　80
デリンジャー現象　66, 199
電荷交換反応　154
電気抵抗　230
電気伝導度　65, 227, 230-231, 233

電気伝導度異常　228, 230, 232-233
電磁波　6
電子ビーム　127
電磁誘導　64, 238
　　　電磁誘導の法則　90
電磁流体力学（MHD）　244
電離（イオン化）　35
電離圏　51, 66, 157, 161-162, 182
　　　電離圏嵐　153
　　　E 領域　162-163
　　　F 領域　66, 162-163
　　　D 領域　66, 162-163
電流遮断（カレント・ディスラプション）
　　　142
等価線量　202　→放射線被曝
等価電流系　119
ドップラー効果　28, 51, 56
ドブソン単位　184-185
ドリフト運動　150

内核　227, 243, 245　→核
ナトリウム D 線　11
軟 X 線　59, 67, 73　→X 線
　　　軟 X 線望遠鏡（SXT）　58, 67, 71-72
二酸化炭素　160, 166, 173, 179, 189
虹　3
二次宇宙線　206　→宇宙線
西向きジェット電流　142
日震学　21, 38
ニュートリノ　16, 18
　　　ニュートリノ振動　18
　　　太陽ニュートリノ問題　18
熱圏　158, 176
熱残留磁化　218
ネットワーク　51

バウショック　→衝撃波面
白色光　4
　　　白色光コロナ　56, 58　→コロナ
　　　白色光フレア　66　→フレア

白斑　27, 30, 48
バスティーユ・イベント　97, 150
バタフライ・ダイアグラム　41
ハッブル宇宙望遠鏡　128
ハレー彗星　85
ハロ型 CME　79, 81, 98　→CME
半暗部　35　→黒点
日傘効果　171, 176, 181
微細磁束管　29
微小磁気要素　29
非双極子磁場　214
ひので（観測衛星）　11, 29, 33, 75
氷期　171, 180
標準太陽モデル　19
伏角　213
部分溶融体　233
プラージュ　50
フラウンホーファー線　11, 25
プラズマ　35-36
プラズマ・シート　114-115, 117, 121, 126, 128, 142
プラズマの可視化　154
プラズマ圧　144
プラズモイド　68, 74, 146
フレア　50, 63, 65-66, 78, 200, 206
　　　フレア・リボン　68-69
　　　フレア・ループ　70
　　　LDE フレア　72
　　　インパルジブ・フレア　72
　　　白色光フレア　66
　　　ポストフレア・ループ　71
プロトン・イベント　97
プロミネンス（紅炎）　49, 52, 60, 76-77
　　　→ダーク・フィラメント
　　　プロミネンスの噴出　54
　　　活動領域型プロミネンス　53, 68
　　　静穏型プロミネンス　53, 78
フロンガス　183, 186　→クロロフルオロカーボン
分光太陽写真儀　66
ヘール・ボップ彗星　86
ヘリウム　13

ヘリオポーズ　→太陽圏界面
ヘルメット・ストリーマ　60, 65, 77, 81
偏角　213
ポア　35
放射強制力　180, 189
放射線荷重係数　202　→放射線被曝
放射線帯　153, 196, 204
放射線帯電子　198
放射線被曝　208
　　確定的影響　208
　　確率的影響　208
　　生涯実効線量制限値　208
　　線量当量　204
　　組織荷重係数　202
　　組織別等価線量制限値　208
　　等価線量　202
　　放射線荷重係数　202
放射層　20
放射平衡　166, 172
暴走温室効果　173　→温室効果
ポーラ（観測衛星）　137, 140
ポーラー・キャップ（極冠）　118, 122
ポストフレア・ループ　71　→フレア
ポテンシャル磁場　67

マウンダー極小期　41, 48, 175
マントル　227, 231–233
　　マントル遷移層　231–232
　　マントル対流　232
　　コア・マントル境界　243, 246, 249
南大西洋異常（South Atlantic Anomaly：SAA）　205, 209
脈動型オーロラ　128　→オーロラ
ミランコビッチサイクル　174
無重力　194
メタン　166, 169, 173, 180
木星　128
モルトン波　80

誘導電流　119, 229
ようこう（観測衛星）　11, 67, 71

ライト・フラッシュ（LF）　201
力武モデル　240–241
リコネクション・ジェット　65, 74–75　→磁気再結合
離散型オーロラ　123, 126, 128　→オーロラ
立体角　116
硫酸エアロゾル　171, 181
粒子加速　197
粒状斑　29–30
リング・カレント　→環電流
レイリー　125
ローブ領域　114, 122, 144
ローレンツ・モデル　240

惑星間空間磁場（IMF）　86, 90, 92, 95, 99, 104, 109, 113, 118, 130
惑星間空間磁場のセクター構造　104

■人名索引

アインシュタイン，A.　15, 237
赤祖父俊一　136
アップルトン，E.　162
アナクサゴラス　15
エディントン，A.　15
エドレン，B.　57
カウリング，T.　238
ガリレイ，G.　32, 41
キッペンハーン，R.　54
キャリントン，R.　66, 75

キルヒホッフ, G.　13
クペルス, M.　54
グロトリアン, W.　57
シュリュター, A.　54
シュワーベ, S. H.　32
ダンジー, J.　113, 131
チャップマン, S.　136
チューブ, M.　162
忠鉢繁　184
デイビス, R.　18
寺田寅彦　142
トムソン, W.　15
パーカー, E. N.　86, 103
バーコール, J. N.　18
バーネット, M. A. F.　162
バブコック, H. W.　45
ブライト, G.　162
ビアマン, L.　85

ビルケランド, K.　142
ファーマン, J.　184
ファラデー, M.　90
ブラード, E.　238–239
ブラケット, P. M. S.　238
フラウンホーファー, J.　13
プランク, M.　9
ヘール, J.　32, 66
ペイン, C.　13
ヘルツ, H.　7
ヘルムホルツ, H.　15
ホッジソン, R.　66
マクスウェル, J. C.　7
マルコーニ, G.　161
ラーデュ, M.　54
力武常次　233
レイトン, R. B.　45
ロッキャー, J. N.　13

執筆者紹介（50音順）

小原隆博（おばら　たかひろ）

1957 年生まれ，東北大学理学部卒，同大学院理学研究科修了。1985 年理学博士。文部省宇宙科学研究所助手，郵政省通信総合研究所室長，独）情報通信研究機構グループ長などを経て，現在，独）宇宙航空研究開発機構（JAXA）宇宙環境グループ長。専門は，宇宙環境科学。2004 年に田中館賞。著書に，宇宙環境科学（オーム社，共著），Science of Space Environment（オーム社，共著）など。

五家建夫（ごか　たてお）

1944 年生まれ。東京都立大学理学部卒，1999 年システムズ・マネジメント博士，宇宙開発事業団入社（第 1 期生），マサチューセッツ工科大学の宇宙研究センター（宇宙実験研究室）で交換研究員として衛星設計の研究をへて，現在，宇宙航空研究開発機構（JAXA）宇宙環境グループの招聘主幹研究員，専門分野：宇宙環境計測，宇宙環境による衛星の障害の研究，技術士（航空・宇宙分野），著書に，宇宙環境リスク事典（丸善出版）など。

北　和之（きた　かずゆき）

1963 年生まれ。東京大学理学部卒，同理学系研究科修了。1991 年理学博士号取得（東京大学）。東京大学助手を経て，現在，茨城大学理学部准教授。専門は，大気物理化学，大気環境科学。主に，オゾンや窒素酸化物，エアロゾルなど，大気環境に大きな影響を与える物質の観測を通じ，その変動を研究している。著書に，キーワード気象の事典（新田尚，伊藤朋之，住　明正，木村龍治，安成哲三編，「対流圏光化学」を担当，朝倉書店），アサヒ・エコ・ブックス『地球変動研究の最前線を訪ねる』（小川利紘，及川武久，陽捷行編，清水弘文堂書房）など。

渋谷秀敏（しぶや　ひでとし）

1955 年生まれ。大阪大学基礎工学部卒，同大学院基礎工学研究科修士課程修了。京都大学大学院理学研究科博士課程修了。1983 年理学博士。大阪府立大学総合科学部助手，熊本大学理学部助教授，熊本大学理学部教授を経て，現在，熊本大学大学院自然科学研究科教授。専門は，地磁気・古地磁気・惑星磁気。

藤　浩明（とう　ひろあき）

1961 年生まれ。東京大学理学部卒，同理学系研究科修了。1993 年理学博士号取得（東京大学）。東京大学助手，英国ケンブリッジ大学理論地球物理研究所客員研究員等を経て，現在，京都大

学大学院理学研究科准教授。専門は，地球電磁気学及び海洋底物理学。主に，海底電磁気観測を通じ，地球内部の電気物性や地磁気原因論を研究している。著書に，ジュニア版　日本海読本〜日本海から人類の未来へ（伊東俊太郎監修），角川書店，2004 など。

中井　仁（なかい　ひとし）

1951 年生まれ。神戸大学理学部卒，同理学研究科修了。1988 年理学博士号取得（京都産業大学）。1978 年大阪府立牧野高校赴任。豊島高校，茨木高校を経て，現在，大阪府立茨木工科高校教諭。教科・科目は理科・物理および地学。専門分野は磁気圏物理学。1995 年田中舘賞受賞。地球惑星科学連合・教育問題検討委員会委員。著書「宇宙通信—高校生へのサイエンス・レター」（私家版），編著書「検証『共通１次・センター試験』」（大学教育出版）。

橋本武志（はしもと　たけし）

1968 年生まれ。京都大学理学部卒，同大学院理学研究科修了。1996 年京都大学博士（理学）。京都大学大学院理学研究科附属地球熱学研究施設火山研究センター助手を経て，現在，北海道大学大学院理学研究院附属地震火山研究観測センター准教授。専門は地球電磁気学および火山物理学。

町田　忍（まちだ　しのぶ）

1952 年生まれ。東京大学理学部卒業，同大学院理学系研究科修了。1982 年理学博士号取得（東京大学）。米国アイオワ大学物理天文学科研究員，文部省宇宙科学研究所助手，京都大学理学部助教授を経て，現在，京都大学大学院理学系研究科教授。専門は，磁気圏物理学。1989 年に田中舘賞受賞。地球惑星科学連合・教育問題検討委員会委員。著書に，Physics of Magnetic Reconnection in High-Temperature Plasmas（Research Signpost 社，2004，共著）。

松島政貴（まつしま　まさき）

1963 年生まれ。東京工業大学理学部卒，同理工学研究科修了。1991 年理学博士号取得。1992 年東京工業大学理学部地球・惑星科学科助手。現在，東京工業大学大学院理工学研究科地球惑星科学専攻助教。専門分野は地球惑星電磁気学。

渡邉　堯（わたなべ　たかし）

1941 年生まれ。1967 年京都大学大学院修士課程修了。名古屋大学空電研究所助手として天体電波源シンチレーション観測による太陽風研究を行い，次いで名古屋大学太陽地球環境研究所助教授として，データベースによる太陽地球系現象の総合解析の推進を行う。1994 年より茨城大学理学部教授を務め，2006 年に定年退職。現在は名古屋大学太陽地球環境研究所客員教授として，国際科学会議（ICSU）世界データセンター機構（WDS）の科学組織委員などを務め

ている。1985 年に田中舘賞を受賞。各種辞典の太陽・太陽風関係の項目執筆の他，訳書（共訳）に「太陽からの贈り物」（丸善）「太陽─その素顔と地球環境との関わり」（シュプリンガー・フェアラーク東京）がある。

執筆分担
第 1 章　中井　仁
第 2 章　渡邉　堯
第 3 章　渡邉　堯
第 4 章　渡邉　堯
第 5 章　中井　仁
第 6 章　町田　忍，中井　仁
第 7 章　中井　仁
第 8 章　北　和之
第 9 章　小原隆博，五家建夫
第 10 章　渋谷秀敏，橋本武志
第 11 章　藤　浩明
第 12 章　松島政貴

太陽地球系科学	ⓒ SGEPSS 2010

2010年5月30日　初版第一刷発行

編　者	地球電磁気・地球惑星圏学会 学校教育ワーキング・グループ
発行人	加藤　重樹
発行所	**京都大学学術出版会** 京都市左京区吉田河原町15-9 京 大 会 館 内（〒606-8305） 電話（075）761-6182 FAX（075）761-6190 URL http://www.kyoto-up.or.jp 振替 01000-8-64677

ISBN 978-4-87698-971-3　　　　印刷・製本　㈱クイックス
Printed in Japan　　　　　　　　定価はカバーに表示してあります